VIELEN DANK AN

Projektleitung:	Jessica Bellmer
Lektorat:	Leoni Schmidt, Insa Schoppe, Lisa Goldner
Satz & Design:	Bianca Schubert, Fahim Ahmadi
Umschlagillustration:	Bianca Schubert
Webdesign:	Fahim Ahmadi, Elizaveta Ditkovskaya
Vermarktung:	Indra Mauer, Sven Koltermann, Annika Bertsch, Golo Blasche

ISBN: 978-3-947473-14-4
3. vollständig überarbeitete und ergänzte Auflage

Inhaltsverzeichnis

Liebe Leserin, lieber Leser,

als Coach, Trainer oder Speaker hast du oft große Ziele. Du willst etwas bewegen, Menschen in den unterschiedlichsten Lebenslagen weiterbringen und deine Erfahrungen mit einem Publikum teilen. Du hast die Vision, die Welt mit deinem Wissen zu verbessern und willst dabei auch Geld verdienen. Als Coach und Trainer unterstützt du deine Kunden individuell in ihrer Entwicklung. Als Speaker stehst du auf einer großen Bühne und bringst dein Know-how an den Mann und inspirierst die Menschen, ihr Potenzial voll auszuschöpfen.

Viele Menschen suchen im Leben nach Lösungen für ihre Probleme. Sie wissen oft nicht, wo sie die Lösungen finden können und wer ihnen weiterhelfen kann. Du als Coach, Trainer oder Speaker kannst diese Menschen da auffangen, wo sie sich mit ihren Problemen befinden, indem du sie zu Lösungen hin führst. Du kannst ihnen zeigen, wie du bestimmte Herausforderungen gemeistert und anderen Menschen geholfen hast, einen positiven Ausweg zu finden. Wie im Sport ist es in der Regel gewinnbringend, einen Coach oder Trainer zu haben, der einem die eigenen Stärken und Schwächen aufzeigt und der dabei hilft, das Beste aus sich herauszuholen. Egal ob im Privatleben oder im Berufsleben.

Mit diesem Handbuch wollen wir deine Fragen beantworten und bieten dir deshalb die Möglichkeit, aus den Erfolgen und Fehlern bekannter Coaches zu lernen. Viel Spaß beim Lesen und viel Erfolg für die Umsetzung. Die Welt braucht dich!

Dein Thomas Klußmann und Christoph J. F. Schreiber

Einleitung

Was macht Coaches, Trainer bzw. Speaker aus? Sie sind vor allem eines: Mentoren, die ihre Schützlinge an die Hand nehmen und ihnen zeigen, wie sie das Beste aus sich herausholen können. Sie stehen entweder auf der Bühne, sprechen zu ihrem Publikum und inspirieren so eine breite Masse von Menschen. Oder aber sie gehen in Gruppen bzw. Eins-zu-eins Gespräche und zeigen, wie sich eine Persönlichkeit und ein Business mit kleinen Tricks weiterentwickeln lässt. Denn jeder hat zwar seine Bereiche und Themen, in denen er richtig gut ist. Manchmal braucht es aber jemanden, der das Talent erst entdeckt, es aus einem rauskitzelt und zeigt, wie man es optimal einsetzt. Hier fängt die Berufung eines Coaches, Trainers bzw. Speakers an.

Als Herausgeber dieses Handbuchs haben wir uns auf die Fahne geschrieben, dir auf dem Weg zum Durchbruch als Coach, Trainer oder Speaker das nötige Handwerkszeug an die Hand zu geben. Mit unserer Plattform Gründer.de beraten wir seit zehn Jahren Gründer, Selbstständige und Startups. Dazu gehören praktische Leitfäden sowie eine bunte Themenvielfalt von der Ideenfindung über die Planung bis hin zur finalen Gründung.

Ich, Thomas Klußmann, spezialisiere mich seit 2002 auf das Online-Marketing. Ich habe im Laufe der Zeit für 15 Unternehmen gearbeitet und davon neun selbst gegründet. Seit 2010 bin ich als Referent und Coach tätig. Als strategischer Kopf hinter der Marke Gründer.de weiß ich, wie man Reichweite und Aufmerksamkeit im Internet generiert.

Ich, Christoph J. F. Schreiber, bin zusammen mit Thomas Geschäftsführer von Gründer.de und leite drei weitere Unternehmen. Außerdem veranstalte ich zahlreiche Gründer- und Unternehmer-Events mit über 100.000 Teilnehmern jährlich. Dazu gehören die Contra, One Idea Mastermind, aber auch das beste Online-Event für bestehende und angehende Gründer — den Gründerkongress. Zudem habe ich zahlreiche Bücher und Studien rund um das Thema Digitales Marketing veröffentlicht.

Aufgrund unserer Erfahrungen auf dem Weg zu unserem jetzigen Erfolg wissen wir, dass dich auf dem Weg zur Verwirklichung deiner Visionen und Ziele viele Herausforderungen erwarten. Sie sollten dich jedoch nicht davon abschrecken, deine Leidenschaft zum Beruf zu machen. Wie nie zuvor hast du heutzutage die Chance, dein eigenes Wissen digital zu monetarisieren sowie online Reichweite aufzubauen. Darüber kannst du den Weg auf die großen Bühnen der Kongresse und Konferenzen finden und in vielen Menschen etwas bewegen. Dabei spielt es keine Rolle, ob du erst am Anfang deiner Karriere stehst oder dich schon mittendrin befindest. Auf diesem Weg werden dir Fragen begegnen zu Themen wie „Wie positioniere ich mich als Coach, Trainer oder Speaker?", „Wie fasse ich erfolgreich in der Coaching-Branche Fuß?" und „Wie ergänze ich meine Vorträge durch digitale Produkte?".

In den verschiedenen Kapiteln dieses Buches stellen sich namhafte Persönlichkeiten vor und teilen mit dir, wie sie es zum erfolgreichen Coach, Trainer und Speaker geschafft haben.

Wir haben ihnen Fragebögen zukommen lassen, anhand der sie ihren Erfolgsweg beschrieben haben. Diese Antworten haben wir transkribiert und so aufbereitet, sodass sie dir den bestmöglichen Eindruck vermitteln, wie der Weg zum erfolgreichen Coach, Trainer oder Speaker aussehen kann.

Die besten Coaches, Trainer und Speaker Deutschlands, wie u.a. Dirk Kreuter, Tobias Beck, Calvin Hollywood, Bodo Schäfer, Felix Thönnessen, Dr. Stefan Frädrich, Jörg Löhr, Markus Hofmann und Miriam Höller, verraten dir hier nicht nur ihre Tools und Geheimnisse. Sie berichten von ihren beruflichen Durchbrüchen und davon, welche Coachings für sie selbst am wertvollsten waren. Dieses Buch ist ein Angebot für dich, aus den verschiedenen Wegen, die die Coaches, Trainer und Speaker gegangen sind, die für dich passenden Mehrwerte rauszunehmen und umzusetzen.

Lerne in diesem Buch von führenden Experten Deutschlands, wie sie ihr Wissen in lukrativen Produkten verpacken, mit bewährten Verkaufstaktiken vermarkten, online massive Reichweite aufbauen und mit ihrer Botschaft einen echten Unterschied machen!

Wir haben bereits mit allen Trainern, die in diesem Buch zu Wort kommen, zusammengearbeitet. Wir wissen, welche Produkte für sie am besten funktionieren und welche Marketingstrategien sie nutzen.

Mit Gründer.de unterstützen wir dich auf deinem Weg zum Erfolg, damit auch du zum Digitalen Experten wirst!

Wenn du selbst Interesse daran hast, enger mit uns zusammen zu arbeiten und deine Reise zum Experten mit den richtigen Produkten beschleunigen willst, dann melde dich einfach unter folgendem Link **www.gruender.de/strategiegespraech** für ein kostenloses und unverbindliches Erstgespräch an.

THOMAS

Klußmann

Die Basis für deinen Erfolg als Experte

von Thomas Klußmann

Um als Experte erfolgreich zu sein, egal ob als Coach, Trainer oder Speaker, bedarf es einiger Fähigkeiten. Aber die besten rhetorischen Fähigkeiten, Präsentations- und Coachingskills und Inhalte bringen dir relativ wenig, wenn du damit keine Reichweite und Aufmerksamkeit bekommst. Wenn niemand weiß, wie gut du bist und niemand erfährt, welche wichtigen inhaltlichen Punkte du transportierst, dann wird dich auch niemand buchen.

Ein weiteres Problem entsteht, wenn du als Speaker, Trainer oder Coach deine Zeit immer nur gegen Geld tauscht. Du machst dich abhängig von Auftraggebern, deiner Gesundheit, deiner örtlichen Anwesenheit und von deiner Zeit.

Deswegen lege ich als Experte für Online Marketing, den Schwerpunkt in meinen Coachings immer auf zwei Themen:

1. Wie generiert man Aufmerksamkeit, Reichweite und Bekanntheit, um somit mehr Kunden und Auftraggeber zu gewinnen?
2. Wie kann man die Inhalte der eigenen Vorträge und Coachings digital monetarisieren, um somit die oben genannten Abhängigkeiten aufzulösen und einen zuverlässigen digitalen Umsatzstrom aufzubauen?

Das Internet ist voll von selbsternannten Pseudo-Experten, die behaupten, sie hätten zu den oben genannten Themen etwas zu sagen. Die Geld damit verdienen, anderen zu erklären, wie man Geld verdient. Die dir 7.534 Euro in vier Wochen versprechen oder wie wir branchenintern dazu sagen: Wie man schnell und hektisch reich wird. Davon möchte ich mich klar distanzieren. In den letzten 20 Jahren habe ich für 15 verschiedene Unternehmen in unterschiedlichen Branchen gearbeitet. Neun Unternehmen habe ich davon selbst gegründet. Dieses gesammelte Praxiswissen, habe ich in den letzten Jahren in diversen Coachings, an hunderte wissbegierige und motivierte Menschen weitergegeben. Das war so erfolgreich, dass wir im Juni 2019 ein Buch veröffentlicht haben, in dem einige unserer Kunden selbst zu Wort kommen und ihre persönlichen Erfolgsstorys, mit all den Herausforderungen, Niederlagen und Erfolgen beschreiben.

An dieser Stelle möchte ich dir ein paar Gedanken und Tipps auf den Weg geben, die ich diesen Kunden bereits vermittelt habe und welche diese mit Erfolg für sich umgesetzt haben.

Wie generiert man Aufmerksamkeit, Reichweite und Bekanntheit?

Eine Frage, auf die es viele Antworten gibt. Ein Schlüsselbaustein ist dabei die eigene Positionierung. Über das Thema Positionierung findet man sehr viel Literatur und Theorie. Doch wie kann sie in der Praxis aussehen?

Während meines BWL Studiums habe ich viel darüber gelernt, wie sich Unternehmen positionieren und damit am Markt behaupten. Die wesentliche Erkenntnis daraus war: Positionierung ist extrem wichtig. Doch als Coach, Trainer oder Speaker müssen wir diese Positionierung auf eine Person, also uns selbst, ummünzen. Hier spricht man von Personal Branding. Ich erlebe oft Kunden, die die Wichtigkeit der Positionierung erkennen und lange darüber nachdenken. Die sehr lange darüber nachdenken. Ein bis zwei Jahre später treffe ich sie wieder und sie denken immer noch darüber nach. Zwei weitere Jahre später haben sie ihre Positionierung dann dreimal geändert. Natürlich ist es wichtig, sich detailliert Gedanken über die eigene Positionierung zu machen. Aber irgendwann muss man einen Punkt setzen, noch besser ein Ausrufezeichen und in die Umsetzung einsteigen. Man muss diese Positionierung leben, auf die Straße bringen, in Produkte, Vorträge, geschriebene Bücher, Podcasts oder Videos ummünzen. Es bringt nichts, ewig darüber nachzudenken und sie immer wieder in Frage zu stellen. Das bremst uns nur massiv aus.

Im April 2010 hatte ich ein Schlüsselerlebnis. Ich begann einen neuen Job, meinen ersten richtigen Job nach meinem Studium. Ich sollte ein Marketing-Event in Berlin organisieren und mein Chef kam auf die Idee, ich solle dort selbst einen Vortrag halten. So kam ich zu meiner ersten Positionierung: Ich war in kürzester Zeit gezwungen, eine Entscheidung zu treffen und diese auf eine große Bühne zu tragen. Wofür entschied ich mich? Ich ging in mich und wählte ein Thema, zu dem ich etwas zu sagen hatte. Ein Thema das Zukunftspotenzial hatte. Ein Thema, für das ich mich leidenschaftlich begeistern konnte. Ich sprach darüber, wie man mit Social Media Marketing mehr Reichweite gewinnen kann. Ich setzte mich intensiv mit dem Thema auseinander, schrieb eine 80-seitige wissenschaftliche Abhandlung und interviewte andere Menschen, die in diesem Bereich bereits als Experte galten – vorzugsweise Amerikaner.

Social Media Marketing war 2010 noch so neu, dass deutsche Unternehmer und Selbstständige ernsthaft angezweifelt haben, ob man Social Media, allen voran Facebook, fürs Marketing verwenden könne. Wenige Monate später war Social Media Marketing einer der Gamechanger beim Aufbau meines ersten größeren Unternehmens, der Gründer.de GmbH. Doch Social Media ist ein sehr schnelllebiges Marketingthema – heutzutage baut hoffentlich niemand mehr sein Business mit organischem Facebook Marketing als Standbein auf. Die Nische wurde mir irgendwann zu klein und so überdachte ich 2013 meine Positionierung. Ich wollte sie nicht verwerfen, sondern sie ausbauen. Als übergeordnetes Thema definierte ich etwas allgemeiner „Traffic Generierung für mehr Aufmerksamkeit, Reichweite und Bekanntheit". Also das gleiche Ziel, aber nicht nur per Social Media, sondern auch über andere Marketing-Kanäle.

Als Folge daraus, schrieb ich 2013 mein erstes Buch „Ohne Besucher keine Kunden" und veranstaltete mit der Conversion und Traffic Konferenz „Contra", gemeinsam mit meinem Freund und Geschäftspartner Christoph Schreiber, mein eigenes Eventformat. Beides mit dem Primärziel der Positionierung. Doch die Zeiten ändern sich. Das wird mir persönlich besonders klar, wenn ich darüber nachdenke, dass sich dieses Buch, welches du jetzt gerade in den Händen hältst, während der ersten Verkaufswoche nach Veröffentlichung vermutlich häufiger verkaufen wird, als mein erstes Buch sich insgesamt verkaufte. Doch

2013 führte meine Positionierung dazu, dass ich plötzlich sehr viele Aufträge von Menschen erhielt, deren konkretes Problem ich lösen konnte: Die Generierung von mehr Traffic und Leads, um in der Folge mehr Kunden zu gewinnen. Von Versicherungsmaklern über Online-Shops, bis hin zu Coaches und Software-Anbietern, erhielt ich reihenweise Anfragen. Das hat mein Business 2013/2014 auf ein völlig neues Level gehoben.

Also: **Du brauchst nicht nur ein Thema als Positionierung für das du brennst und das du leidenschaftlich mit Inhalt füllen kannst. Du brauchst ein Thema, das ein Problem löst.** Wann immer du die Probleme deiner Kunden löst, ist dir der Erfolg deiner Kunden – und in der Folge auch dein eigener Erfolg – quasi sicher.

2013 ist lange her und ich bin seitdem noch zwei Stufen höher geklettert. Online Business ist mittlerweile meine Heimat, neben den typischen Marketing-Relevanten Themen. Dir sei also gesagt, dass du dich für eine Positionierung entscheiden und diese leben solltest. Dass du sie durchziehen und auf die Straße bringen musst, um Erfolg zu haben. Du kannst sie hinterfragen und modellieren – aber bitte nicht ständig. **Ich gebe dir den Tipp: Starte möglichst spezifisch und klein in einer Nische und wachse dann thematisch von dem ursprünglichen Kernthema auf die jeweils nächstgrößere Ebene – Schritt für Schritt.** So wie ich es getan habe.

Egal aus welcher Branche du kommst und in welcher Branche du dich als Experte positionieren willst. Ob Fitness, Finanzen, Spiritualität, Unternehmensberatung oder Beziehungen: Ich habe dir hier eine Master-Formel mitgebracht, die universell einsetzbar ist. Jeder Experte kann sie einsetzen und braucht sie, damit er kommunizieren kann, wem er was verkaufen will und wie er das erreichen wird.

Deine Experten-Master-Formel:

1. Ich helfe {Zielgruppe} ...
2. {Ergebnis} ...,
3. indem {deine Methode}!

Hier sind vier Beispiele für gelungene Statements nach der oben genannten Master-Formel. Die jeweiligen farblichen Markierungen sollen dir helfen zu erkennen, wie exakt die o.g. Formel umgesetzt wurde:

- Ich helfe Unternehmern & Selbstständigen, ihren Umsatz um 30% zu steigern, indem ich ungenutztes Online Marketing Potenzial hebe.

- Ich helfe untergewichtigen Menschen ihr Idealgewicht schnell und nachhaltig zu erreichen, indem ich ihnen eine leicht umsetzbare Ernährung beibringe.

- Ich helfe Schriftstellern mit ihrem Buch auf die Spiegel-Bestsellerliste zu gelangen, indem ich ihnen einen bewährten Launch-Prozess beibringe.

- Und zuletzt meine eigene Positionierung: Ich befähige motivierte Menschen ein Online-Business aufzubauen, indem ich praxiserprobte Strategien vermittle.

Die Vorteile für dich, eine richtig gute, passende und knackige Positionierung zu haben, sind vielfältig. Unter anderem erhöht sie die Kaufrate, beziehungsweise Buchungsrate, von dir als Experte, Speaker, Trainer oder Coach dramatisch. Denn die Leute wissen, wofür du stehst und welche Probleme du löst. Wenn dir bei einem Fahrradunfall das Knie in alle Teile zerspringt, dann gehst du hoffentlich auch zu einem Unfallchirurgen, der auf Knie-Operationen spezialisiert ist und nicht zu einem Allgemeinmediziner oder Hausarzt. Eine perfekte Expertenpositionierung erhöht aber nicht nur deine „Conversion", sondern auch deinen „Traffic", also die Anzahl an Besuchern auf deiner Webseite sowie die Anzahl an Anfragen. Warum? Weil du mit der richtigen Positionierung ein beliebter Ansprechpartner für spezifische Probleme bist, ein gern gesehener Gast in Radio-Sendungen oder TV-Talkrunden zu deinem Thema. Ein beliebter Interviewgast bei Podcasts und Referent auf Seminaren und Kongressen.

Als Experte mit einer Lösung für ein spezifisches Problem, kommt deine Zielgruppe zu dir! Ganz ohne Werbeanzeigen, Marketingbudget oder Suchmaschinenoptimierung. Deine Zielgruppe wird dich anfragen, dich zu deinem Kernthema finden und dich weiterempfehlen. Natürlich kann man diesen Effekt durch zusätzliche Marketingmaßnahmen deutlich steigern, aber die Basis für jede Maßnahme ist eine klare Positionierung. Wenn du also positioniert bist, wenn du Anfragen und Aufträge erhältst, dann hast du schon viel erreicht. Du bist im Geschäft. Nur tauscht du als Speaker, Trainer und Coach immer noch deine Zeit gegen Geld. Du bist abhängig von Auftraggebern, deiner Gesundheit, deiner örtlichen Anwesenheit und deiner Zeit. All das willst du aber nicht – hoffe ich zumindest inständig. Daher solltest du dir Gedanken machen, wie du deine Inhalte als Speaker, Trainer und Coach, digital monetarisieren kannst. Also wie du deine Inhalte in Form eines Online-Angebotes in Geld umwandeln kannst. Beispielsweise indem deine Produkte für deine Zielgruppe digital verfügbar sind. Wenn du zum Beispiel regelmäßig eine Coaching-Gruppe von zehn Leuten als Tagesworkshop hast, kannst du dafür Betrag X verlangen und opferst einen Tag. Das kannst du beliebig wiederholen, verdienst möglicherweise viel Geld, opferst aber immer wieder einen vollen Tag. Früher oder später wird dich die Monotonie langweilen. Du kannst aber auch deine Inhalte in ein Online-Coaching-Programm verpacken. Ich bin überzeugt davon, dass du sehr viele Inhalte fast genauso gut transportieren kannst. Bei den meisten meiner Kunden sind das 80 Prozent der Inhalte. Die verbleibenden 20 Prozent kannst du persönlich vermitteln. Du verlangst vielleicht etwas weniger für dein Online-Programm als für den Tagesworkshop, doch wenn du ihn einmal aufgesetzt hast, kannst du ihn beliebig oft verkaufen, ohne zusätzliche Arbeit damit zu haben. Ein Traum, den die Digitalisierung möglich gemacht hat.

Oder du bist Speaker und wirst üblicherweise für eine 60 Minuten Keynote gebucht. In 60 Minuten kannst du viele wertvolle Inhalte transportieren und ein attraktives Honorar für den Vortrag abrufen. Du kannst aber auch all das haben und zusätzlich ein weiterführendes Online-Angebot unterbreiten. Ich bin mir sicher, dass du nicht alles was wichtig und wertvoll ist, in 60 Minuten verpacken kannst. Mithilfe eines Online-Programms, wäre das aber möglich. So führst du weiterhin ein etabliertes Online-Business und für alle Kunden, die noch tiefer in das Thema einsteigen wollen, bietest du zusätzlich das Online-Angebot. Die Speaker, die ich in den letzten Jahren betreut habe, konnten ihr Einkommen so meistens verdoppeln. Zudem helfen sie mit ihren weiterführendes Inhalten, noch mehr Menschen wirklich weiter. In meinem Coaching besprechen wir zwölf Möglichkeiten, wie du deine Positionierung weiter verbessern kannst, sowie zehn Möglichkeiten, wie du deine Inhalte digital monetarisieren kannst. Ich kann dir sehr sicher versprechen, dass jeder Leser dieses Buches, noch einiges lernen kann, egal wo er gerade steht.

Einige der Experten, die in diesem Buch zu Wort kommen, haben wir genau dabei unterstützt. Nicht darin, wie sie mit ihren Inhalten fachlich besser werden oder wie sie rhetorisch perfekte Vorträge halten, sondern wie sie ihr Online Marketing auf das nächste Level bringen. Wie sie Aufmerksamkeit, Reichweite und Bekanntheit aufbauen, um online mehr Kunden zu gewinnen und wie sie ihre Inhalte und Themen digital besser monetarisieren können. Wenn das für dich relevante Themen sind, dann sei herzlich eingeladen mit uns ins Gespräch zu kommen.

Unter **www.gruender.de/strategiegespraech** kannst du ein kostenloses Beratungsgespräch mit meinem Team und mir vereinbaren.

CHRISTOPH

J. F. Schreiber

Lerne von den Besten

von Christoph J. F. Schreiber

Experten leisten einen extrem wichtigen Beitrag, sowohl im wirtschaftlichen Geschehen, als auch im Leben der meisten Menschen. Warum? Weil sie den Menschen bei den Themen weiterhelfen, in denen sie sich am besten auskennen und ihnen so die wichtigsten Fragen beantworten können.

Was ich besonders gut kann, ist smarte Geschäftskonzepte zu entwickeln und diese mithilfe von Online-Marketing wachsen zu lassen. In den letzten zehn Jahren habe ich einige Unternehmen aufgebaut. Aktuell liegt mein Fokus auf Digital Beat, das als Unternehmen dieses Buch herausbringt.

Du musst in deinem Bereich richtig gut sein und dafür sorgen, dass andere Personen genau das wahrnehmen. Du solltest dir aber auch immer die Frage stellen, wie du damit ausreichend Geld verdienst. Denn nur wenn du damit genug Geld verdienst, kannst du von deiner Leidenschaft leben und das kannst du nur erreichen, wenn du das Ganze planst. Nur das, was wir uns vorstellen können, werden wir auch erreichen. Wenn du dir dein Ziel nicht vorstellen kannst, wirst du den Weg nicht planen und das Ziel somit auch nicht erreichen können.

Wenn du noch am Anfang stehst, solltest du dir zumindest vorstellen können, in welchem Bereich du Experte werden willst. Wie du in dem Bereich richtig gut wirst, ist simpel: Du musst von den Besten lernen. Dann fängt, aus meiner Sicht, die spannende Aufgabe erst an, denn ich als Unternehmer habe am meisten Spaß am Gestalten von Geschäftsmodellen.

Wie verdiene ich als Experte Geld?

Die einfache Antwort darauf ist: Indem du deine Zeit an Menschen verkaufst, die deine Expertise benötigen. Hierfür brauchst du einen Expertenstatus, Reputation, Reichweite und einen ordentlichen Online-Auftritt. Das alles sind Ziele, die mit einem vertretbaren Budget und einem überschaubaren Zeitrahmen realisierbar sind. Wenn du das erreicht und erfolgreich umgesetzt hast, wirst du an den Punkt kommen, an dem du keine Lust mehr auf 100-200 Berater- und Coachingtage im Jahr hast. Zumindest habe ich das von sehr vielen Experten, Speakern und Coaches gehört, die ich im Rahmen unserer Kongresse, Workshops und Seminare in den letzten Jahren kennengelernt habe. Wir haben unsere Geschäftsmodelle direkt anders aufgebaut. Bevor ich dir erkläre, was bei uns der Schlüssel zum Erfolg von Gründer.de war, möchte ich dir verraten, wie ich das erste Mal mit einer Strategie zum Experten geworden bin, von der man auch heute noch eine ganze Menge lernen kann.

Vor einigen Jahren, als ich noch Student war, kannte ich mich schon ziemlich gut mit Online-Marketing aus. Für einen befreundeten Steuerberater hatte ich, mit ein paar neuen Ansätzen, einen sehr gut funktionierenden Online-Auftritt gebaut und wollte mit diesem Know-How noch vielen anderen Steuerberatern weiterhelfen. Mein Hauptproblem war jedoch die mangelnd wahrgenommene Expertise und fehlende Reichweite im Markt.

Ich setzte deswegen eine Studie auf: Die Customer Journey Steuerberatungen. Ziel der Studie war es, den Status Quo im Marketing von Steuerberatungen herauszufinden. Dafür habe ich Steuerberatungen per E-Mail angeschrieben und sie darum gebeten, an der Umfrage für die Studie teilzunehmen. Als Anreiz für die Teilnahme hatte ich allen Teilnehmern den kostenlosen Zugang zu den Ergebnissen der Studie versprochen.

Ergebnis: Zwölf Prozent der angeschriebenen Steuerberatungen nahmen teil. Mit der Anforderung der Ergebnisse am Ende der Studie war gleichzeitig auch das Einverständnis verknüpft, dass ich diese auch in Zukunft anschreiben durfte.

Aus dem Umfrageergebnis habe ich dann besagte Studie erstellt, diese in einem Webinar vorgestellt und am Ende mein Angebot platziert. Zu dem Webinar hatte ich natürlich alle Teilnehmer eingeladen. Eigentlich recht simpel. Das Schöne an dieser Strategie ist, dass sie so viele Elemente umfasst, die für einen Experten wertvoll sind. Du stärkst deinen Expertenstatus als Herausgeber der Studie und generierst direkt Leads in Form von Interessenten an den Studienergebnissen. Durch das Webinar mit abschließendem Pitch generierst du direkt Umsätze und du hast am Ende eine Studie, die du als Produkt weitervermarkten kannst.

Genau um den letzten Punkt geht es. Du solltest unbedingt von Anfang an planen, dein Know-how als Produkt zu vermarkten. Das ist ein Bereich, auf den wir uns bei Gründer.de von Anfang an konsequent fokussiert haben. Ich meine damit, dass du dein Wissen nicht nur Eins-zu-eins weitergibst, sondern dein Know-How auch in Form eines Produktes zugänglich machst. Am attraktivsten ist dies in Form von digitalen Produkten. Sie haben den großen Vorteil, dass nur ein einmaliger Erstellungsaufwand entsteht. Es fallen keine weiteren Kosten für jedes verkaufte Exemplar, für Versandkosten oder Retourenmanagement an und das Beste ist, dass man alle Prozesse komplett automatisieren kann.

Digitale Produkte sind der entscheidende Schlüssel, um als Experte nicht mehr Zeit gegen Geld zu tauschen. Du musst nicht mehr an einem bestimmten Ort sein, damit Menschen von dir lernen können. Das hat auch den Vorteil, dass du deinen Impact dramatisch erhöhen kannst. Du erreichst nicht nur die Menschen, die du persönlich triffst, sondern du kannst mit deinem digitalen Produkt jedem Menschen in deinem Sprachraum helfen.

Wie sieht so ein Digitales Produkt aus?

Entscheidend für den Erfolg deines digitalen Produkts ist das dahinter stehende Versprechen. **Je besser das Versprechen und je relevanter für deine Zielgruppe, umso mehr wird sich dein digitales Produkt verkaufen.** Es kann auf unterschiedlichste Art und Weise gestaltet sein. Entscheidendes Merkmal: Es kann digital ausgeliefert werden.

Als Inhalte kommen Text-, Audio- oder Videoformate in Frage. Also beispielsweise E-Books, Hörbücher oder Erklärvideos. Oftmals ist ein Videokurs für viele Experten der beste Weg, um ihr Know-How in die digitale Sphäre zu transformieren. Grundsätzlich gibt es vielfältige Möglichkeiten, um ein digitales Produkt zu erstellen. Entscheidend ist das Versprechen. Inhaltliche Formate, Auslieferungsmethoden und Zahlungsmodalitäten sind Merkmale, über die man sich ebenfalls Gedanken machen sollte. Wichtig ist, dass man sich vorher einen klaren Fahrplan für die Erstellung überlegt und diesen zeitlich konsequent einhält, ansonsten bleibt das digitale Produkt ein unfertiges auf der Festplatte und wird nicht einen Euro Umsatz machen.

Bei unserem Kickstart Coaching liegt der Schwerpunkt auf der Erstellung und Vermarktung von digitalen Produkten: Du wirst lernen, dass sich digitale Produkte am besten als Bestandteil eines Funnels vermarkten lassen und lernen, wie dein Funnel aussehen sollte. Wir zeigen dir, wie du am effektivsten digitale Produkte erstellst, welche Preispunkte am besten funktionieren und welche Zahlungsmodalitäten für welche Arten von Produkten am sinnvollsten sind. Sollte ich Ratenzahlung anbieten? Macht ein Abo oder eine Einmalzahlung am meisten Sinn? All das sind Fragen, mit denen wir uns bei dem Coaching beschäftigen werden. Am Ende gehst du mit dem kompletten Fahrplan, mit allen Parametern für ein digitales Produkt und einem ausgearbeiteten Vermarktungsplan nach Hause.

Klingt das interessant für dich? Dann melde dich jetzt kostenlos unter **www.gruender.de/strategiegespraech** für ein Erstgespräch an.

BODO
Schäfer

Mach aus
deinem Leben
ein Meisterwerk!

Bodo Schäfer

BS
5
Bodo
Schäfer

Das Leben ist kein Spurt - Erfolg braucht seine Zeit

Ein Interview mit Bodo Schäfer

Nimm uns kurz mit in deine persönliche Geschichte: Wie hat alles angefangen? Was hat für dich den Ausschlag gegeben, dass du Speaker/Trainer/Coach geworden bist?

Mit 26 Jahren war ich pleite, weil ich einfach ständig mehr Geld ausgegeben habe, als ich verdient hatte. Irgendwann wurde mir bewusst: Ich komme da alleine nicht raus, ich brauche Hilfe. Als ich die Sportschau gesehen habe, ist mir aufgefallen: Jeder große Sportler hat einen Trainer, einen Coach. Ich habe mir also jemanden gesucht, der mir helfen sollte, aus meinem Loch heraus zu kommen und später finanziell frei zu werden. Ich hatte das große Glück, einen Coach zu finden, der für mich zu einer Vaterfigur geworden ist. Einen sehr reichen und ungemein liebenswerten Menschen. Ohne dass es mir damals bewusst war, ist da langsam vor meinem Auge dieses Berufsbild entstanden: Ich würde auch einmal andere Menschen coachen wollen. Aber zuerst musste ich mir eine Legende schaffen, eine Erfolgsgeschichte.

Kannst du dich noch an deinen ersten Kunden/Auftrag erinnern? Und falls ja, wie hast du ihn gewinnen können?

Es gibt drei Arten von Experten. Der Erste ist der Resultate-Experte, weil er etwas erlebt hat. Der Zweite hat ein profundes Fachwissen über ein bestimmtes Thema, was er sich einfach angelesen haben kann. Der Dritte ist einfach als Mensch ein Vorbild. Mein erstes Seminar hat sich ergeben, weil ich damals in die erste Kategorie fiel: Ich hatte etwas erlebt. Ich war ja pleite und meine Freunde hatten mitbekommen, dass ich viereinhalb Jahre später finanziell frei war. Also fragten sie mich: „Kannst du uns erklären, wie wir vermögend werden?“ Ich sagte: „Mache ich gerne, aber dafür brauchen wir mindestens drei Tage.“ Es wurden später zwei Wochenenden, also vier Tage.

Wie bist du anschließend weiter vorgegangen? Wie hast du an Reichweite und Bekanntheit gewonnen, welche Marketingstrategien hast du eingesetzt?

Ich bin überhaupt nicht gezielt vorgegangen, wobei ich dann natürlich viel schneller bestimmte Dinge erreicht hätte. Als ich mit 30 finanziell frei war, habe ich mich gefragt: Warum bin ich eigentlich hier auf dieser Welt? Was ist meine große Vision? Was ist mein Lebensziel? Wer bin ich? Und wenn ich nicht Bodo Schäfer sage, wer bin ich dann? Ich habe fünf Jahre über diese Fragen gegrübelt. Nach fünf Jahren wusste ich dann, was mein Lebenssinn ist. Die Amerikaner nennen das „Your calling". Dein Ruf. Was ich damals nicht wusste: Um diesen Ruf zu hören, müssen wir nur ganz still werden. Denn es ist der Ruf unseres Herzens. Als ich dann wusste, wer ich bin und was ich tun wollte, habe ich mich vorbereitet. Ich habe mir einen zweiten Coach gesucht, einen Milliardär.Als das Coaching abgeschlossen war, ging es sehr schnell. In den ersten zweieinhalb Jahren als Trainer habe ich bereits 15 Millionen verdient. Welche Strategie benutzte ich damals ? Ich habe so ziemlich jede ausprobiert. So wie man früher Piratenboote jagte: Piratenboote waren schnell und wendig und die schweren Galeeren, die sie verfolgt haben, konnten die Piratenboote nicht stellen. Darum hat man eine ganz einfache Strategie entwickelt: Alle Galeeren haben aus allen Rohren gefeuert - irgendwelche Kugeln trafen immer. So war es bei mir: Ich habe alles probiert und schließlich hat es geklappt. Ich habe mein Buch „Der Weg zur finanziellen Freiheit" als Speerspitze eingesetzt, bin in so ziemlich jede Talkshow getingelt, jede Presse hat über mich geschrieben und meine Bücher wurden in über 50 Ländern veröffentlicht - auf einmal hat alles gepasst.

Wie würdest du diesbezüglich vorgehen, wenn du heute noch einmal bei null starten müsstest? Welche Strategien würdest du den Lesern empfehlen, um Reichweite und Bekanntheit aufzubauen?

Wir müssen festlegen, worin und in welcher Art wir Experte sein wollen. Wir sollten immer bei uns anfangen. Danach sollten wir überlegen: Wen mag ich, wer ist mein idealer Kundenkreis und welche Probleme haben meine Kunden? Wenn ich erstens weiß, was ich kann, zweitens, wem ich helfen möchte und drittens, bei welchem Problem ich helfen möchte, dann werde ich auch sehr schnell herausfinden, auf welches Produkt ich bauen kann. Das ist die theoretische Vorarbeit. In der Praxis muss ich mich mit meinen potenziellen Kunden unterhalten und mit ihnen etwas bauen, was ich ein Dialog-Produkt nenne: Ich entwickle ein Produkt zusammen mit fünf Kunden-Avataren - daran verdiene ich schon Geld. Vor allem aber lerne ich die Bedürfnisse meiner optimalen Kunden kennen und weiß anschließend genau, welches Produkt ich bauen muss. Dieses Produkt würde ich dann launchen und mit diesem Launch mindestens meine ersten 10.000 Kunden bekommen. Auch wenn ich bis dahin keine Liste hätte.

Wie wichtig sind für dich digitale Produkte als Ergänzung in deinem Produktportfolio? Und wie schätzt du dessen zukünftige Bedeutung ein?

80 Prozent unserer Firma ist heute online, also ein digitales Business. Ich glaube, so wird das Verhältnis auch bleiben. Live-Seminare werden für den, der das möchte, immer eine Rolle spielen. Aber die Zukunft ist digital.

Du warst mehrfach als Referent auf unseren Events. Welche Bedeutung haben solche Auftritte als Speaker auf externen Events für dich? Welchen Nutzen ziehst du daraus bzw. warum sollte jemand, der als Speaker/Trainer/Coach erfolgreich werden will, sich darum bemühen, solche Gast-Auftritte zu bekommen?

Ich habe, meines Erachtens, als einziger deutscher Trainer in über 50 Ländern Auftritte gehabt. Ich liebe einfach das Bad in der Menge. Nicht zu oft, aber dann genieße ich es richtig. Es ist wichtig, dass wir wissen, was wir tun wollen und wie oft wir dies wollen. Ich denke es ist wichtig, dass wir den Kontakt zu unseren Kunden behalten. Dazu zählt neben persönlichen Gesprächen auch der Kontakt mit einer ganzen Menschenmenge. Wir müssen lernen, beides zu können: Den Einzelnen und die Masse anzusprechen. Nur dann können wir optimale Produkte bauen.

Du bist Teil unserer exklusiven One Idea-Mastermind, einem geschlossenen Kreis von erfolgreichen Unternehmern. Welchen Stellenwert hat für dich der Austausch in Gruppen? Sollte sich jemand, der sowohl persönlich als auch im Business weiter wachsen will, unbedingt mit anderen vernetzen und austauschen?

Ich habe in meinem Leben alles meinen beiden Coaches zu verdanken. Irgendwann folgt bei einem erfolgreichen Menschen auf das Coaching eine Mastermind - ein Netzwerk aus hervorragenden Experten. Dass ich bei One Idea mitmachen darf, empfinde ich als großes Privileg. Ich weiß was ich kann, ich bin gut in meinem Feld. Ich weiß aber auch, was ich nicht kann. Ich bin nicht mit Social Media aufgewachsen und auch nicht mit einem Online-Business. Darum empfinde ich es als großes Privileg, in dieser Gruppe dabei sein zu dürfen und so ungemein viel zu lernen. Bin ich deshalb jetzt ein Online-Marketer geworden? Ja und Nein. Die entscheidende Frage habe ich für mich beantwortet und kann sie auch immer wieder beantworten, wenn ich dabei bin: Worauf kommt es an? Was ist wichtig? Die zweite Frage: Wer kann das umsetzen, von dem ich gelernt habe, dass wir es umsetzen sollten? Da ist es absolut unverzichtbar für einen intelligenten Menschen, Mitglied einer Mastermind-Gruppe zu sein. Im Laufe meines Lebens habe ich vielen angehört und ich kann nur sagen: Das was Thomas und Christoph hier aufgebaut haben, ist unfassbar hilfreich und gut. Champions League!

Einige Menschen sind sich unsicher, ob sie sich als Speaker/Trainer/Coach selbst verwirklichen sollen. Haben vielleicht Ängste und Hemmungen. Welche Punkte kannst du diesen Menschen mitgeben, welche sie bei der Entscheidungsfindung berücksichtigen sollten.

Die Antwort auf diese Frage liegt mir wirklich am Herzen. Ich glaube, dass jeder von uns ein Coach ist. In jedem von uns steckt ein bisschen von dem, was andere Menschen brauchen. Etwas, das die Welt verändern kann. Ob wir dieses Wissen herauslassen, ob wir uns selbst als Trainer, Coach oder Speaker sehen, hat in erster Linie mit unserem Selbstvertrauen zu tun. Mein Rat ist deswegen: Arbeite an deinem Selbstbewusstsein. Notiere täglich fünf Punkte, die dir gut gelungen sind, in einer Art Erfolgs-Journal. Betreibe auf diese Art ein positives Erinnerungsmanagement. Also ganz gleich was du tust: Verbessere dein Selbstbewusstsein ein Leben lang. Ich habe zum Beispiel genug Selbstbewusstsein für meinen Job heute. Aber für den Job, den ich morgen machen möchte, muss mein Selbstbewusstsein größer werden. **Letztendlich ist es immer nur unser Selbstbild, das uns von unseren Zielen trennt.**

Außerdem empfehle ich dir, die Nähe zu einem Menschen zu suchen, von dem du lernen willst. Unterstütze ihn so, als wenn es dein eigenes Business wäre. Gib hierfür 110 Prozent - damit hilfst du diesem Menschen ungemein. Ich habe gesehen, dass wir am meisten von dem Menschen lernen, dem wir selber sehr viel geben können. Es ist ein Naturgesetz: Zuerst geben, um dann etwas zu bekommen. Die meisten Menschen wenden sich an einen Coach, um nur von ihm zu bekommen. So funktioniert die Welt aber nicht. Je mehr wir unserem Coach geben, desto mehr bekommen wir zurück. Also wird der Coach auch ganz enorm von dir profitieren und das ist richtig so. Aber noch viel mehr wirst du profitieren, denn du hast die einmalige Gelegenheit, ein Stück weit wie der Coach zu werden. Du kannst lernen, so zu denken wie er denkt, indem du seine Lieblingssätze auswendig lernst und wiederholst - das geht wirklich! Du kannst lernen, so zu fühlen wie er, indem du dich bewegst wie er. Indem du ihn imitierst. Kleine Babys lernen am meisten durch Imitation. Nur Erwachsene denken manchmal: Das geht doch nicht, ich kann doch nicht einfach anderen nacheifern. Doch, kannst du. So lernst du am schnellsten. Dadurch bekommst du einen einmaligen Vorteil. Du stellst fest, dass du dich verändert hast, weil du deinen Coach kopierst. Auf einmal merkst du: Ich habe die Wahl, ich kann erstens, wieder der werden, der ich früher war, ich kann zweitens, der bleiben, der ich heute geworden bin und ich kann drittens, einen freien Mix kreieren. Letztendlich wirst du immer das Dritte tun, aber wir müssen erkennen, dass wir eben diese Wahl haben. Wir können unser Leben designen.

Woher nehme ich mir das Selbstvertrauen, dass ich genug weiß, um andere davon lernen zu lassen?

Indem du die drei Arten eines Experten kombinierst:

Resultat-Experte: Fange mit deiner Geschichte an. Stelle fest, was deine große Erfahrung ist. Oft war das eine Niederlage. Bei mir war es die Tatsache, dass ich mit 26 Jahren fürchterlich pleite war und mir ein Coach viereinhalb Jahre später zur finanziellen Freiheit verholfen hat.Allein diese Geschichte ist etwas, das anderen Menschen Mut macht. Da ich pleite war, kann ich anderen viel besser erklären, wie man reich wird. Ich bin viel glaubwürdiger. Amerikaner nennen das: „Make your mess your message." Das ist die erste Art des Experten. Dazu gehört die wirkliche Erfolgsgeschichte. Wenn ich also eine Geschichte habe, die mich qualifiziert, stärkt das mein Selbstvertrauen. Kann ich dann noch klare Strategien aufzeigen, mit denen ich etwas Einmaliges erreicht habe, dann stärkt das das Selbstvertrauen weiter. Wenn meine Geschichte damit enden würde, dass ich pleite war, wäre es keine gute Geschichte. Natürlich brauchst du dann auch einen Erfolg. Dass ich aber im Moskauer Olympiastadion vor 35.000 Menschen sprechen konnte, weil ich allein in Russland fünf Millionen Bücher verkauft habe, das ist eine Erfolgsgeschichte. Wenn ich dann sage: Ich habe einen Kurs: „Insider Marketing Coaching" (www.inmaco24.de), der zwar teuer ist, dir aber genau zeigt, wie du eine Weltkarriere als Experte starten kannst, dann ist das glaubwürdig.

Die zweite Art, dein Selbstbewusstsein aufzubauen ist, dass du neben der eigenen Erfahrung und den eigenen Erfolgen, fundiertes Wissen sammelst. Ich habe über 4.000 Bücher gelesen, ich besuche auch heute noch jedes Jahr mehrere Seminare, lese pro Woche immer noch ein bis zwei Bücher. Die dritte Art von Experte ist, als Mensch ein Vorbild zu sein. Das ist am schwierigsten. Aber wenn wir ehrlich, verlässlich und authentisch bleiben, dann sind wir eine Persönlichkeit, der andere gerne zuhören. Ich habe festgestellt: Wenn du die drei Arten von Experten in dir vereinst, dann bist du für viele Menschen eine Art Guru - ein Lebenslehrer. Ein wirklich kluger und hoffentlich auch hin und wieder weiser Mann oder weise Frau.

Wenn du selbst auf deine eigene Karriere zurückblickst, was würdest du heute im Nachhinein noch einmal anders machen?

Ich würde mein Leben wieder genau so leben wollen. Natürlich würde ich einige Fehler vermeiden, wenn ich schon mein heutiges Wissen hätte. Ich wäre dann aber auch nicht der geworden, der ich heute bin. Ich glaube unsere Fehler und Niederlagen sind unsere größten und besten Lehrer. Vor allem unsere weisesten Lehrer. Es ist doch so: Wir haben verstanden, dass wir Probleme brauchen, um stärker zu werden. **Wir wollen aber nie wirklich die Probleme haben, die wir tatsächlich brauchen, um diese Stärke zu erreichen.** Wir wollen leichtere Probleme. So geht das aber nicht. Wir brauchen die Situationen, in denen wir wirklich denken: Das packe ich jetzt nicht. An diesen Situationen wachsen wir am meisten. Ich bin dankbar für alle Erfolge, ich bin stolz darauf und ich bin sehr dankbar für jede Niederlage - davon hatte ich viele.

Fehler sind menschlich und passieren, jeder noch so erfolgreiche Mensch erleidet gelegentlich Rückschläge. Nimm uns mit in deine Welt: Was ist in deiner Karriere schon einmal richtig falsch gelaufen?

Das ist eine sehr persönliche Frage und sie schließt sich an das an, was ich in der vorigen Antwort gesagt habe. Einer meiner schwersten Momente war, als ich mich komplett ausgepowert habe, nachdem ich in den ersten zweieinhalb Jahren als Trainer bereits 15 Millionen verdient habe. Ich liebte was ich tat und habe meine Erschöpfung deswegen gar nicht bemerkt. Ich habe mich für zu wichtig gehalten - das war der eigentliche Fehler. Ich glaube,

wir sollten niemals unsere Aufgabe wichtiger sehen als uns selbst. Ich bin dann mit 39 Jahren krank geworden. Schwer krank. Eineinhalb Jahre lang ging nichts mehr. Natürlich stellen sich Gewinner immer die Frage: Wofür war das gut? Wenn du schwer krank und nur zwei Stunden am Tag wach bist, wenn du sonst nur dahinvegetierst, dann findest du nicht sofort eine Antwort auf diese Frage. Welche Antwort habe ich gefunden? Meine ganze Lehre ist viel menschlicher geworden und ich sehe Erfolg viel ganzheitlicher. Ich betone viel mehr, wie wichtig es ist, dass wir in allen fünf Bereichen unseres Lebens Erfolge erzielen: Dass wir uns um unsere Gesundheit kümmern, um unsere Beziehungen, um unsere Finanzen, um unsere Emotionen und natürlich auch um unseren Job/Lebenssinn/Spirituelles.

Mein Fazit aus meiner Geschichte ist ganz einfach: Ich möchte heute nicht mehr „nur" Menschen helfen, reich zu werden, ich möchte ihnen helfen, reich und glücklich zu werden. Das Motto unserer Firma lautet „Lebe deinen Traum" und unser Versprechen ist: **Du lernst in unserem Sieben-Jahres-Kurs alles, was Kinder in einer reichen und glücklichen Familie**

automatisch lernen. Der kritische Punkt sind die sieben Jahre, für die mich viele Menschen schon kritisiert haben. Das ist doch viel zu lang, heute wollen die Menschen schnell reich werden. Ich sage aber: Es ist falsch, denn es ist unehrlich. Wirklicher Erfolg dauert. Ob es dann hinterher drei, fünf oder sogar sieben Jahre sind, das ist nebensächlich. Wir sollten unseren Kunden klar sagen: Die Transformation ereignet sich nicht in einem Monat. Das Leben ist kein Spurt. Es ist ein Marathon und deswegen sollten wir uns niemals völlig verausgaben, sondern immer alle fünf Bereiche unseres Lebens sehen.

Ein letzter Tipp: Verschweige deine Fehler nicht. Zeige den Menschen, dass du Fehler hast. Make your mess your message. Das hat auch einen positiven Nebeneffekt für dich: Du bleibst freundlich und demütig.

TOBIAS Beck

Wenn du anderen Konfetti ins Leben streust, wird auch dein Leben bunt!

Du musst nicht Everybody's Darling sein

Ein Interview mit Tobias Beck

Nimm uns kurz mit in deine persönliche Geschichte: Wie hat alles angefangen? Was hat für dich den Ausschlag gegeben, dass du Speaker/Trainer/Coach geworden bist?

Meine Reise begann 1984 in einem Ferienclub in Griechenland. Ich war sieben Jahre alt und verbrachte dort den Urlaub mit meinen Eltern. Es gab dort einen Kinderclub, in dem die Animateure nach Talenten bei uns Kindern suchten. Diese sollten wir dann auf einer Bühne in einem riesigen Kolosseum aufführen. Um ehrlich zu sein: Sie fanden bei mir keine großen Begabungen. Ich war weder besonders gut in Sport, noch konnte ich jonglieren, zaubern oder tanzen. Irgendwann fragte mich ein Animateur: „Tobi, gibt es irgendetwas, was du besonders gerne machst?“. Ich antwortete: „Ich bringe gerne Menschen zum Lachen“. Und er sagte: „Dann mach das doch mal“.

So habe ich angefangen, Geschichten und Witze zu erzählen. Ich erinnere mich noch an den Moment, als ich mit sieben Jahren in diesem Kolosseum auf der Bühne saß und mich ungefähr 2.000 Menschen anschauten. Ich sollte fünf Minuten meine Geschichten erzählen. Das Ganze endete darin, dass ich eine dreiviertel Stunde auf der Bühne saß und die Menschen geklatscht und Tränen gelacht haben. Natürlich weiß ich, dass das nur der Anfang der Reise war. Der nächste große Schritt kam in der Schule, als ich bemerkte, dass mir viele Fächer nicht lagen, das Sprechen dafür aber umso mehr. Ich glaube, dass jeder Mensch eine Sache richtig gut kann. Für mich ist es das Sprechen, das mir schon immer Freude bereitet hat. Es erfordert für mich überhaupt keine Kraftanstrengung. Ich erinnere mich noch an eine Situation im Literaturunterricht. Mein Lehrer sagte zu mir: „Tobi, wenn du Theater spielst, erreichst du die Herzen der Menschen. Merkst du das eigentlich?“. Oft ist es ja so, dass uns andere Menschen erst einen Schubser geben müssen, damit wir erkennen, dass mehr in uns steckt. Es gibt etwas, das du gut kannst und worin deine große Stärke liegt. Für mich waren dies die ersten großen Schritte, die dazu geführt haben, dass ich Speaker geworden bin. Ich war eine lange Zeit beim Rettungsdienst tätig, bei dem ich ebenfalls gemerkt habe, dass ich gut mit Menschen umgehen kann. In dieser Zeit habe ich mir einen Proof of Concept aufgebaut. Dieser ist im Trainer-, Speaker-, Coaching- und Beratermarkt immens wichtig und bildet die Grundlage, auf der du in Zukunft immer wieder aufbauen kannst. Diese Grundlage war für mich der Vertrieb. Ich habe mir im Bereich der Telekommunikation ein Netz aus mehreren tausend Vertriebspartnern aufgebaut. Es war eine großartige Zeit: Die Zeit der Deregulierung. Ich fing an, meine Partner zu trainieren und ihnen Tipps und Tools mit auf den Weg zu geben, damit sie besser verkaufen können. Im Laufe der Jahre war ich derjenige, der auf riesigen Conventions gesprochen hat, beispielsweise in Rothenburg an der Fulda vor 7.000 Menschen und jedes Wochenende vor 1.000 Menschen. Einer der ausschlaggebendsten Momente meiner Karriere war, als mich ein Vertrieb in den USA zu einem der besten Trainer eingeladen hat. George Zalucki heißt der Mann, ein Psychologe und Dekan an einer amerikanischen Universität. Er hat mich sieben Tage lang richtig in die Mangel genommen und mir beigebracht, was es wirklich bedeutet, vor Menschen zu sprechen. Was es heißt, die Maske herunterzunehmen und die Menschen im Herzen zu erreichen, anstatt ihnen irgendwelche Dinge beibringen zu wollen. Vor allem aber hat er mir beigebracht, dass es niemals um dich als Coach gehen darf, sondern ausschließlich um dein Gegenüber. Das hat mir einen richtigen Schubs gegeben. In anderen Worten heißt das für jeden, sich erst einmal eine Basis aufzubauen. Man muss verstehen, dass das Ganze ein Handwerksberuf ist. Die meisten Menschen denken, man müsse eine große Begabung haben, um auf der Bühne zu stehen. Diese ist mit Sicherheit wichtig, allerdings nützt die größte Begabung nichts, wenn dich niemand verbessert und dir Tipps und Tricks beibringt, wie es in jedem Job notwendig ist. Ich habe mich im Anschluss über mehrere Jahre von den größten Trainern und Speakern dieser Erde ausbilden lassen. Unter anderem von Lance Brown, T. Harv Eker und Blair Singer. Von all diesen Menschen habe ich mir Tools und Tricks mitgeben lassen, die ich langsam in mein eigenes Training einbringen konnte. Die Mischung aus dem Lernen der Tools, der Umsetzung und einem Markt, der dafür bereit war, hat im Endeffekt die Magie ausgelöst. Im Gegensatz zu Deutschland gab es die Szene in anderen Ländern noch nicht. Mein Wachstum, online und offline, ist durch diese Mischung erst entstanden und möglich geworden, so zum Beispiel bei der Experience International und bei der Tobias Beck University.

Kannst du dich noch an deinen ersten Kunden/Auftrag erinnern? Und falls ja, wie hast du ihn gewinnen können?

Mein allererster großer Kunde außerhalb des Vertriebes, war die 1&1 Internet AG in Montabaur. Ein großer Tipp für alle, die dieses Buch lesen: Es macht sehr viel Sinn, in einer Branche zu beginnen, in der du wirklich Expertise hast. Ich komme beispielsweise aus dem Telekommunikationsvertrieb und bin deshalb in den nächsten Telekommunikationsvertrieb gegangen. Über mehrere Jahre habe ich dort, zusammen mit einem Freund, den Kundenberater-Vertrieb aufgebaut. Das war eine Zeit, in der ich viel lernen durfte. Wie ich den Kunden damals gewonnen habe? Ich glaube nicht, dass du Kunden gewinnen musst. Das ist für mich der komplett falsche Ansatz. Wenn du gut bist, in dem was du machst, öffnen dir andere Menschen Türen. Das war zumindest in meinem Leben so. Um ehrlich zu sein, habe ich noch nie einen Kunden wirklich gewinnen müssen. Ein Beispiel: Ich habe einmal eine halbe Stunde bei der Restaurantkette Vapiano gepitched. Nach diesen 30 Minuten wurde Vapiano für zehn Jahre mein Kunde und ich habe hunderte von Seminar-, Trainings-, Coaching- und Beratertagen durchgeführt. Bei der 1&1 Internet AG wurde ich genommen, weil ich die Grundlagen im Telekommunikationsbereich hatte und ich Vizepräsident in meiner vorherigen Firma war. Die 1&1 Internet AG hat jemanden gesucht, der zum einen eine Spitzenposition in einem anderen Unternehmen hatte, zum anderen die Deregulierung und Telekommunikation versteht und der darüber hinaus trainieren kann. In diesem Fall war ich das. Ich war Mitte zwanzig und bin auf einen Vertrieb gestoßen, der zum Großteil der Generation 50 plus angehörte. Das war eine ganz tolle Zeit, in der wir zehntausende von Kunden gewinnen konnten. Um das Ganze nochmal zusammenzufassen: Andere Menschen machen dich groß. Du selbst kannst dich nicht groß machen. Es gibt Menschen, die dir die Tür zu einem Unternehmen oder sogar die Türen zum Trainer-, Speaker- und Coaching-Markt öffnen, wenn du sichtbar und genial bist und nicht übermütig wirst. Ich hatte damals einen Tagessatz von 400 bis 500 Euro. Das habe ich nicht mehrere Tage oder Monate, sondern viele Jahre lang gemacht, um Erfahrungen zu sammeln. Aber auch, um mit einem Proof of Concept, Schwarz auf Weiß und mit Zahlen belegbar, im nächsten Schritt höhere Tagessätze erzielen zu können.

Wie bist du anschließend weiter vorgegangen? Wie hast du an Reichweite und Bekanntheit gewonnen, welche Marketingstrategien hast du eingesetzt?

Der nächste große Schritt in Richtung Öffentlichkeit, Reichweite und Bekanntheit ist ein Sammelsurium von Puzzlestücken, die heute Tobias Beck ausmachen. Einer der größten Schritte, die ich in der Vergangenheit gegangen bin und heute immer noch gehe ist, dass ich im Vergleich zu vielen großen Trainern am Markt, eigene Modelle entwickelt habe. Ich habe das Bewohnerfrei-Modell entwickelt, umgesetzt und es über Tausende von Tagen ausprobiert. Zudem habe ich das Tiermodell mit Eulen, Delfinen, Walen und Haien selbst entwickelt. Dadurch habe ich mich am Markt unersetzbar gemacht. Das heißt, ab einem bestimmten Punkt haben die Unternehmen nicht mehr Tobi Beck gebucht, sondern wollten das Bewohnerfrei- oder das Tiermodell buchen. Das bedeutet: Lizenziere dein Modell. Diesen Schritt habe ich damals in einer Zeit gemacht, in der ich noch nicht so viel verdiente. Es hat mir wirklich weitergeholfen. Ich habe damals alles lizenzieren lassen: Das Bewohnerfrei-Modell, das Tiermodell und beides nochmal in verschiedenen Unterklassen. So konnte es mir niemand wegnehmen. Mit diesen Modellen bin ich zu GEDANKENtanken gekommen. Auch hier konnte ich einen Proof of Concept vorlegen, da ich über 15 Jahre Erfahrungen im Trainerbereich hatte. Ich bin bei GEDANKENtanken nicht wie die Jungfrau zum Kinde gekommen, sondern das Einzige, was sich für mich verändert hatte, war die Größe des Publikums. In dem Fall saßen dann nicht nur hundert, sondern tausend Menschen vor mir. Online haben sich bis heute Millionen Menschen die Videos über die Plattform GEDANKENtanken angeschaut. Das hat den großen Hebel umgelegt. Daraufhin sind Instagram und Facebook so gewachsen, dass ich heute wirklich gut von dem Speaker-Geschäft leben kann. Mein Marketing lässt sich also in vier Punkten zusammenfassen:

1. Werde unersetzbar und mache dein eigenes Modell.
2. Finde eine Plattform, die dich aufnimmt und aus dir etwas Großes macht.
3. Lasse dich weiter coachen und trainieren.
4. Gib das, was du bekommst, an andere zurück.

Ich habe das Geld aus den ersten Jahren genommen und eins zu eins in die weitere Ausbildung durch meine Mentoren investiert, mittlerweile habe ich über 250.000 Euro in meine Weiterbildung als Speaker investiert. Punkt Nummer vier ist womöglich der größte Hebel, ich nenne das Karmic-Management. Meine ersten Seminare waren kostenlose Charity Veranstaltungen für Jugendliche und Studenten. Ab der ersten öffentlichen Veranstaltung habe ich einen Prozentsatz zurückgelegt und gespendet. Ich glaube, dass wenn wir die richtigen Samen säen, alles irgendwann zurückkommt. Die Früchte, die wir essen, sind die Samen, die wir in der Vergangenheit gesät haben. Wenn du damit früh genug und mit der richtigen Intention beginnst, lernst dich als Mensch zurückzunehmen und andere Menschen in den Mittelpunkt zu stellen, dann wirst du als Speaker, Trainer, Coach oder Berater richtig groß werden. Der nächste große Schritt, um Reichweite zu erzielen, war der Bewohnerfrei Podcast. Mein Team musste mich wirklich dazu überreden. Wann sollte ich denn auch noch Aufnahmen machen? Ich arbeitete doch ohnehin schon Tag und Nacht! Viele Menschen haben mir erzählt, dass Speaker in den USA sich damit brüsten, in den Top 200 der Wirtschafts-Charts zu sein und wir hatten die einmalige Möglichkeit, durch eine clevere Strategie, das Ganze auf Platz eins zu bringen. Mit dem Bewohnerfrei Podcast habe ich dann, über die Zielgruppe der Persönlichkeitsentwicklung hinaus, eine hohe Reichweite aufbauen können. Mittlerweile haben über fünf Millionen Menschen den Podcast gehört. Er läuft im Board Programm bei Lufthansa und Eurowings. Das hat auf jeden Fall für den ganz großen Schub an Reichweite gesorgt, um dann im darauffolgenden Schritt damit auf Tour gehen zu können. Die Unbox Your Life-Tour, basierend auf dem Unbox Your Life-Buch, das mittlerweile auch ein Amazon und Focus Bestseller geworden ist, hat dazu geführt, dass tausende und zehntausende Menschen zur Tour gekommen sind und sich inspirieren ließen. So wird diese Message immer weitergetragen. Dahinter steckt eine große Mission: So vielen Menschen wie möglich zu einem positiveren Leben zu verhelfen. Menschen zu Führungskräften auszubilden, die dann wiederum anderen Menschen weiterhelfen. Das sind die Puzzlestücke, die irgendwann die Marke Tobias Beck ergeben haben. **Das heißt, Erfolg als Speaker, Trainer, Coach oder Berater ist nicht dieses eine Event oder dieses eine Tool. Es ist die Vernetzung von ganz vielen kleinen Tools, die über Jahre hinweg das große Bild ergeben.** Wenn du über mehrere Jahre die richtigen Dinge tust und am Boden bleibst, dann werden dir andere Menschen Türen öffnen. Im Umkehrschluss hat das zu der Reichweite geführt, die ich heute habe. Ein weiterer, ganz wichtiger Punkt, um Reichweite zu bekommen, ist die Vernetzung mit anderen. Ich bin ein großer Freund von Kollaborationen. Das heißt, wir werfen uns mit anderen Coaches, Trainern und Speaker-Kollegen Bälle zu. In diesem Fall handelt es sich um zahlende Kunden. Ich persönlich bin der Meinung, dass wir in einer Zeit angekommen sind, in der wir alle die Ellenbogen wieder einfahren dürfen. Ich bin absolut im Geber-Modus und lebe nicht im Mangel. Es ist genug für alle da. Ich weiß gar nicht wohin mit den ganzen Kundenanfragen. Deshalb gebe ich sie sehr gerne an andere große Kollegen weiter. Diese stellen mir dann wiederum ihre Kunden zu Verfügung. So teilen wir uns den Markt, anstatt andere auszugrenzen oder sich über andere zu stellen. Gerade in der Persönlichkeitsentwicklungsszene ist kein Platz für Egos.

Wie würdest du diesbezüglich vorgehen, wenn du heute nochmal bei null starten müsstest? Welche Strategien würdest du den Lesern empfehlen, um Reichweite und Bekanntheit aufzubauen?

Wenn ich heute nochmals neu als Trainer, Coach und Berater beginnen könnte, dann würde ich nach der Blue Oceans Strategie vorgehen. Ich würde mir in meiner Zielgruppe oder in meinem Markt überlegen: Was machen die anderen und was kann ich anders machen? Ich habe vorhin schon gesagt, dass jeder eine Sache richtig gut kann. Das bedeutet, ich würde eine Matrix erstellen, in der ich ganz genau aufschreibe: Was kann ich am Markt und in der Nische, in der ich unterwegs bin, anders machen? Ich möchte ein Beispiel geben. Ich habe damals geschaut, was es schon an öffentlichen Seminaren gibt. Da gab es großartige Kollegen, die riesige Seminare mit tausenden von Teilnehmern machten. Dadurch sind sie natürlich eher unpersönlich, haben wenig Liebe zum Detail und es geht eher um Massenabfertigung. Ich habe genau das Gegenteil gemacht. Ich habe mich darauf fokussiert, kleine Veranstaltungen mit viel Liebe zum Detail und mit viel persönlicher Verbindung zu machen. Der Unterschied ist, dass du genau schaust, wo du etwas anders machen kannst. Wenn ich die Zeit zurückdrehen könnte, dann würde ich früher damit beginnen, mir Bühnen zu suchen, die schon da sind. Ich würde zu Toastmasters gehen, ich würde in Clubs gehen, wo ich von anderen Menschen richtig in die Mangel genommen und geschliffen werde. **Ich würde an Orte gehen, an denen ich mir Feedback von anderen Kollegen einholen kann, um die Trial und Error-Phase ein wenig zu verkürzen. Und ich würde noch mehr Geld in meine Ausbildung investieren, da ich gemerkt habe, dass das auf Dauer den wirklichen Unterschied hervorbringt.** Um weiter Reichweite aufzubauen, würde ich bei einem Mentor beginnen, der schon viel Reichweite hat. Ich würde mir jemanden suchen, den ich als Vorbild nehmen kann, um mir genau seine Strategien anzuschauen und von ihm zu lernen, bevor ich mich auf dem Markt behaupte. Wie damals der Meister und der Lehrling. Ich würde ihm über mehrere Monate und Jahre dienen, um zu schauen, wie er es gemacht hat. Letztlich würde ich dann überlegen, wie ich es für mich umsetzen kann, was die Hebel sind, die ich umlegen würde, um letztlich mein eigenes Ding zu machen.

Wie wichtig sind für dich digitale Produkte als Ergänzung in deinem Produktportfolio? Und wie schätzt du dessen zukünftige Bedeutung ein?

Digitale Produkte sind ein absoluter Milliardenmarkt. Ich war sehr überrascht, als ich gesehen habe, wie viele Menschen unsere Produkte auf Anhieb erworben haben. Seien es unsere Hörbücher oder auch die Public Speaking University. In den nächsten Jahren wird meine Strategie darin bestehen, gemeinsam mit meinem Team neben den Offline-Kursen eine Online-Akademie aufzubauen, in der die Inhalte angeboten werden. **Gleichzeitig ist mir vollkommen bewusst, dass die Emotionalität wirklich nur Face-to-face in einem Raum mit einem Coach aufgebaut werden kann.** Als Ergänzung ist es allerdings ein absolut großartiger Einkommensstrom. Ich selber bin Konsument von online und digitalen Produkten. Hier lasse ich mich von anderen inspirieren. Ich bin auch bereit im Hochpreissegment große Summen zu investieren, um Nischenwissen einzukaufen. Aber bevor ich nach Las Vegas fliege, zu Trainern oder Speakern, die mir unbekannt sind, lade ich mir das Wissen runter und lerne sehr gerne von denen, denn sie sind Helden in ihrer Nische. Auch in diesem Jahr bestehen unsere nächsten Schritte darin, weitere Online-Produkte auf den Markt zu bringen. Denn dieser Markt wird in Zukunft definitiv stark wachsen.

Du warst mehrfach als Referent auf unseren Events. Welche Bedeutung haben solche Auftritte als Speaker auf externen Events für dich? Welchen Nutzen ziehst du daraus bzw. warum sollte jemand, der als Speaker/Trainer/Coach erfolgreich werden will, sich darum bemühen, solche Gast-Auftritte zu bekommen?

Externe Auftritte bei Multi-Speaker-Events oder anderen Events sind extrem wichtig für den Aufbau der Reichweite eines jeden Speakers. Deshalb ist es mir immer eine große Ehre, auf diesen Bühnen zu sprechen. Dir wird dort nichts geschenkt. Du musst jeden Tag aufs Neue mit 100 Prozent performen. Gleichzeitig ist der größte Nutzen daraus, dass du deine Reichweite ausbauen kannst. Einer meiner Mentoren T. Harv Eker hat mir beigebracht: „Tobi, you need to bring people from their room to your room." Das bedeutet, wenn du es in einem Vortrag schaffst, so viel Mehrwert zu geben, dass es für die dort sitzenden Teilnehmer selbstverständlich ist, mit dir weiter zu gehen, weiter zu lernen und weiter zu wachsen, dann werden dir die Menschen in deinen Raum, ob virtuell oder in Form von Seminaren, folgen. **Den Tipp, den ich dir hier geben möchte ist, dass du am Ende einer jeden Keynote ein Geschenk, einen Test, einen Freebie, eine PDF, eine Checkliste, ein kostenfreies Buch oder ein Hörbuch anbietest, so dass du den Menschen einen Mehrwert gibst. So bindest du Menschen auch langfristig an dich und deinen Content.** Für mich ist es ganz wichtig, bei jedem dieser Gastauftritte mein Bestes zu geben, um Menschen von dem Raum, in dem ich spreche, mit in meinen Raum zu nehmen, um dort dann wirklich in der Nische und in voller Intensität arbeiten zu können. Deshalb macht es mir unglaublich viel Spaß, auf der Bühne zu stehen und zu rocken, mittlerweile 250 Mal im Jahr. Abschließend möchte ich dir noch einen Tipp mitgeben: **Du musst nicht Everybody´s Darling sein. Es geht nicht darum, gemocht zu werden, sondern es geht darum, dass du deinen Mehrwert an die Leute weitergibst, die mit dir weiter wachsen wollen.** Und wenn du in diesem Markt Fuß fassen möchtest, dann wirst du Menschen haben, denen das nicht passt. Du wirst Hater haben. Aber hier ist die gute Nachricht: Auch Pumuckl und die Biene Maja haben Menschen, die sie nicht mögen. Du machst einfach weiter. Du bist ein Geschenk für diese Welt. Du bist es wert, auf der Bühne zu stehen. **Ich freue mich darauf, dich weiter bei uns in der Public Speaking University oder in der Public Speaking University online ausbilden zu dürfen. Es wäre mir eine Ehre, dir weiterhin Mehrwert und das Handwerkszeug geben zu dürfen, welche bei mir dazu geführt haben, dass ich heute Millionen von Menschen erreiche. Was es mir erlaubt, im Ausgleich Millionen Umsätze zu fahren. Ich würde mich freuen, mit dir gemeinsam auf diese Reise gehen zu dürfen.**

CALVIN Hollywood

Einen Löwen interessiert es nicht, was die Schafe über ihn denken!

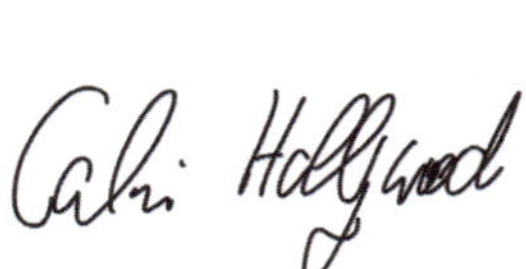

10
CH
Calvin Hollywood

Dein Feedback – mein Content – mit der Community ans Ziel

Ein Interview mit Calvin Hollywood

Du hast eine große Erfolgsstory hingelegt, die wir jetzt gerne einmal aufarbeiten wollen. War es von Anfang an dein Ziel: Trainer, Speaker, Coach zu werden? Oder bist du da mehr oder weniger reingestolpert?

Vor Leuten zu sprechen, das wollte ich im Leben nicht. Durch meine Zeit beim Militär bin ich in das Ausbildungsthema mehr oder weniger reingestolpert. Ich wollte heimatnah stationiert bleiben und das ging nur als Ausbilder. Also stand mein Entschluss fest: Ich werde Ausbilder. Nach kurzer Zeit hieß es, dass ich einen Vortrag vor 100 Leuten halten soll. Ich wurde also komplett ins kalte Wasser geworfen. Das zog ich dann durch und bekam vom Militär weitere Ausbildungen auf dem Gebiet. Dann habe ich von außerhalb der Bundeswehr immer mal wieder Fragen zu verschiedenen Themen bekommen, die ich denjenigen Personen immer privat beantwortet habe. Zu dem Zeitpunkt war ich schon fünf Jahre Ausbilder bei der Bundeswehr und habe hunderte von Vorträgen gehalten. Als mir dann immer mehr Menschen Fragen gestellt haben, dachte ich mir, dass ich mein Wissen doch an eine große Menge an Menschen, anstatt immer nur an eine Person, weitergeben kann. Durch meine Ausbildung war es für mich dann relativ einfach, vor Menschen zu sprechen. Ich habe erstmal klein angefangen und auf Stammtischen Fotografen Beispiele gezeigt und Vorträge gehalten. So bin ich in die Branche eingestiegen. Mir persönlich fällt es leichter, vor einer großen als vor einer kleinen Gruppe zu sprechen. Wenn du also als Speaker arbeitest, kommen normalerweise keine Fragen zurück. Als Coach hingegen arbeitest du mit den Menschen zusammen, was mir anfangs noch schwerfiel.

Du hattest das große Glück, dass du deine Leidenschaft zur Fotografie zum Beruf umfunktionieren konntest. Was würdest du den Lesern des Buches raten, sollten sie auch ihre Leidenschaft zum Beruf machen wollen? Oder sollten sie eher etwas suchen, wo man vielleicht eine Marktnische findet, um das Ganze profitabler zu gestalten?

Dein Weg muss mit dem Herzen anfangen und danach sollte man sich die entsprechende Nische suchen. Wenn man eine Leidenschaft hat, dann ist die selten in einer Nische zu finden, sondern meistens ist es eine, die viele Menschen teilen. Wenn du merkst, dass du dein Hobby zum Beruf machen kannst, dann musst du dich tiefer in das Thema einarbeiten und dich auf einen bestimmten Bereich spezialisieren. Wenn man zum Beispiel sehr viel Fachwissen im Bereich Ernährung hat, kann man überlegen, ob man sich als Ernährungs-Coach für Menschen, die viel Zeit in Hotels verbringen, positioniert. Dann befinden wir uns in einer Nische. Die Spezialisierung fällt auf Menschen, die ein paar Tage am Stück in Hotels verbringen, die Sport machen müssen und somit auf eine bestimmte Ernährung achten sollten. Ich empfehle, die Entscheidung aus der Leidenschaft heraus zu treffen, um dann zu versuchen, das Hobby in der Zielgruppe einzugrenzen. Ansonsten schwimmt man mit der Masse mit und dann wird es sehr schwer werden, erfolgreich zu sein.

Wir hatten den ersten Kontakt im Herbst 2016. Ich hatte dich damals gefragt, ob du als Speaker beim Gipfeltreffen hier in Köln dabei sein möchtest. Kannst du aus deiner Sicht sagen, wie man sich als Speaker/Trainer/Coach am besten positioniert, um Aufträge zu bekommen, sodass die Kunden auf einen zukommen, ohne dass man sich selbst zu sehr pushen muss?

Eine wichtige Frage, die man sich erst einmal stellen sollte, ist: Welche Art von Speaker will man werden? Es gibt zum Beispiel die Speaker, die in Firmen Vorträge halten. Dafür muss man keine Massen begeistern und Reichweite aufbauen. Da ist Mundpropaganda völlig ausreichend. Den einen Vortrag kann man über zwei, drei Jahre in verschiedenen Unternehmen halten. Das war jedoch nie der Weg, den ich gehen wollte. Mein Interesse besteht darin, Vorträge bei Veranstaltungen oder bei Kongressen zu halten. Als Konferenz-Speaker finde ich es wichtig, authentisch zu sein, um die Menschen zu fesseln. Du solltest aus der Menge herausstechen und besonders sein, ohne dass die Fachkompetenz, die Qualität deiner Rede oder der Content darunter leiden. Ich finde es auch wichtig, dass du als Speaker eine gewisse Reichweite mitbringst. Wenn du einen Vortrag auf einer Konferenz halten willst, ist es im Sinne des Veranstalters, dass du deine Community für das Event begeistern kannst und so der Ticketverkauf gesteigert wird. Entweder, weil die Community dich als Speaker bereits von woanders kennt, dich live sehen will oder weil du eine gute Reichweite hast, sodass du selbst Zuschauer mitbringen kannst. So entsteht am Ende immer eine Win-Win-Situation. Wenn man sich erst als Speaker etablieren möchte, darf man nicht zu sehr an die Gage denken. Es gibt Konferenzen, bei denen ich bezahlt werde, es gibt aber auch welche, auf denen ich kostenlos auftrete. In so einer Situation muss man den Profit von einer anderen Seite betrachten und dafür brauchst du als Speaker ein System. Ich denke, sowas steht und fällt mit der eigenen Entscheidung, wo man Speaker sein möchte. Wenn ich beispielsweise bei GEDANKENtanken auf der Bühne stehe, kann ich nicht meine 5.000 Euro Gage verlangen. Wenn ich auf einer Konferenz auftrete, die erstmalig stattfindet, kann ich eventuell eine Aufwandsentschädigung verlangen. Es muss immer ein Geben und Nehmen sein.

Wenn du als Trainer/Speaker/Coach nicht für jeden Auftritt ein Honorar nimmst, womit verdienst du denn dann grundsätzlich dein Geld? Du hast schließlich Mitarbeiter, die bezahlt werden wollen.

Ich glaube, dass es gar nicht mehr notwendig ist, auf einer Bühne zu pitchen. Gerade in der heutigen Zeit liefern Speaker im Nachgang Videokurse oder eigene Coaching Programme ab und generieren so ihre Umsätze. Angenommen du gehst auf eine Veranstaltung, um einen bezahlten Auftritt vor 1.000 Teilnehmer abzuliefern. Am Ende deines Vortrags pitcht du dann ein Produkt für 100 Euro, welches beispielsweise von zehn Leuten gekauft wird - dann hast du 1.000 Euro verdient. Aber was ist, wenn von 1.000 Teilnehmern 50 oder 80 Interessenten dein Produkt kaufen? So kommst du direkt auf 5.000 bis 8.000 Euro Umsatz. Das bekommst du mit einer Gage in dem Rahmen oft gar nicht hin. Wenn du also ohne Gage auftrittst, bekommst du auf jeden Fall neue Follower. Das müssen nicht mal viele sein, weil der Veranstalter in der Regel viele neue Menschen zu dir bringt.

Auf jeden Fall solltest du deinen Interessenten ein spannendes Produkt im Anschluss an deinen Vortrag präsentieren können, ohne das Produkt auf der Bühne direkt zu pitchen. Wenn du gut performst, werden die Leute im Nachgang ohnehin Interesse an deinen Produkten haben und gerne mit dir zusammenarbeiten wollen. Sie finden die Produkte dann auf deiner Webseite oder du postest etwas zeitnah nach der Veranstaltung auf deinem Instagram-Account. Machst du dort einen gnadenlosen Pitch, dann muss dieser nicht auf der Bühne stattfinden. Ich kann Speaker nicht verstehen, die auf Konferenzen präsentieren und danach wieder gehen. Das ist dumm. Geh mal auf die Contra, da bist du zwei Tage. Da zahlen andere 1.000 Euro für. Man sollte einfach alles mitnehmen, was geht. Das ist der Profit.

Neben deinen Auftritten als Speaker/Trainer/Coach hast du digitale Produkte, um im Nachgang die Events zu monetarisieren. Was würdest du jemandem, der gerade noch relativ am Anfang steht oder vielleicht den offline Part schon im Griff hat, an Online-Produkten empfehlen? Sollte derjenige mit E-Books starten? Mit Videokursen? Mit Online-Abos? Mit Memberships? Was sind da deine Empfehlungen?

Ich würde jedem, der mit dem Speaking anfängt, empfehlen, im Nachhinein an den Vortrag ein hochpreisiges Produkt anzubieten. Damit einzusteigen ist der schnellste Weg, um Geld zu verdienen. Wenn du online, ohne Speaking durchstarten willst, würde ich kleiner anfangen, beispielsweise mit einem Hörbuch. Ein Hörbuch ist ein guter Test um herauszufinden, wie man bei der Community ankommt. Bei einem Hörbuch musst du sprechen und klaust den Menschen keine Zeit, wie bei einem E-Book, das der Kunde lesen muss. Wenn du allerdings noch kein Produkt hast und auf eine Konferenz eingeladen wirst, solltest du eher deine Webseite verlinken lassen, auf der es ein Mentoring gibt, das 1.000 Euro kostet. Mit diesem Mentoring begleitet man eine Person oder vielleicht 30 Personen ein Jahr lang und generiert daraus 30.000 Euro an Umsatz pro Monat. Das ist für den Anfang okay, kein Angestellter kriegt 30.000 Euro im Monat für den Einstieg. Zudem betreust du nur 30 Leute und kannst nebenbei dein Business weiter aufbauen. Wenn du also ein Mentoring-Programm hast, an dem ein Jahr lang Kunden teilnehmen, dann hast du viele Möglichkeiten.

Auf die Frage vorhin, wie man an Buchungen herankommt, hast du geantwortet, dass man am besten selbst Reichweite mitbringt. Wie baut man Reichweite auf? Welche Kanäle würdest du empfehlen? Welche Einstiegsstrategie würdest du jemanden empfehlen, der noch bei null steht und da vorankommen möchte?

Gerne möchte ich zur Beantwortung der Frage die Geschichte erzählen, wie ich damals zur weltgrößten Konferenz im Bildbearbeitungsbereich kam. Ich wollte schon immer nach Las Vegas auf die Bühne und vor 3.000 Menschen auftreten. Das hat noch nie ein Deutscher und auch kein Photoshop-Trainer geschafft. Damals spielte Social Media noch keine große Rolle, alles lief offline ab. Ich schaute mir an, welche Speaker regelmäßig auf dieser Bühne auftreten. Drei davon habe ich angeschrieben: Kathrin, Russel und Scott. Ich schrieb: "Ich würde dich gerne davon überzeugen, dass ich auf die Konferenz gehöre. Was muss ich tun? Wie kannst du mir helfen? Wie kann ich dich überzeugen?" Kathrin antwortete mir: „Komm nach New York und halte an meiner Schule einen kostenlosen Vortrag vor 40 Studenten. Wenn du gut bist, empfehle ich dich weiter." Ich bin damals mit meiner Frau nach New York geflogen, um den Vortrag zu halten. Danach hat Kathrin mich weiterempfohlen. Es war ein Kinderspiel. Nicht der Prozess an sich, aber die Frage nach dem Weg dahin. Heute würde ich es wieder genauso machen. Wenn ich beispielsweise auf die Contra Bühne möchte, dann würde ich mich fragen: Wer tritt da auf? Pascal Feyh, Calvin Hollywood - die typischen

Verdächtigen. Diese würde ich anschreiben und fragen: „Pass mal auf, ich würde gerne für deine Community einen gemeinsamen Livestream für Instagram machen. Ich würde gerne für deine interne Facebook-Gruppe ein 45 Minuten langes Video aufnehmen und sie mit meinem Content überzeugen. Ich schicke es dir gerne vorab zu. Aber bitte nur für deine Community veröffentlichen. Wenn es gut ist, hätte ich gerne, dass du erwähnst, dass du es gut findest." Bei einem gemeinsamen Instagram-Livestream kriegt der Veranstalter der Contra mit, wen Pascal da empfiehlt. **Die Konferenzveranstalter sind immer auf der Suche nach Frischfleisch, nach guten Leuten.** Dafür suchen sie aber nicht in irgendwelchen Communities, sondern es läuft alles über Empfehlungen. Deswegen würde ich mich an die Big Player richten und ihnen sagen: "Ich will da rein. Ich mache was gratis für deine Community. Aber dann empfiehlst du mich." Das funktioniert zu 100 Prozent.

Ein sehr guter Weg - der eine oder andere Kontakt kam da ja auch in der Vergangenheit schon von dir. Das waren überwiegend sehr hochwertige Leute, die teilweise jetzt auf unseren Konferenzen sprechen. Gerne möchte ich noch über ein anderes wichtiges Thema mit dir sprechen: die Positionierung. Ich muss mich als Speaker/Trainer/Coach klar positionieren. Kannst du Tipps geben, worauf ich achten sollte?

Ich würde mich so positionieren, wie ich bin. In der Zwischenzeit habe ich in vielen Bereichen Erfahrungen sammeln können. Ich finde es wichtig, dass man sich in einer Art präsentiert, in der man sich wiederfindet. Über mich sagt man: "Das ist doch der Typ mit dem Dialekt. Das ist doch der Typ, der immer so echt auf der Bühne ist. Das ist doch der Typ, der manchmal auch witzig ist. Das ist doch der Hollywood - der Calvin Hollywood." Natürlich ist Social Media eine Kernkompetenz, aber ich finde es wichtiger, mit der Positionierung einen Wiedererkennungswert in seiner Art zu haben, um nicht abhängig von einem Thema zu sein. Natürlich sollte man nicht von Tag zu Tag die Themen wild mischen, aber ich bin ein Fan von Variationen. Es gibt Leute, die halten immer wieder den gleichen Vortrag. Das geht in der heutigen Zeit gar nicht, denn wenn du mehrmals auf einer Konferenz dabei sein willst, kannst du nicht jedes Mal deinen Inhalt wieder frisch aufwärmen. Deswegen ist die Positionierung in deiner Art, der Wiedererkennungswert und das Markenzeichen wichtig und durchaus ein Thema, bei dem du variieren kannst.

Du hast damals an unserem Event, der One Idea Mastermind in Cannes teilgenommen und dort den Award gewonnen, weil du in der Runde einen super guten Tipp rausgegeben hast. Wie wichtig sind solche Awards oder Auszeichnungen für Trainer/ Speaker/Coaches? Sind sie deiner Meinung nach überschätzt? Oder sind sie wertvoll, um sich einfach abzugrenzen?

Auf diesen Award bin ich sehr stolz! Er bedeutet mir so viel, weil er in der Champions League entstanden ist. Es gibt aber auch viele Awards, die auf Traffic basieren. Die bekommst du nicht einfach so, dafür brauchst du beispielsweise eine Community. Anfangs war ich sehr scharf auf diese Awards, aber mittlerweile sind sie für mich nicht mehr so wichtig. Was mir aber sehr viel bedeutet, sozusagen der größte Award für mich, ist es irgendwo eingeladen zu werden. Es gibt Speaker, die nur für Motivation sorgen. Ich wollte lieber ein Content-Speaker sein. Es ist für mich viel wichtiger, dass die Leute einen Mehrwert haben, wenn sie aus einem meiner Vorträge rausgehen.**Der größte Award ist für mich, wenn Content hängen bleibt und ich deswegen wieder eingeladen werde oder wenn ich zu einer exklusiven Mastermind eingeladen werde.**

Ich kann mich noch an ein schönes YouTube-Video von dir von vor vielen Jahren erinnern, wo du in Militäruniform am Küchentisch saßt. Und dieses Jahr stehst du vor 2.000 Leuten auf der Bühne bei der Conversion Traffic Konferenz, der Contra und sprichst zu deinem Kernthema Online-Marketing. Bist du nervös vor so einem Auftritt?

Ich muss ganz ehrlich sagen, bei dem Event weniger. Das fühlt sich alles sehr freundschaftlich an, weil ich auch schon öfters dabei war. Ich habe dabei ein Gefühl der Kontrolle. Wir beide kennen uns ja sehr gut. Ich würde nervöser werden, wenn wir uns noch nicht kennen würden, da man den Veranstalter nicht enttäuschen möchte, der mit seinem Namen bürgt. Das Publikum überzeuge ich, da habe ich keine Angst. Manchmal bin ich aber auch in Unternehmen, in denen mich die Leute nicht kennen. Da ist schon eine Grundanspannung vorhanden. Ansonsten würde ich sagen, dass eine normale Grundnervosität, ein gewisser Respekt da ist. Ein Respekt dafür, dass so viele Menschen mir jetzt zuhören. Was noch vorhanden ist, ist eine große Wertschätzung. Dass ich jetzt sagen kann: „Boah, das gibt es doch nicht. Damals hast du am Küchentisch gesessen und etwas laut ausgesprochen und jetzt bist du hier angekommen. Das kann doch gar nicht sein."

Kommen wir einmal zu den zeitlichen Abläufen vor einem Event. Ich schätze mal, ca. ein Dreivierteljahr vorher bekommst du die Speaker-Anfrage und dann gibt es den Tag X, an dem du performen musst. Wann machst du dir Gedanken über die Inhalte? Wann erstellst du Präsentationsfolien? Und vielleicht nimmst du uns auch so ein bisschen mit auf die Reise, wie die Minuten vor dem Auftritt aussehen. Konzentrierst du dich? Oder willst du abgelenkt werden? Brauchst du Wasser? Trinkst du Cola?

Wenn ich eine Speaker-Anfrage bekomme und der Deal geklärt ist, dann wird als erstes ein Grundthema festgelegt. **Ich versuche immer, so spät wie möglich meine Vorträge vorzubereiten, um so aktuell wie möglich zu sein.** Eigentlich gibt es immer eine Abgabefrist, bis wann der Auftraggeber die Folien haben möchte. Das versuche ich immer hinauszuzögern, um möglichst aktuelle Case Studies zu präsentieren. Ich nehme keinen Vortrag zweimal. Vielleicht ist das Thema ähnlich, aber ich versuche es neu zu verpacken. Ich kann das Rad schließlich nicht immer neu erfinden. Dann mache ich mir Gedanken über die Unterthemen und nehme mir im Vortrag immer fünf Minuten Zeit für einen Punkt. Wenn ich zum Beispiel heute Abend 25 Minuten habe, dann sind das ca. drei bis fünf Tipps, die ich geben will, also fünf bis sieben Minuten für einen Tipp. Ich bin Content-Speaker und keiner, der Storytelling betreibt und erzählt, wie toll er ist. Ich gebe in fünf bis sieben Minuten einen Tipp, der mit einer Erfahrung untermalt wird. Ein Tipp, eine Fallstudie dazu und ein Beweis, dass es funktioniert. Das ist mein Plan. Den überlege ich mir erst auf Papier und dann überlege ich mir ein Visual. Das Visual ist immer ein Bild oder ein Video, das muss eigentlich immer mit dazu. Es gibt aber auch eine Ausnahme. Ich bin ein Gegner von viel Text auf einer Folie, aber gerade auf Konferenzen ist das für mich so ein Geheimtipp. Am Ende eines Vortrages gibt es eine Zusammenfassung mit viel Text. Ich weiß, dass es methodisch nicht das Beste ist, aber die Zuschauer fotografieren sich sowas ab.

Deswegen integriere ich gerne die Old School Bulletpoints mit den Schlüsselaussagen. Dann nehme ich die Bulletpoints und Bilder, mache das Visual, bereite die Präsentation vor und verschicke sie. Wenn die Keynote dann raus ist, wird bis zum Umfallen trainiert. Das kommt natürlich ein bisschen darauf an, was der Anlass und wie fremd mir das Thema ist, aber ich spiele alles mehrfach durch. Ich könnte andere Speaker ohrfeigen, wenn sie auf der Bühne stehen und sagen: „Auf dem Weg hierher hatte ich nicht viel Zeit. Ich habe da gestern noch was vorbereitet." Ich bin dann kurz davor auf die Bühne zu rennen und die runter zu ziehen. Da sage ich mir: „Wozu trainiere ich überhaupt?" Ich spiele also alles in Echtzeit durch. Der Timer läuft mit und manchmal sitzt jemand bei mir im Büro, der mir Feedback gibt. Einen 90 Minuten Vortrag spiele ich dann vielleicht fünf mal durch, einen 20 Minuten Vortrag ungefähr 20 Mal. An dem Tag, an dem ich den Vortrag halte, gibt es den perfekten Tagesablauf. Es gibt keine Störung zwischendrin. Ich stehe zu meinen gewohnten Zeiten auf, ernähre mich gut und alles passt. Am Vorabend geht es früh ins Bett, denn ich will zu 100 Prozent abliefern. Ich bin schon lange vor meinen Vortrag vor Ort, um die Energie zu schnuppern. Wie ist die Stimmung? Ich rede, wenn möglich, mit den Leuten. Ich bin kein Speaker, der nur in VIP Räumen abhängt. Eine Stunde vorher ziehe ich mich dann zurück, gehe alles nochmal im Kopf durch und bringe mich in Stimmung. Ein paar Minuten vorher höre ich oft noch das Lied „Hall of Fame", was mich komplett wegkickt. Ich stehe meistens so unter Strom, dass ich dem Typen, der mir das Mikro anlegt, sagen muss: „Pass mal auf, dreh mich runter. Ich bin wahrscheinlich viel zu laut."

Hast du eine Story aus deiner Bühnenerfahrung, wo mal was richtig schiefgelaufen ist? Wo du sagst, das hätte nicht so passieren sollen?

Ja, bei einem meiner ersten großen Vorträge in Deutschland. Das war in München, als ich ungefähr 400 Zuschauer hatte. Ich hatte ja vorhin von einer Person gesprochen, Russel Brown, den ich überzeugen wollte. Russel war auf der gleichen Konferenz als Redner gebucht und ich sagte zu ihm: „Russel, ich halte später einen Vortrag. Kannst du dich mit reinsetzen? Damit du beurteilen kannst, ob es gut ist, um mich dann weiter zu empfehlen." Ich war sehr nervös, weil in dem Vortrag der Mitentwickler von Adobe Photoshop drin saß. Ich wusste, es geht um alles. Was da schiefgegangen ist, dass ich das Headset falsch rum aufhatte. Das Mikro war also an meiner Stirn, rechts oben neben dem Auge. Ich sah aus wie ein futuristischer Kämpfer. Das war eine peinliche Sache. Auch bei dem Vortrag in New York vor Kathrin Eismann ist was schiefgelaufen. Ich habe anstatt „Raw Conversion" in der Bildbearbeitung immer „Raw Conversation" gesagt. Und das den kompletten Vortrag durch. Also die „Raw Unterhaltung", ein Sprachfehler in Perfektion. Die Amerikaner sind da aber nicht so empfindlich. Die wussten, dass ich aus Deutschland kam. Aber ich habe die ganze Zeit ein falsches Wort benutzt, über 45 Minuten lang. Das sind nur zwei Dinge, bei denen ich mich sehr geschämt habe. Aber wie es so oft ist, den Zuschauer juckt das nicht so sehr. Da nehmen wir uns oft selbst zu wichtig.

Hattest du auch schon einmal ein Blackout auf der Bühne?

Ich war auf der Photokina, bei der wieder so 300-400 Leute vor Ort waren. Ich sagte: Jetzt zeige ich euch das. Guckt mal was passiert, wenn ich auf den Knopf drücke, wie geil es aussieht." Und nichts passiert. Das war so peinlich. Ich sagte dann: „Okay Freunde, so einfach kriegt ihr mich nicht. Das machen wir nochmal. Ich habe irgendwo scheinbar einen Fehler gemacht, aber ich gebe nicht auf." Dann funktionierte die Technik für zwei bis drei Minuten und dann passiert wieder nichts. Das war ein Blackout in Perfektion. Ich habe es nicht hingekriegt. Was macht man in dieser Situation? Ich würde sagen, dazu stehen. Ich weiß nicht, ob man sich auch entschuldigen muss, aber ich würde es ins Lächerliche ziehen. Ich habe mir einen Spruch überlegt, den könnt Ihr gerne klauen: **„Das ist der Moment, in dem die Raumtemperatur um zehn Grad steigt. Merkt ihr das gerade, wie es auf einmal heiß wird?"** Dann lachen die Zuschauer.

Das ist der schlimmste Moment für einen Speaker. Aber hey, weiter machen. Ich sagte dann: „Leute, das was jetzt nicht geklappt hat, präsentiere ich heute Abend auf meinem YouTube-Kanal, da bekommt ihr das beste Tutorial. Geht da rein, ich liefere es euch nach." Also wenn ein Blackout kommt, sprecht es an und sagt: „Darüber werde ich mich später ärgern. Aber wisst ihr was, ich liefere nach."

Alle im Raum wissen, dass es in diesem Moment sehr unangenehm für den Referenten ist. Wenn du bis dahin und danach eine gute Performance ablieferst, wissen alle, dass es eine Ausnahmesituation ist. Wenn du bisher schon schlampig warst und dann passiert sowas, dann stehen die Leute auf und gehen raus.

Bist du schon mal auf einer Bühne hingefallen?

Nein. Bist du schon mal hingefallen?

Nein, aber da haben alle Angst vor, dass sie auf die Bühne purzeln. Aber bin ich zum Glück auch noch nicht.

Wir müssen noch über ein Thema sprechen, bei dem man nicht so leicht hinfallen kann, nämlich Digitalisierung. Thema Webinare und Online-Kongress. Wir machen ja sehr erfolgreich große Online-Kongresse, mit denen wir ein Offline-Format in ein Online-Format umzumünzen. Was ist so deine Meinung dazu für Speaker, die jetzt starten? Oder auch für die, die vielleicht schon ganz gut davon leben konnten, aber aufs nächste Level kommen wollen. Was ist deine Meinung und Einschätzung, wie das einen Speaker weiterbringt?

Wer meiner Meinung nach von den drei Komponenten Speaker, Veranstalter und Teilnehmer am meisten von so einem Online-Kongress profitiert, ist definitiv der Teilnehmer. Ein Online-Kongress ist live, gratis und später kannst du dir oft die Aufzeichungen kaufen, weil du nicht alles konsumieren kannst. Der Teilnehmer gewinnt zu 1.000 Prozent. Wichtig dabei ist, dass der Veranstalter Wert darauf legt, dass guter Content geliefert wird und keine aufgewärmten Sachen. **Meine Erfahrung bei Online-Kongressen ist, dass Reichweite und neue Kontakte eine stärkere Währung sind als der Euro.** Aus diesem Grund ist selbst für erfahrene Speaker, die schon einen Haufen Geld verdienen und bekannt sind, ein Online-Kongress super lukrativ. Allerdings ist nach meiner Erfahrung nur einer von zehn Online-Kongressen gut. Bei solchen Kongressen muss man sehr darauf achten, wie der Veranstalter eingestellt ist. Ist der seriös? Ich bekomme so viele Kongressanfragen und ich meine, ihr wart mit bei den Ersten dabei. Was da im Moment alles kommt, ist schon sehr gut. Aber es muss immer eine Win-Win-Situation sein. Wenn mich ein sehr kleiner Kongress anfragt und dann groß pokert: „Wir erreichen 100.000 Leute und du profitierst von der Reichweite.", dann muss ich bei diesem Argument lachen, weil ich zehnmal mehr Reichweite habe als der Veranstalter. Hier ist die Frage, wer von wem profitiert. Du erkennst an der Handhabung des Veranstalters, was wirklich hinter der Veranstaltung steckt. Wenn ein Speaker eine Anfrage bekommt, sollte er immer skeptisch sein. Steht er ganz am Anfang seiner Karriere, ist es eine super Möglichkeit. Ich für meine Verhältnisse stehe nicht mehr am Anfang. Ich lehne von zehn Anfragen neuneinhalb ab. Das finde ich auch sehr wichtig, denn ein Speaker, der auf jeder Party tanzt, wird langweilig. Für mich ist deswegen wichtig: Stay in the Family. Wenn ich bei eurem Online-Kongress dabei bin, dann ist ein anderer Kongress schädlich. Wenn du zweimal auftauchst, dann geht das vielleicht noch, aber irgendwann wirst du auch langweilig. Behalte dir deine Exklusivität vor. Irgendwann kannst du auch dem Veranstalter sagen: „Pass mal auf, ich bin zum dritten Mal dabei. Ich sage den anderen ab. Jetzt lass uns mal einen anderen Deal machen." Wenn der Veranstalter clever ist, sagt der: „Ja, klar. Logisch. Ich meine, man sieht doch, wie du performst." Es muss also immer eine Win-Win-Situation sein. Aber der Teilnehmer, der gewinnt fast immer. Deswegen ist auch wichtig, dass der Veranstalter und der Speaker immer gewinnen. Für mich sind Online-Kongresse super, man sollte aber skeptisch hinterfragen und nicht einfach blind bei jedem zusagen. Dir wird jeder sagen, dass du Reichweite bekommst.

Das kann ich genauso bestätigen. Ich bin ja nicht nur selbst Online-Kongress-Veranstalter, ich bin ja auch Experte für mein Thema. Ich werde deswegen auch oft angefragt, bei anderen Events zu sprechen. Das Hauptproblem ist im Wesentlichen immer die Reichweite. Ein Thema, welches ich da abschließend noch mit dir besprechen möchte, ist das Thema Webinare. Auch ein sehr gutes Thema, um Reichweite zu generieren, aber auch um Kunden zu gewinnen. Wie gehst du da vor? Was würdest du dem Konsumenten dieses Videos und dieses Interviews nahelegen?

Ich gebe ja schon seit 2005 Webinare. Früher habe ich jeden Mittwoch ein Webinar gegeben, damals hieß das aber noch nicht so. Es war eine Online-Schulung. Live-Webinare habe ich da auch schon gegeben, damals noch mit Adobe Connect, mit dem du 100 Teilnehmer hinzufügen konntest. Ich habe damals 20 Euro für einen Abend verlangt und es waren immer 100 Teilnehmer dabei. Jede Woche habe ich somit 2.000 Euro verdient. Es war bequem, mit Jogginghose zu Hause zu sitzen. Ich habe den Teilnehmer was gezeigt und gesagt: „Nächste Woche ist wieder eins. Kommt ihr?" Direkt kamen 100 Zusagen. So habe ich meine 6.000 bis 8.000 Euro im Monat gemacht. In Jogginghosen und ohne, dass ich oder die Teilnehmer irgendwo hingehen mussten. Das war richtig gut. Heutzutage ist die Software viel besser geworden, du kannst alles automatisieren. Ich finde das super, denn auch das ist wieder eine Win-Win-Situation. Was ich allerdings nicht gut finde ist, wenn man lügt. Wenn man behauptet, heute Abend sei ein Live-Webinar und man lässt eine Aufzeichnung laufen. Ich weiß, dass viele in unserer Branche da in der tiefen Grauzone sind. Ich denke mir dann immer, dass viele Speaker Arbeitgeber sind. Wenn sie da lügen können, dann können sie doch überall lügen. Ich habe 95 oder 97 Prozent Zuschauerbindung. Obwohl ich anspreche, wenn es sich um eine Aufzeichnung handelt. Das meine ich mit ehrlich sein. Webinare sollte man auf jeden Fall nutzen, die sind ein absoluter Jackpot. Aber nicht des Geldes wegen oder für mehr Sales. Wenn ich höre, dass manche Speaker sogar empfehlen, als Mastermind-Idee die Leute zu betrügen, dann geht das gar nicht. Die Menschen werden immer cleverer. Das ging vielleicht vor zehn Jahren, da hat es auch keiner übel genommen. Aber jetzt kommen immer mehr Kreative dazu, die hinterfragen und skeptisch sind. Deswegen empfehle ich, alles authentisch, echt und ohne Lügen zu nutzen. Das ist immer eine Win-Win-Situation.

MIRIAM Höller

Respect, accept, and always stay grounded!

2

MH

Miriam
Höller

Halte dich an Menschen, die schon da sind, wo du hinwillst

Ein Interview mit Miriam Höller

Nimm uns kurz mit in deine persönliche Geschichte: Wie hat alles angefangen? Was hat für dich den Ausschlag gegeben, dass du Speaker/Trainer/Coach geworden bist?

ICH WOLLTE IMMER SCHON ACTIONHELDIN WERDEN.

Als kleines Mädchen war ich schon sehr mutig und willensstark, keine Prinzessin, eher ein kleiner Wildfang. Mit drei Jahren habe ich mit dem klassischen Ballett begonnen und durfte über viele Jahre einige Hauptrollen vor über 1.000 Menschen in der Mülheimer Stadthalle tanzen. Doch insgeheim wollte ich Actionheldin werden, denn ich träumte davon fliegen zu können und außergewöhnliche Kräfte zu haben.

Ich hatte vor nichts im Leben Angst, außer vor dem zu Bett gehen, denn ich könnte ja etwas verpassen. Ich bin in einem kleinen Dorf am Niederrhein aufgewachsen, von dem nur einige Kilometer entfernt ein großer Freizeitpark liegt. Nach der Schule fuhr ich so oft wie möglich dorthin, um die Stuntshow mit ihren wagemutigen Darstellern und den großen Explosionen zu bestaunen. Nach meinem Realschulabschluss bewarb ich mich dort als Stuntfrau und merkte schnell, dass Rückschläge in dieser männerdominierten Branche zum Alltag gehören. Mein Ziel war klar: Ich möchte Deutschlands erfolgreichste Stuntfrau werden! Also hatte ich nur eine Aufgabe, ich musste die alteingesessenen Stuntmänner von meinem Talent, meiner Disziplin, meiner Willensstärke und meinem Durchhaltevermögen überzeugen.

DU MUSST NUR HART GENUG ARBEITEN, DANN BEKOMMST DU IRGENDWANN ALLES, WAS DU DIR VON HERZEN WÜNSCHST.

Dieser Satz ist mir sehr im Gedächtnis geblieben. Er war mein größter Ansporn und meine Motivation, an meinen Zielen festzuhalten und mich immer wieder auf meine Vision zu fokussieren. Und es hat geklappt!

Nach und nach sind TV-Sender, Werbeagenturen und Filmproduktionen auf mein Alleinstellungsmerkmal aufmerksam geworden, denn ich konnte mit meinen gegensätzlichen Facetten, gefährliche Situationen ästhetisch darstellen. Über zehn Jahre lang durfte ich meinen Traumberuf leben. Meine Passion war die atemberaubende Action, das Risiko zu kalkulieren, um die Gefahr zu kontrollieren und Grenzen zu überschreiten, um meinen Horizont immer weiter zu vergrößern. In meinem Alltag bin ich vom Dach explodierender Häuser gesprungen, habe mich von Autos anfahren lassen und bin mit brennenden Flügeln über Laufstege gelaufen. Wenn man von Actionhelden spricht, denkt man selten an Frauen - doch ich war genau das! Ich liebte das Ergebnis meiner Power und meines Ehrgeizes: Meinen Erfolg. Ich stand für Kontrolle, Fokus, Mut und Verantwortung in Extremsituationen und gründete sogar mein eigenes 24-köpfiges Stunt-Team, mit dem wir bis heute Stunt-Workshops und Stunt-Shows erfolgreich umsetzen.

LEBEN BEDEUTET RISIKO!

Immer wenn wir glauben, die Kontrolle zu haben, kommt das Leben ins Spiel und belehrt uns eines Besseren. Nach über zehn unfallfreien Jahren in einem der gefährlichsten Berufe überhaupt, zertrümmerte ich mir bei einem Stunt im Juli 2016 beide Füße. Sechs Wochen später verunglückte mein langjähriger Lebensgefährte und Kunstflug-Weltmeister Hannes Arch (†48) bei einem Helikopterabsturz tödlich.

WENN DU NICHTS MEHR HAST, GIBT ES EINEN VORTEIL: DU HAST NICHTS MEHR ZU VERLIEREN.

Stell dir vor, du fühlst dich unaufhaltbar, stark, erfolgreich und erfüllt von Lebensenergie, denn privat und beruflich könntest du nicht glücklicher sein! Und dann verlierst du innerhalb von sechs Wochen alles, was du dir aufgebaut und für das du hart gekämpft hast. Wenn du dich beruflich und privat nicht mehr definieren und mit nichts mehr identifizieren kannst, wer bist du dann?

Ich saß ohne jegliche Zukunftsperspektive, vermeintlichem Identitätsverlust und Existenzängsten mit gefühlt zwei herausgerissenen Flügeln am Boden, verfluchte das Leben und erstickte fast an der Wut und meinem Selbstmitleid. In meinem Zorn erinnerte ich mich an all die wunderschönen Momente, die ich in meinem Beruf und mit meinem Lebenspartner hatte und an die Träume, die ich nicht mehr verwirklichen kann. Ein liebevolles Gefühl durchzog allerdings meinen Körper, wenn ich an das dachte, was geblieben war. Es waren die wertvollen Erinnerungen und das Vertrauen ins Leben, welches mich Hannes gelehrt hatte. Somit konzentrierte ich mich nicht auf das, was ich verloren hatte, sondern auf das, was geblieben war.

EXTREME DINGE ZU TUN, IST DIE HÖCHSTE FORM VON EIGENVERANTWORTUNG.

In meinem Beruf konnte ich es, aber im Leben? Ich dachte, die Spielregeln müssen dieselben sein und so fing ich Schritt für Schritt an, mich zurück ins Leben zurück zu kämpfen, entwickelte systematisch Strategien, um mich aus meinem beruflichen und privaten Tief wieder heraus zu kämpfen und mein neues Ich zu erfinden. Oft dachte ich: Jetzt wären Actionhelden-Kräfte toll.

DAS, WAS DU HEUTE ENTSCHEIDEST UND TUST, KREIERT DEINE ZUKUNFT UND LÄSST DEINE VERGANGENHEIT HINTER DIR.

Heute würde ich mich als Stuntfrau meines eigenen Lebens bezeichnen, die herausgefunden hat, dass die Attribute, die mich als Kind schon ausgezeichnet haben, das Fundament meines Selbstvertrauens sind. Auf diese Attribute kann man sich immer verlassen, sich mit ihnen aus jeder Krise heraus kämpfen und sich immer wieder neu erfinden.

Ich habe meine Lebensfreude wiedergefunden und kann wirklich sagen, wieder glücklich zu sein. Mein Leben heute ist nicht besser oder schlechter, es ist anders. Ich bin auf einen Schlag erwachsen geworden und lebe heute als Ex-Stuntfrau bewusster als je zuvor, da ich glaube, einen Teil der Spielregeln des Lebens verstanden zu haben. Ich weiß mein Umfeld und meine Verantwortung viel mehr zu schätzen und entscheide bedacht, in was und in wen ich meine Zeit investiere. Schließlich ist Zeit das Wertvollste, was wir im Leben haben. Besondere Lebensmomente zu sammeln, Herausforderungen als Aufgabe zu sehen und an ihnen zu wachsen, ist noch immer der Kern meines Lebens. Ich vertraue dem Leben. Die Frage ist nicht, warum wir große Herausforderungen bekommen, sondern wie wir mit ihnen umgehen und was wir daraus machen.

WENN DER WILLE DIR FLÜGEL WACHSEN LÄSST!

Optimistische und mutige Menschen sind selbstbewusster, glücklicher und erfolgreicher.

MUT UND RISIKO SIND DER SCHLÜSSEL ZU ERFOLG UND LEBENSFREUDE.

Pioniere sehen in der Unsicherheit und dem Risiko Chancen zur Entwicklung und vertrauen auf ihr Wissen und Können. Es gibt viele Menschen und Unternehmen, die sich in Sicherheit wiegen, dabei ist die einzige Konstante im Leben die Veränderung. Menschen haben ständig Ausreden für ihren Misserfolg und ihr Unglück. Sie verkleinern ihren Horizont drastisch, weil sie sich auf ihre Schwächen und Ängste konzentrieren, anstatt den ungemütlichen, aber sehr wertvollen Weg der Persönlichkeitsentwicklung zu gehen. Leben bedeutet Risiko und wer mit der Unsicherheit spielt und Eigenverantwortung für sein Leben übernimmt, kann seine Zukunft aktiv gestalten. Aus all den Erfahrungen, Fehlern und Erfolgen, die ich beruflich und privat machen musste und durfte, gebe ich heute mein Wissen an die Wirtschaft und Privatmenschen weiter. Wir brauchen mehr Mut zum Risiko, wir brauchen mehr Fokus in Zeiten der Veränderung und wir brauchen mehr Verantwortung in der Gesellschaft, um nicht gegen, sondern miteinander die größte Herausforderung von allen zu meistern: Das Leben.

Kannst du dich noch an deinen ersten Kunden/Auftrag erinnern? Und falls ja, wie hast du ihn gewinnen können?

Durch meine Präsenz in der Öffentlichkeit als Stuntfrau und Moderatorin gingen auch meine Rückschläge durch die Medienwelt. Nachdem ich mich eine Zeit lang zurückgezogen und dann wieder gefangen hatte, war klar, dass ich nicht mehr in meinem Beruf arbeiten kann und möchte. Ich rief meinen Freund Calvin Hollywood an und schnell wurde unser Gespräch tiefsinnig. Er sagte mir, dass ich Speakerin werden soll, denn mit meinem Wissen und meiner Geschichte kann ich Menschen berühren und in ihrer Entwicklung weiterbringen. Bis dahin kannte ich den Beruf als Speakerin noch nicht. Das all das, was ich erfahren musste und durfte nicht umsonst sein sollte und ich mit meiner Stärke anderen helfen kann, sich aus schweren beruflichen und privaten Rückschlägen zurück zu kämpfen, motivierte mich direkt loszulegen. Innerhalb kürzester Zeit studierte ich die Branche, nahm die erfolgreichsten Speaker unter die Lupe und besuchte Seminare aller Art. Bevor ich für meinen ersten Vortrag bezahlt wurde, suchte ich mir Bühnen, um meine Emotionen bei den doch sehr intensiven Themen kontrollieren zu können und herauszufinden, welche Aussagen den meisten Mehrwert für die Zuhörer haben. Bühne macht Bühne und so kam schnell eines zum anderen. Ich wurde gesehen und von Speakern bei ihren Kunden empfohlen - somit kamen die ersten bezahlten Aufträge rein.

Wie bist du anschließend weiter vorgegangen? Wie hast du an Reichweite und Bekanntheit gewonnen, welche Marketingstrategien hast du eingesetzt?

Um in der Branche bekannt werden zu wollen, braucht man zuallererst einen Proof of Concept. Viele möchten Speaker werden, doch nur wenige wissen, wovon sie eigentlich sprechen. Deine Expertise und deine Positionierung klar definiert zu haben, ist das Wichtigste, um authentisch und echt auftreten zu können. Speaker haben eine riesige Verantwortung und das wird oft unterschätzt. Somit muss man ständig an sich und seinem Wissen arbeiten, an seinen Aussagen und an dem Mehrwert für die Zuhörer feilen. Schließlich möchte man ihnen nicht die Zeit rauben, sondern sie mit Tools für mehr Erfolg, Power und Lebensfreude beflügeln.

Dann beginnt die Fleißarbeit. Man muss auf allen Social-Media Kanälen, mit E-Mail-Marketing, eigenen Seminaren, Podcasts, eigenen Büchern, Kooperationen, Radio, TV, Print, egal was, mit seiner Kernbotschaft sichtbar werden.

Das tue ich bis heute. Man darf die Arbeit nicht unterschätzen, es ist ein Full-Time-Job, der gerade am Anfang unglaublich anstrengend ist, denn neben der Sichtbarkeit nach Außen, laufen die Prozesse im Hintergrund non-stop. Seminare kreieren, ein Buch schreiben, ein Online-Programm veröffentlichen, das dauert Wochen bis Monate. Hier ist wirklich Durchhaltevermögen gefragt. Aber vor allem eine perfekte Vorbereitung, denn wenn man sein Momentum aufrecht erhält, bekommt man irgendwann die eine Chance. Wenn sie dann kommt, musst du zupacken und mit Pauken und Trompeten von dir überzeugen.

Wie würdest du diesbezüglich vorgehen, wenn du heute nochmal bei null starten müsstest? Welche Strategien würdest du den Lesern empfehlen, um Reichweite und Bekanntheit aufzubauen?

Die größte Herausforderung liegt wohl in der Zusammenstellung des eigenen Teams, denn allein kann man all diese Aufgaben nicht bewältigen. Ein gutes Backoffice-Team für Anfragen, Buchhaltung, Verträge und Abrechnungen, ein Marketing-Team für die Strategien und die Sichtbarkeit und ein Team für die technische und kreative Umsetzung. Ehrlich gesagt habe ich das alles komplett unterschätzt, da oft nicht der Beste es schafft, sondern derjenige, der gut verkaufen kann und schnell Aufmerksamkeit erzielt. Wenn derjenige dann wirklich noch außergewöhnliche Fähigkeiten und Wissen hat, ist es perfekt, aber wenn man auf der Strecke bleibt, weil man in der digitalen Welt nicht hinterher kommt, ist das sehr schade. Zum einen um das Talent und zum anderen um die Botschaft. **Um Reichweite und Bekanntheit aufzubauen, kann ich ganz klar den Tipp geben, sich ein gutes Team zusammenzustellen, möglichst viele Speaker-Events und Seminare zu besuchen, Kooperationen mit anderen Speakern und Veranstaltern einzugehen und sich an die Menschen halten, die schon da sind, wo du hin willst.** Man sollte mutig sein und nach Hilfe fragen, seine Kompetenzen ununterbrochen schärfen und vor allem auf der Bühne stehen. Zeige dich!

Wie wichtig sind für dich digitale Produkte als Ergänzung in deinem Produktportfolio? Und wie schätzt du dessen zukünftige Bedeutung ein?

Ein digitales Produkt wird nie an die Wertigkeit eines Events herankommen. Die Emotionen und die Gruppendynamik bei Seminaren sind oft der ausschlaggebende Punkt der späteren Umsetzung und somit unersetzlich. Man darf aber auch die Vorteile eines Online-Produktes nicht unterschätzen. Zum einen gibst du den Teilnehmern die Möglichkeit, eine Bindung zu dir aufzubauen, dich kennenzulernen und Informationen zu deinem Kernthema zu erhalten. Die Konzentration und Auffassungsgabe der Teilnehmer ist hoch, da sie sich auf den Inhalt des Redners zu 100 Prozent konzentrieren und in ihrem ganz eigenen Tempo arbeiten können. Für den Entwickler ist der Online-Kurs einmalig viel Arbeit und stellt dann ein passives Einkommen dar. Ein weiterer Vorteil ist das „in den Bann" ziehen und die Teilnehmer zu seinen Seminaren holen. Ich bin Fan von beiden Varianten, würde sogar sagen, dass es fahrlässig wäre, auf das eine oder das andere zu verzichten. Aber auch hier aufgepasst, der Nutzen des Teilnehmers muss sehr gut durchdacht sein und der Aufwand und die Kosten müssen realistisch berechnet werden, um nicht später bei nicht verkauften Tickets oder Buchungen drauf zu zahlen.

Du warst 2019 zum ersten Mal beim Erfolgskongress dabei. Welche Bedeutung haben solche Auftritte als Speaker auf externen Events für dich? Welchen Nutzen ziehst du daraus bzw. warum sollte jemand der als Speaker/Trainer/Coach erfolgreich werden will sich darum bemühen, solche Gast-Auftritte zu bekommen?

Der Erfolgskongress hat eine riesen Reichweite und das auch noch genau in der Zielgruppe, die man benötigt. Ein Gast-Auftritt ist die beste Bühne, um seine Botschaft nach außen zu tragen, um sich bekannt zu machen und von seiner Expertise zu überzeugen. Ich wurde in diesem Jahr zweimal mit dem Red Fox Award in den Kategorien „Motivation" und „All over" ausgezeichnet. Bei Anfragen von Kunden kann ich unter anderen diese Auszeichnung nennen. Es ist wichtig, in Verhandlungen gute Argumente wie Awards und wertvolle Referenzen nennen zu können. Somit kann ich Gast-Auftritte nur empfehlen, denn es könnten die Samen der Früchte sein, die man später erntet.

STEFAN Frädrich

Komplexe Zusammenhänge verständlich, logisch und unterhaltsam machen – und dadurch etwas bewirken!

6
SF
Stefan
Frädrich

Werde unverwechselbar

Ein Interview mit Dr. Stefan Frädrich

Nimm uns kurz mit in deine persönliche Geschichte: Wie hat alles angefangen? Was hat für dich den Ausschlag gegeben, dass du Speaker/Trainer/Coach geworden bist?

Ich bin gelernter Arzt, deswegen wollte ich eigentlich immer Menschen heilen. Insbesondere die Psychiatrie war mein Lieblingsfach. Nach anderthalb klinischen Jahren hatte ich eine Art Krise, in der ich gemerkt habe, dass es gar nicht mein Ziel ist, kranke Menschen gesund zu machen. Was mich viel mehr fasziniert hat war, was gesunde Menschen noch besser macht. Ich habe also einen kleinen Schlenker in die BWL eingelegt. Für eine kurze Zeit war ich in der Geschäftsführung eines mittelständischen Textilhandels und habe dort in meiner BWL-Ausbildung das erste Mal den Beruf des Trainers/Coaches kennengelernt. Ich wusste vorher schlichtweg gar nicht, dass es das gibt. Ab dem Zeitpunkt, in dem ich diesen Markt bewusst wahrgenommen habe, wusste ich: Das ist mein Markt, das ist mein Beruf.

Ich bin dann auf die ersten Seminare gegangen und war mir sehr sicher, dass ich das auch machen wollte. Ich habe meinen gut dotierten Job gekündigt und bin 2002/2003 direkt als Selbstständiger im Markt gestartet. Viele haben mir damals gesagt, dass ich bescheuert bin: Zehn Jahre hatte ich in die Medizin investiert. Danach hatte ich die Möglichkeit, in einem gut laufenden Unternehmen auf Geschäftsleitungsebene den Betrieb zu übernehmen. Aber ich habe gespürt, dass es nicht das war, was mich wirklich berührt und dauerhaft motiviert hat. Wenn ich jedoch auf Seminaren war oder wenn ich Bücher zu den Themen gelesen habe, konnte ich mich endlos damit beschäftigen. Ich war wie ein Schwamm, der alles aufgesaugt hat und musste mich eher bremsen. Auch heute ist es noch so, dass ich gedanklich ständig in meiner Berufswelt unterwegs sein könnte.

Kannst du dich noch an deinen ersten Kunden/Auftrag erinnern? Und falls ja, wie hast du ihn gewinnen können?

Ja, ich kann mich erinnern. Ich habe während der Zeit, in der ich in Düsseldorf gelebt habe, eine junge Frau kennengelernt, die meine Berufswünsche kannte und mitbekam, dass ich meinen Job kündigen wollte. Sie hat damals eine Ausbildung in der Düsseldorfer Akademie für Marketing-Kommunikation gemacht, in der sie immer wieder externe Referenten suchten. Ich meldete mich dort und sagte, dass ich Rhetorikkurse geben kann. Tatsächlich stand ich dann als Dozent an der Marketing-Akademie für Rhetorik vor einer Gruppe von Studenten, damals für gerade mal 35 Euro die Stunde, und habe dort meinen ersten Kurs gehalten. Das war mein erster Auftrag und ich glaube, der war ganz gut. Ich habe auch heute noch vereinzelt Kontakt zu dem ein oder anderen aus der damaligen Zeit. Daraus haben sich dann tatsächlich Folgeaufträge ergeben, nachdem die Studenten Jahre später wichtige Rollen in Unternehmen eingenommen und mich dann als Trainer gebucht hatten. Das war eine schöne Zeit.

Wie bist du anschließend weiter vorgegangen? Wie hast du an Reichweite und Bekanntheit gewonnen? Welche Marketingstrategien hast du eingesetzt?

Ich habe mich damals coachen lassen und alle möglichen Seminare besucht. Des Weiteren habe ich versucht, den Markt der Trainer und Coaches zu verstehen. Ich stand vor zwei Herausforderungen: Ich musste Aufträge gewinnen und meine Nische finden. Da ich noch keine Kontakte hatte, musste ich mich erstmal zurechtfinden. Ich habe mich in alle möglichen Themen eingearbeitet und zu jedem ein Seminar gegeben. Darunter waren Themen wie Verkauf, Kommunikation, Beziehungen, Flirten und Gesundheit. Anfangs habe ich viele Nichtraucherseminare gegeben. Das war eine Leidenschaft von mir, weil ich kurz zuvor Nichtraucher geworden war. Mit meinen Freunden Thilo Baum und Ingo Buck habe ich dann ein eigenes Seminar entwickelt: Nichtraucher in fünf Stunden. Diese Seminare werden auch heute noch von mehreren Trainern deutschlandweit gegeben. Es war eine ziemlich bunte Zeit, in der ich mich erstmal in alle mögliche Trainingsthemen eingearbeitet habe.

Glücklicherweise habe ich während eines Positionierungscoachings verstanden, wie wichtig es ist, dass man etwas Unverwechselbares macht. Dass man eine Marke kreiert, die einer persönlichen Nische entspricht, sodass man sich von anderen unterscheidet. In einem Zeitraum von zwei Jahren, ist dann "Günter, der innere Schweinehund" meine eigentliche Positionierung geworden, wozu ich ein gleichnamiges Buch geschrieben habe. Für mich war das Buch "Günter, der innere Schweinehund: ein tierisches Motivationsbuch" der Durchbruch in diesem Markt. Ich habe es so konzipiert, dass es eine Mischung aus Comic und einer Art Selbsthilfe Kinderbuch für Erwachsene war. Anfangs habe ich allerdings keinen Verlag gefunden, der mit mir zusammenarbeiten wollte. Ich habe dann zusammen mit Timo Würz daran gearbeitet, der die Illustrationen zu diesem Buch anfertigte. Als das Buch soweit fertig war, sind wir auf Verlagsakquise gegangen und haben 35 Absagen erhalten. Also entschloss ich mich dazu, das Buch im Eigenverlag zu drucken und bei Seminaren zu verteilen. In den Seminaren habe ich immer gute Resonanz für das Buch bekommen, sodass ich mich auf der Frankfurter Buchmesse mit einem kleinen Stand angemeldet habe, um auch dort festzustellen, dass der Buchmarkt nicht auf mich gewartet hat. Der eigentliche Durchbruch war dann die Erkenntnis, dass ich mit dem fertig gedruckten Buch eine Art Kaltakquise auf der Buchmesse machen musste. Schließlich waren da alle Experten direkt vor Ort. Ich bin vier Tage über die Buchmesse gegangen, habe Stand für Stand abgeklappert und versucht, einen Verlag für mein Buch zu finden. Am Ende wurde es der Gabal-Verlag, der das Buch ein Jahr später in sein Programm aufgenommen hatte. Das Konzept des inneren Schweinehundes kam bei den Lesern so gut an, dass es den Rekord der meisten Buchverkäufe des Gabal-Verlages gebrochen hat. Auf den Erfolg hin wurde ich mit einem, innerhalb der Branche sehr renommierten, Trainer-Verlag bekannt gemacht - ein großer Glücksfall.

In den nächsten Jahren habe ich pro Jahr zwei neue Günter-Bücher zu jeweils unterschiedlichen Themen geschrieben. Günter lernt Flirten, Günter wird schlank, Günter macht Sport, Günter geht ins Büro, Günter wird Chef oder Günter wird Kommunikationsprofi. Alle zu Themen, die ich sowieso bei Trainings behandelt hatte. Es half mir, meine Gedanken zu strukturieren, mir ein Repertoire über verschiedene Themen aufzubauen und die eigene Marketing-Positionierung voranzutreiben. Auch bei den Nichtraucher-Seminaren haben wir an einer Marketing-Positionierung gearbeitet, wodurch erste Fernsehauftritte hinzukamen. Das Fernsehen hat bei mir in den ersten Jahren sehr gut funktioniert. Zum einen durch "Nichtraucher in fünf Stunden", das mir etliche TV-Auftritte beschert hat. Zum anderen konnte ich durch eines der Bücher einen Kontakt zu einer Produktionsfirma herstellen, die Prime Time Sendungen für den WDR macht. Da wurde ich Fernsehcoach bei Live-Coaching-Sendungen. Zuerst im WDR, dann bei ProSieben und Sat1. Letztlich kann ich sagen, dass ich anderthalb Jahre hauptberuflich Fernsehen gemacht habe. Das war in der damaligen Zeit ideal, um meine Präsenz in diesem Markt zu erhöhen. Mittlerweile ist das aber schon ein Jahrzehnt her. Die damaligen Mechanismen würde man in der heutigen Zeit gar nicht mehr anwenden. Heute ist online viel wichtiger. Als ich aus den Fernsehformaten ausgestiegen bin, konzentrierte ich mich komplett auf meine Keynote Karriere. Bei meinen Überlegungen, wie ich das Ganze auf das nächste Level heben kann, kam im Jahr 2012 GEDANKENtanken dazu.

Wie würdest du diesbezüglich vorgehen, wenn du heute nochmal bei null starten müsstest? Welche Strategien würdest du den Lesern empfehlen, um Reichweite und Bekanntheit aufzubauen?

Ich würde heute immer noch sagen, dass die Positionierung ganz wichtig ist. Wer ist deine Zielgruppe? Was unterscheidet dich von anderen? Welche Probleme löst du und in welchem Markt wirst du tätig sein? Eine präzise Formulierung ist hier unerlässlich. Im Gegensatz zu damals, würde ich es von vornherein viel persönlichkeitsspezifischer aufziehen. Ich würde mir viel mehr Gedanken darüber machen, wer ich bin, was meine Werte, meine Stärken und meine Interessen sind. In der Anfangszeit habe ich zu viele Aufträge und zu viel Zeit mit Themen verplempert, die mich letztlich nicht interessiert und die mir auch keinerlei Energie gegeben haben. Mittlerweile gehe ich bei Coachings immer so vor, dass ich die folgenden drei Schritte anspreche:

Erster Schritt: Was ist der Sinn dessen, was du tust oder auch der Sinn deines Lebens, deiner Existenz? Wozu bist du auf dieser Welt? Das muss ganz klar sein.

Zweiter Schritt: Was kannst du besonders gut? Was folgt aus diesem Sinn? Was könntest du von morgens bis abends machen, ohne dass dir die Energie ausgeht? Man merkt, dass jeder Mensch bestimmte Bereiche hat, in denen er seine Stärken ausleben kann und wo seine Augen anfangen zu leuchten.

Dritter Schritt: Welche Ziele kannst du in diesem Bereich verfolgen? Da sind wir wieder beim Thema Positionierung. Jetzt kannst du deine Stärken mit einem entsprechenden Businessmodell abgleichen. Bei GEDANKENtanken haben wir mittlerweile ein sehr intensives Positionierungscoaching, um unseren Kunden, die häufig Selbstständige oder Unternehmern sind, bei diesem Prozess anzuleiten.

Ich würde heute durchaus strategischer vorgehen als früher. Wenngleich ich weiß, dass es ein Teil meiner Persönlichkeit ist, dass ich gerne Dinge ausprobiere, dass ich Dinge fühlen und erstmal erfahren muss, bevor ich mir ein Urteil bilde. Im Nachhinein würde ich sagen, dass alles für mich zum jeweiligen Kenntnisstand ganz schlüssig war. Mit heutigem Wissen würde ich aber durchaus einige Abkürzungen gehen.

Wie wichtig sind für dich digitale Produkte als Ergänzung zu deinem Produktportfolio? Wie schätzt du dessen zukünftige Bedeutung ein?

Die digitalen Produkte bilden mittlerweile den Hauptteil des Produktportfolios bei GEDANKENtanken. Wir überlegen bei allem, wie wir es schaffen, eine dauerhafte Transformation bei unseren Kunden zu bewirken. Wie wir es schaffen, einen Mehrwert zu bieten. Es ist einfach Quatsch zu sagen, dass man nur eine Keynote vor Leuten halten muss und schon verändert man deren Leben. Oder dass ein bis zwei Seminartage ausreichen, um deren Leben zu verändern. Ich glaube Nachhaltigkeit entsteht dann, wenn du Menschen über einen gewissen Zeitraum hinweg mit sinnvollen Inhalten begleitest. Wenn du mit ihnen gemeinsam durch einen Transformationsprozess gehst. Das ist, was wir bei GEDANKENtanken machen. Wir produzieren Videos, die wir bei Youtube hochladen und sind, meines Wissens, der derzeit größte deutschsprachige Speaking-Kanal. Dort stoßen die Menschen auf uns und lassen sich inspirieren. Anschließend geht es über unendlich viele Webinare weiter, bei denen die Menschen tiefer in Themen eintauchen. Danach folgen jede Menge Online-Produkte, die im Studio mit Profi-Content gedreht werden. Diese Themen beinhalten dann auch die persönliche Betreuung, sodass wir für die Online-Kurs-Teilnehmer auch Präsenzseminare veranstalten. Das Digitale ist aber ganz klar das Rückgrat unserer Geschäftsmodelle.

Kein anderer Speaker war so häufig als Referent auf unseren Events wie du. Welche Bedeutung haben solche Auftritte auf externen Events für dich? Welchen Nutzen ziehst du daraus? Warum sollte jemand, der als Speaker oder Trainer erfolgreich werden will, sich darum bemühen, solche Gastauftritte zu bekommen?

Es gibt auf dem Speaking-Markt einen einfachen Grundsatz: Bühne schafft Bühne. Wenn du dich und deine Performance draußen zeigst und den Leuten wirklich was vermittelst, dann wirst du in der Regel als Experte wahrgenommen. Du wirst von Menschen gesehen und dann zu weiteren Vorträgen eingeladen. Aber Vorsicht! Es ist ein sehr kleiner Markt, in dem die Speaker wirklich davon leben können. Du bekommst nicht ein- oder zweimal im Jahr einen Auftrag, mit dem du dann reich wirst. Es ist ein ganz spezieller Job, den man erlernen muss. Das ist eine Art Handwerk, beziehungsweise eher ein Mundwerk. Die Bühne ist ein Marketinginstrument und immer auch ein Kompetenz-Beweis.

Letztlich ist all das, was sich Trainer, Coaches, Consultants und Berater ausdenken, graue Theorie. Erst auf einer Bühne spürst du, ob du dich mit deinem Publikum vernetzt. Ob du sie erreichst oder nicht. Ich habe über die Jahre hinweg so viele Theoretiker kennengelernt, die glauben, dass sie gut in ihrer Performance sind. Sie glauben, dass sie die Bedürfnisse des Publikums treffen, tun es im Endeffekt aber nicht. Gastauftritte sind einfach unglaublich wichtig. Wenn du dein Gesicht bei bestimmten Events zeigst, dann wirst du bekannter. Experten oder Trainer, die schon länger in dem Business unterwegs sind, verweigern sich teilweise immer noch solchen Auftritten, weil sie meinen, dass sie voll bezahlt werden müssen, sobald sie den Mund aufmachen. Das ist natürlich für die Veranstalter in der Regel nicht machbar. **Ich plädiere dafür, großzügig seine Präsenz der Welt zu schenken.** Erst dadurch, dass die Welt überhaupt weiß, dass es dich gibt, schaffst du das Bedürfnis, dich zu buchen oder sich für dein Angebot zu interessieren.

Du bist Teil unserer exklusiven One Idea Mastermind, einem geschlossenen Kreis von erfolgreichen Unternehmern. Welchen Stellenwert hat für dich der Austausch mit der Gruppe? Sollte sich jemand, der im Business weiter wachsen will, auch persönlich mit anderen vernetzen und austauschen?

Es ist definitiv so, dass nur der Austausch mit Leuten, die auf Augenhöhe oder vielleicht sogar ein bisschen besser sind als man selber, einen weiterbringt. Ich habe über die Jahre viele Kollegen kennengelernt, die in ihrer Entwicklung stehen geblieben sind. Vielleicht, weil es ihr Ego zu sehr gestreichelt hat, dass andere Leute ihnen ständig zuhören und sich deswegen nicht mehr mit Leuten umgeben haben, mit denen sie sich wirklich austauschen können. Mir ist es aber sehr wichtig, anderen Leuten zuzuhören. Weiterbildung ist für mich generell einer der höchsten persönlichen Werte. In einer Woche höre ich zwei Hörbücher und ich habe diverse Podcasts abonniert. Ich bin ständig auf Seminaren und auf Vorträgen. Auch bei GEDANKENtanken komme ich nicht umhin, mir ständig neuen Input einzuholen. Ich möchte gar nicht darüber nachdenken, wo ich oder wo wir bei GEDANKENtanken in der heutigen Entwicklung stünden, wenn nicht alle so ein Weiterbildungsmindset hätten. Man neigt dazu, nur in seinem eigenen Teich zu fischen. Aber das ist Quatsch.

Leute, die erfolgreich in ihrem Business sind, interessieren sich für viele Disziplinen. Als Trainer kann ich nicht sagen, dass mich nur das Training interessiert. Ich muss ebenfalls über Kenntnisse zum Thema Positionierung, IT und Unternehmensaufbau verfügen. Ich muss wissen, wie Finanzierungsaufbau funktioniert und wie man mit Geld umgeht. Dies sind tausende von Themen. Das ist wie im Zehnkampf zu bestehen. Wenn du dich nur auf deine Disziplin konzentrierst, wirst du nicht weit kommen. Deswegen habe ich mich von Anfang an mit Leuten vernetzt, die wirklich guten Input liefern können. Menschen, die mich persönlich in meiner Entwicklung weiterbringen und mit denen ich gerne mein Wissen teile. Je hochklassiger, je niveauvoller solche Treffen wie die Masterminds sind, desto mehr lerne ich dazu.

Mittlerweile bin ich da sehr wählerisch geworden und habe mich in den Jahren eher vom Trainer zum Unternehmer entwickelt. Meine Fragen sind heute ganz andere als noch vor fünf oder zehn Jahren. Damals ging es um inhaltliche Trainingsfragen, heute geht es um das Thema Unternehmensführung, was ich als sehr wichtig erachte.

Einige Menschen sind sich unsicher, ob sie sich als Trainer, Speaker oder Coach selbst verwirklichen sollen. Haben vielleicht Ängste und Hemmungen. Welche Tipps kannst du diesen Menschen mitgeben, welche sie bei der Entscheidungsfindung mit berücksichtigen sollen?

Ich muss gestehen, dass ich bei dieser Frage ein bisschen zwiegespalten bin. Einerseits weiß ich, dass es ein großartiger Beruf ist, andererseits bin ich der Meinung, dass es sehr viele in diesen Markt drängt, die es letztlich nicht schaffen werden, davon erfolgreich zu leben. Ich liebe diesen Beruf wirklich, ich brenne dafür und habe von Anfang an unheimlich viele Ambitionen gehabt. Ich finde es aber schwierig zu sagen: Geiler Job, super Thema. Jetzt werde mal Trainer, Speaker, Coach oder Consultant und das wird schon. Da wirst du groß. Also erstmal geht das statistisch schon nicht. Es wird nicht lauter große Redner, Trainer und Coaches geben. Es sei denn, wir schaffen es, den Markt zu vergrößern, woran wir bei GEDANKENtanken sowieso arbeiten. Für mich sind zwei andere Punkte ganz wichtig. Der erste ist, dass du wirklich wissen musst, wofür du stehst und du musst ein Thema finden, für das du so brennst, dass du quasi gar nicht anders kannst, als in diesem Bereich weiter zu machen. Also, wie tickst du? Was kommt sowieso aus dir heraus? Das ist eine Frage des inneren Anliegens. Die wirklich Erfolgreichen haben alle ein inneres Anliegen.

Es ist keine theoretische Überlegung, eine Marktlücke zu suchen und in diese einzusteigen, weil man da mal irgendwas zu gelernt hat. Das sind alles hohle Geschichten und man spürt als Trainingsteilnehmer und Zuschauer, ob ein Referent, Trainer, Coach oder Dozent wirklich für sein Thema brennt. Man muss in diesem Bereich seine Berufung finden und dann kann man sehr erfolgreich werden. Als zweites muss man bereit sein, sich komplett diesem Thema hinzugeben. Ich kenne keinen einzigen Erfolgreichen, der nicht ohne Ende fleißig gewesen wäre. Der nicht unheimlich viele Stunden, Tage, Wochen, Monate, Jahre in sein Thema investiert hätte. Du musst bereit sein, ständig die Extrameile zu gehen. Du musst bereit sein, tierisch viel Gas zu geben und, im Idealfall, mehr Gas zu geben als die anderen. Ich glaube ganz klar, dass dieser Beruf ein ganz großartiger ist. Ich würde diesen Weg jederzeit wieder einschlagen. Ich bin mir aber auch bewusst, dass meine spezielle Konstellation aus einem inneren Anliegen und einem solchen Antrieb nicht besonders häufig ist. Deswegen legen wir bei unserer Business-Factory bei GEDANKENtanken sehr viel Wert darauf, dass wir Schritt für Schritt von der Persönlichkeitsentwicklung in die Positionierung gehen. Dass wir ganz genaue Anleitungen geben und keine Luftschlösser bauen, sondern Menschen praktisch vermitteln, wie sie selber ihren Weg gehen können, um beruflich als Trainer, Coach, Consultant oder Speaker erfolgreich zu sein.

Woher nimmst du das Selbstvertrauen, dass du genug weißt, um andere davon lernen zu lassen?

Man muss zwischen Selbstvertrauen und Arroganz unterscheiden. Arrogant sind diejenigen, die behaupten, was zu können, ohne es in der Praxis bewiesen zu haben. Ich glaube, dass Arroganz eine richtig fiese Geschichte ist, die man auf keinen Fall mit Selbstvertrauen verwechseln sollte. Für Arroganz musst du nichts leisten. Selbstbewusstsein oder Selbstvertrauen, das musst du dir erarbeiten. Viele, die selbstbewusst auftreten, sind in Wirklichkeit arrogant. Sie behaupten, die Besten zu sein, haben aber keinen Realitätscheck gemacht. Sie kommen dann auf den Markt, machen den Mund auf und spüren, dass die Leute ihnen das nicht abnehmen. Wenn sie sich dumm anstellen, dann steht ihnen ihr Ego im Weg und sie bemerken es nicht. Das sind diese Lautsprecher, Luftpumpen und Schwätzer, die wir alle kennen. Die gibt es im Markt. Mit genügend Marketing kann man sich da tatsächlich aufblasen und in gewisser Weise erfolgreich werden. Wahrscheinlich kennen wir aber alle den ein oder anderen, bei dem man den Eindruck hat, dass er nach außen als Marke inszeniert ist, dahinter aber nichts als heiße Luft ist. Selbstvertrauen ist eine Frage von tatsächlichen, praktischen Erfahrungen. Hast du in dem Bereich deiner Expertise wirklich Erfahrungen vorzuweisen? Kennst du dich damit aus?

So leid es mir tut, aber da gibt es keine Abkürzungen. Es geht darum, dass du deine Erfahrungen machst. Dass du in deinem Bereich etwas geleistet und Ergebnisse erzielt hast. Ich halte nichts davon, wenn man Menschen mit Affirmationen aufpumpt, wie: Ich bin gut, ich schaffe das und ich bin toll! Dahinter steckt nichts als heiße Luft. Wenn du dich fragst, woher du das Selbstvertrauen nehmen sollst, dann weißt du vielleicht noch nicht genug. Dann musst du vielleicht noch fünf oder zehn Jahre lernen, bis du andere daran teilhaben lassen kannst. Wenn es nicht dein Thema ist, dann halt den Mund und mache einen anderen Job. Wenn du selbst auf deine eigene Karriere zurückblickst, was würdest du heute im Nachhinein anders machen? Zum Beispiel früher einen Mentor oder Coach suchen, mit anderen Coaches in Verbindung treten oder Netzwerk-Marketing betreiben. Ich würde früher auf Positionierungsthemen gehen. Das ist leicht gesagt mit dem heutigen Wissen, aber ich wäre 2006 schon auf YouTube aufgesprungen. Ich hätte früher Online-Marketing gemacht. Letztlich sind es technische Dinge. Ich glaube, dass sich im Laufe meines Weges alles so ergeben hat, wie es sein soll.

In meiner heutigen Geschichte ist das alles schlüssig und ich würde mich zu den jeweiligen Zeitpunkten wahrscheinlich genauso wieder entscheiden. Ich glaube im Großen und Ganzen war alles gut so.

Fehler sind menschlich und passieren. Jeder noch so erfolgreiche Mensch erleidet gelegentlich Rückschläge. Nimm uns mit in deine Welt. Was ist in deiner Karriere schon einmal richtig falsch gelaufen?

Um Himmels Willen, was für eine Frage. Es laufen ständig Dinge falsch. Jeder Mensch, der handelt, macht oft Fehler. Ich habe schon alles Mögliche falsch gemacht. Ich habe wahrscheinlich hunderttausende Euro in die falschen Produkte investiert. Ich habe etliche Bücher geschrieben, die ich nicht hätte schreiben müssen, weil sie mich von anderen Themen abgelenkt haben. Aber sie haben sich zum damaligen Zeitpunkt eben richtig angefühlt und wahrscheinlich waren sie ein Teil meiner Entwicklung. Ich bin mit Seminarteilnehmern falsch umgegangen und habe die falschen Kunden zu lange betreut. Ich habe die falschen Mitarbeiter eingestellt und die falschen Mitarbeiter gehen lassen. Ich habe so vieles falsch gemacht, dass es mir schwer fällt, da jetzt drei Dinge raus zu picken.

Aber ich glaube, darum geht es gar nicht. Ich glaube, wer bereit ist, sich auf seinen Weg zu begeben und aus Fehlern zu lernen, der sammelt Erfahrungen. Diese Erfahrungen bringen einen im Leben weiter. Jetzt im Nachhinein den Fokus auf Fehler zu legen, wäre völlig Quatsch. Ich würde mir Sorgen machen, wenn Leute überhaupt nicht in Schwung kommen, nur um Fehler zu vermeiden. Fehler wird es immer geben. Aber es wird auch immer Erfolge geben. Die Opportunitätskosten, Dinge überhaupt nicht zu machen, sind in der Regel viel höher, als der Schaden, der durch Fehler entsteht.

DIRK
Kreuter

Es gibt zwei Arten von Menschen, die die rausgehen und sich holen, was sie haben wollen und all die anderen!

Online-Marketing, Affiliate-Marketing und Social-Media-Marketing in Verbindung mit meinem Programm und meiner Qualität haben mich zu dem gemacht, der ich heute bin

Ein Interview mit Dirk Kreuter

Erzähl uns kurz von deiner persönlichen Geschichte. Wie hat das alles angefangen? Was hat für dich den Ausschlag gegeben, dass du Speaker/Trainer/Coach geworden bist?

Das war nicht wirklich geplant. Anfang der neunziger Jahre war ich Handelsvertreter für Sportartikel und hatte hochpreisige und erklärungsbedürftige Produkte, die ich an den Einzelhandel und an Warenhauskonzerne verkauft habe. Die Produkte haben sich nicht allein vom Handel an den Endkunden verkauft, das heißt, ich habe immer wieder Produktschulungen gegeben. Das war damals schon eine Art Verkaufstraining für die Verkäufer in Sachen Einwandbehandlung, Bedarfsermittlung, Preisargumentation und so weiter. Danach haben sich die Produkte hervorragend abverkauft und ich habe über die Nachbestellungen gutes Geld verdient. Irgendwann haben mich meine Kunden gefragt, ob ich das auch für andere Produkte machen könnte und so sind meine ersten Seminare entstanden. Ich habe mehrere Trainerausbildungen und Fachqualifizierungen gemacht und bin jetzt seit über 29 Jahren in diesem Business tätig.

Kannst du dich noch an deinen ersten Kundenauftrag erinnern? Wenn ja, wie hast du ihn gewinnen können?

Mein erster Auftraggeber für Trainings war die Industrie- und Handelskammer in Neuss. Mein erstes Seminar, was nichts mit meinem Business als Handelsvertreter zu tun hatte, war “Erfolgreiche Existenzgründung als Handelsvertreter” mit sieben Teilnehmern. Ich bin an den Auftrag gekommen, indem ich mir fünf verschiedene Seminarthemen überlegt hatte, die so bisher in den Programmen der Weiterbildungskataloge der Industrie- und Handelskammern noch nicht aufgeführt waren und habe diese 80 IHKs in ganz Deutschland angeboten. Darauf haben sich einige von ihnen bei mir gemeldet und direkt meine angebotenen Seminare gebucht.

Wie bist du anschließend weiter vorgegangen? Wie hast du an Reichweite und Bekanntheit gewonnen? Welche Marketingstrategien hast du eingesetzt?

Am Anfang war ich als Inhouse-Trainer unterwegs, das heißt, dass mich meistens Unternehmen oder Organisationen für Coachings, Seminare, Beratungen und Vorträge gebucht haben. Mein wichtigstes Instrument war in der ersten Zeit die Telefonakquise. Ich habe jeden Samstag die großen Tageszeitungen mit den umfangreichen Stellenangeboten gekauft. Überall, wo Verkäufer gesucht wurden, habe ich angerufen und versucht, meine Dienstleistung zu verkaufen. Später habe ich das über Online-Börsen, wie Stepstone und Co. gemacht. Ab 1997 kam das Internet dazu. Ich war einer der ersten Verkaufstrainer mit einer aussagekräftigen Internetseite mit der Domain Verkaufstrainer.de. Über das Internet habe ich durchschnittlich eine qualifizierte Anfrage pro Tag erhalten. Vor drei Jahren habe ich mein Geschäftsmodell geändert, seitdem biete ich keine Inhouse-Trainings mehr an, sondern nur noch offene Seminare. Diese sind skalierbar und in offene Seminare kommen nur Teilnehmer, die es wirklich wollen. Bei Inhouse-Seminaren habe ich Geld bekommen, das manchmal einem Honorar und manchmal Schmerzensgeld gleich kam, weil darunter Teilnehmer waren, die gar nicht lernen wollten. Das ist heute anders. Vor drei Jahren habe ich gezielt mit dem Online-Marketing begonnen. Meine Reichweite und meine Bekanntheit habe ich durch sehr viel gratis Content über YouTube, meinen Podcast, Facebook, Instagram und andere Social-Media-Kanälen erweitert. Darüber hinaus gab es ständig Launches sowie ein sechsstelliges Budget im Monat für Werbung im Online-Marketing.

Wie würdest du diesbezüglich vorgehen, wenn du heute nochmal bei null beginnen müsstest? Welche Strategien würdest du dem Leser empfehlen, um seine Reichweite und Bekanntheit aufzubauen?

Die Frage ist zweiteilig: Was würde ich tun und was würde ich anderen raten. **Ich würde Affiliate-Marketing mit fremden Produkten machen, um erstmal Geld zu verdienen und parallel würde ich meine eigenen digitalen Produkte entwickeln und ebenfalls verkaufen.** Ich würde keine offenen Seminare anbieten, weil sie die Königsdisziplin sind. Denn egal wie gut du als Redner oder Trainer bist, es geht nicht darum wie gut deine Qualität ist. Es geht darum, ob du in der Lage bist, genügend Anmeldungen zu bekommen. Das ist das Wichtigste, die Qualität ist sekundär. Das soll nicht heißen, dass meine Qualität schlecht ist, im Gegenteil, die ist sehr gut. Nur Qualität allein füllt kein Seminar. Zudem sind Kooperationen mit anderen Seminaranbietern wichtig. Über diese Kooperationen füllt man die Seminare der Seminaranbieter und baut damit einen eigenen Kundenstamm auf. Dabei ist es von Anfang an wichtig, Leads zu generieren, E-Mail-Adressen bei allen Interessenten zu sammeln und ganz schnell eine lange, eigene Liste aufzubauen. Später würde ich dasselbe machen wie heute. Ich würde eigene Seminare mit Online-Marketing als Schwerpunkt anbieten. Zum zweiten Teil der Frage: Was ich anderen raten würde, um Reichweite und Bekanntheit aufzubauen. Als erstes solltest du dich positionieren und klar machen, wofür du stehst und wofür nicht. Je klarer deine Positionierung ist, desto weniger musst du ins Marketing investieren. Zweitens brauchst du eine sehr gute Qualität. Je besser die Qualität, desto weniger musst du auch hier ins Marketing investieren. Mache dir klar, wer deine Zielgruppe ist und wo sich diese aufhält. Ist deine Zielgruppe 40 oder älter, überdurchschnittlich gebildet und hat ein überdurchschnittliches Einkommen, dann brauchst du einen Podcast, um diese zu erreichen. Außerdem brauchst du ein Sachbuch in einem renommierten Verlag, um Reputation aufzubauen. Ist deine Zielgruppe jünger, kannst du YouTube, Instagram und Facebook nutzen. Entscheidend ist, dass du Vollgas gibst. Reichweite und Bekanntheit aufzubauen ist ein Marathon. Wenn du jetzt nicht schon richtig gut und ein wenig bekannt bist, dauert es Jahre, bis du wirklich sichtbar bist, aber es wird sich lohnen.

Wie wichtig sind für dich digitale Produkte als Ergänzung zu deinem Produktportfolio und wie schätzt du dessen Zukunft ein?

Mittlerweile ist unser Umsatzanteil durch den Online-Auftritt bei 50 Prozent angekommen, obwohl wir immer noch eine Offline-Company sind. **Digitale Produkte sind schnell zu produzieren, hervorragend zu skalieren und es gibt keine Preisreferenz-Rahmen.** Ein Buch kostet zwischen 10, 20 und 40 Euro, ein Buch für 300 Euro würde nicht mehr gekauft werden, weil die Menschen einen Preisanker im Kopf haben. Das gilt nicht für digitale Produkte. Unser teuerstes digitales Produkt liegt bei 4.000 Euro und das Günstigste bei einem Euro. Zukünftig werden digitale Produkte einen höheren Stellenwert haben, denn wir sind immer noch am Anfang. Die meisten gehen erst in eine Buchhandlung und suchen sich ein Fachbuch, wenn sie ein Problem lösen wollen oder sie googeln und schauen bei YouTube. Zukünftig wird es dahin gehen, dass nach Online-Kursen und digitalen Produkten gesucht wird, um eine Antwort auf die aktuelle Herausforderung zu bekommen.

Du warst mehrfach als Referent auf unseren Events. Welche Bedeutung haben solche Auftritte als Speaker auf externen Events für dich? Welchen Nutzen ziehst du daraus, bzw. warum sollte jemand, der Speaker/Trainer/Coach werden will, sich bemühen, solche Gastauftritte zu bekommen?

Ja, ich war schon mehrmals dabei und es macht immer viel Spaß. Bei euch sind immer tolle Leute dabei. Heute ist es für mich eher Markenbildung. Wenn ich abfrage: Wer war schon einmal bei meinem Seminar? Gehen bei eurem Publikum über 50 Prozent der Hände hoch. Das bedeutet, wer auf euren Veranstaltungen ist, kennt mich meistens schon. Es geht jetzt nur darum, warum sie noch mehr Seminare oder digitale Produkte bei mir kaufen sollen. Das ist für mich Markenbildung, um den Bekanntheitsgrad noch weiter zu erhöhen. **Ein Speaker/Trainer/Coach muss sich, gerade wenn er am Anfang steht, zeigen und er braucht Praxis.** Deswegen ist es unglaublich wichtig, jede Gelegenheit zu nutzen, vor Publikum zu reden und sich bekannter zu machen. Man wird ein guter Redner, indem man viele Vorträge hält.

An anderer Stelle hattest du die Contra mal als Breakthrough-Moment und Aha-Erlebnis beschrieben. Wie meintest du das und wie hat die Contra dazu beigetragen?

2015 war ich das erste Mal dabei. Es war mein erster Kontakt mit der Online-Welt. Die Teilnehmer haben ganz anders gedacht, in viel größeren Dimensionen. Für mich war das eine ganz neue Welt und es war mein Game-Changer. **Online-Marketing, Affiliate-Marketing und Social-Media-Marketing in Verbindung mit meinem Programm und meiner Qualität haben mich zu dem gemacht, der ich heute bin.** Ich kann jedem nur raten, sowohl als Teilnehmer als auch als Referent bei der Contra dabei zu sein. Die Contra ist für mich jedes Jahr ein Pflichttermin. Ich pflege dort mein Netzwerk und knüpfe neue Kontakte. Ich nehme mein Team mit, weil ich oft keine Zeit habe, die Vorträge zu besuchen. Aber mein Team schreibt die wichtigsten Informationen mit und im abschließenden Teammeeting machen wir dann eine To-Do-Liste und klären, wer was umsetzt.

Wenn du als Speaker für ein Event eingeladen wirst, welches für deine Verhältnisse sehr viele Teilnehmer hat, wärst du theoretisch bereit für einen solchen Auftritt Geld zu bezahlen, anstatt Geld zu erhalten? Und warum?

Das ist ein Geschäftsmodell, was die letzten Jahre immer häufiger aufgetaucht ist. Eventveranstalter lassen sich nicht nur über den Ticketverkauf, über Sponsoren, sondern auch über Referenten ihre Veranstaltung finanzieren. Wenn es funktioniert, ist das gut. Der Markt entscheidet. Ich habe in der Vergangenheit auch schon dafür bezahlt, dass ich auf Events als Redner auftreten kann. Das ist bis jetzt dreimal geschehen und jedes Mal hat es sich wirklich gelohnt. Ich habe mit Trainer-Kollegen heftige Diskussionen gehabt, die mir erklären wollten, dass sie für die Ausübung ihres Berufes nicht noch extra zahlen wollen. Ich kann diese Argumentation nachvollziehen, insbesondere wenn dahinter keine Wertschöpfungskette steckt. Doch wenn ich 20.000 Euro für einen Auftritt zahle und dort sitzen mehrere tausend Menschen, die genau in meine Zielgruppe passen und für die ich genau das passende Angebot habe, dann ist das eine Investition. Das sind für mich dann keine Kosten. Ich habe aus solchen Veranstaltungen regelmäßig fünf bis sechsstellige Umsätze generieren können. Für mich hat sich das immer gelohnt. Viele Kollegen laufen hier in eine Denkfalle und das Ego steht ihnen im Weg. Die Frage ist immer: Was ist dein Ziel? Wo willst du hin und wie lautet dein Geschäftsmodell?

Du hast in der Vergangenheit schon mehrere Awards und Auszeichnungen gewonnen, unter anderem den Tiger Award. Welche Bedeutungen haben Awards hinsichtlich Reputation, Branding und Positionierung für dich?

Speaker, Trainer und Coaches versprechen eine Leistung. Der Kunde kauft aber die Katze im Sack, er weiß nicht, was er bekommt. Auf den Webseiten der Anbieter stehen alle möglichen Heldengeschichten und der Kunde fragt sich, ob das vertrauenswürdig und sein Geld wert ist. Auszeichnungen und Awards geben dem Kunden die Antwort darauf. Ich habe mehrere Dutzend Auszeichnungen bekommen und die nutze ich nicht für mein eigenes Ego, sondern für mein Marketing. **Auszeichnungen erfüllen den Zweck, Vertrauen zu Kunden aufzubauen, die deine Leistung noch nicht kennen und deswegen sind diese sogenannten Zeugen unfassbar wichtig.** Das gilt nicht nur für die Speaker-Branche, das gilt für jedes Produkt und jede Dienstleistung. Ein Unternehmen das neue Mitarbeiter sucht, besorgt sich die Auszeichnung zum besten Arbeitgeber. Unternehmen die Produkte verkaufen wollen, besorgen sich ein "sehr gut" der Stiftung Warentest und so weiter. Kunden orientieren sich an der Meinung von Experten.

Du bist Teil der exklusiven One Idea Mastermind, einem geschlossenen Kreis von erfolgreichen Unternehmern. Welchen Stellenwert hat für dich der Austausch in Gruppen? Sollte sich jemand, der im Business weiter wachsen will, auch persönlich mit anderen vernetzen und austauschen?

Ich hätte meinen Erfolg schon viel schneller erreichen können. Ich habe, über Jahre hinweg, einen großen Fehler gemacht. Ich habe mich immer wieder mit anderen Kollegen aus meiner Branche ausgetauscht, weil ich schon immer gut in der Trainer-Branche vernetzt war. Ich war jedes Jahr 10 bis 20 Tage in Verbänden, Vereinen und Clubs für Networking und Weiterbildungen aktiv. Aber erst als ich 2015 die Contra und die One Idea Mastermind entdeckt habe, konnte ich sehen, was für einen fatalen Fehler ich begangen habe, indem ich immer nur in der eigenen Suppe gelöffelt habe. Wie sollen da neue Ideen kommen? Warum war Steve Jobs so erfolgreich? Kaum jemand wurde so analysiert wie er. Eine Erkenntnis aus diesen Analysen ist, dass Steve Jobs immer mehrere Netzwerkquellen hatte, wie die

Film- und Musikindustrie. Er hat immer wieder andere Ideen bekommen, sonst würde Apple heute immer noch Computer herstellen und hätte den Trend mit iTunes, dem Musik- und Filmbusiness, dem iPhone und der Apple Watch völlig verschlafen. Genauso war es bei mir: Die One Idea Mastermind und die Contra haben mir die Augen geöffnet. Mittlerweile habe ich jegliche Kontakte zu Organisationen in meinem Kernberuf abgebrochen. Denn bei allem Respekt, die orientieren sich an mir und nicht ich mich an denen. Mittlerweile schaue ich in ganz anderen Branchen nach und bin mit ganz anderen Menschen vernetzt. Ich pflege immer noch den Kontakt zu dem einen oder anderen Kollegen, aber das habe ich sehr bewusst reduziert. **Wenn jemand in seinem Business wachsen will, muss er sich austauschen und vernetzen und das insbesondere über die eigene Branche hinaus.**

Einige Menschen sind sich unsicher, ob sie sich als Speaker oder Trainer selbst verwirklichen sollen. Sie haben vielleicht Ängste und Hemmungen. Welche Tipps kannst du diesen Menschen mitgeben, welche sie bei der Entscheidungsfindung berücksichtigen sollen?

Das ist ein riesiger Markt. Aktuell ist jegliches Wissen frei im Internet und in Büchern verfügbar, doch es geht nicht um Wissen, sondern um Orientierung. Die meisten Menschen sind völlig orientierungslos, weil es eben so unfassbar viel Wissen und so viele Möglichkeiten gibt. Jetzt kommen Berater, Trainer, Speaker und Coaches, die helfen, Klarheit zu bringen und Orientierung zu geben. Das ist keine Wissensvermittlung, es ist ein: "Was mache ich?" und kein "Wie mache ich das?" Es gibt jetzt schon in Deutschland zehntausende Coaches und Trainer und die Nachfrage wird in den nächsten Jahren noch steigen. Wir stehen noch ganz am Anfang. Und es ist eines der letzten beruflichen Abenteuer. Es gibt weder Zugangsbeschränkungen noch Zugangsvoraussetzungen. Es gibt auch keine Qualitäts- und Preisstandards. Du kannst alles selbst bestimmen, vorausgesetzt der Markt gibt dir das entsprechende Feedback. Wenn es nicht funktioniert, dann hast du keine Kunden und auch keine Aufträge und das ist das Feedback, was vom Markt kommt. Wenn es gut vermarktet wird, wird es sich durchsetzen. Der Job ist nicht für jeden was, weil du Lust auf Menschen und Kommunikation haben musst. Den Job nur zu machen, weil du meinst, damit schnell Geld verdienen zu können, finanziell unabhängig wirst und zeitlich und räumlich frei bist, kann ich nicht empfehlen. Der Hauptgrund diesen Beruf auszuüben ist, weil du Menschen aus tiefstem Herzen weiterhelfen willst. Hierbei geht es nicht um dein Ego. Ich erlebe leider immer wieder Redner auf der Bühne, die ihre Geschichte erzählen und denke, der braucht eine Psychotherapie. Der therapiert sich gerade selbst, indem er seine Geschichte vor Publikum erzählt. Es geht nicht um Selbstdarstellung, sondern um das, was andere Menschen von dir lernen können und wie du anderen Menschen Orientierung gibst. Das ist viel wichtiger, als schnell reich und finanziell unabhängig zu werden.

Woher nehme ich mir das Selbstvertrauen, dass ich genug weiß, um Andere davon lernen zu lassen?

Das ist ganz einfach: Gibt es eine Nachfrage nach deinem Wissen und deinem Können? Nachfrage bedeutet nicht nur, dass Kunden dafür Geld bezahlen, sondern es geht auch um dein persönliches Umfeld. Bitten dich Freunde, Bekannte und Nachbarn um deinen Rat und kannst du ihnen weiterhelfen? Wenn das so ist, dann macht es Sinn, das auch fremden Menschen gegen Geld anzubieten. Egal ob im Internet mit Online-Produkten, Online-Kursen, in Büchern oder mit Vorträgen, Coachings und Seminaren. Woher nimmst du dein Selbstvertrauen? Ich empfehle das Führen eines Erkenntnis- und Erfolgsjournals. Immer wenn du sagst, ich weiß nicht, ob ich das kann, dann ist das ein Zeichen für mangelndes Selbstvertrauen. Du bekommst Selbstvertrauen, indem du dich selbst besser kennen lernst und dir selbst vertraust. Schreibe jeden Tag drei bis fünf Dinge auf, auf die du Stolz bist, die du gelernt hast und immer wenn du zweifelst, dann lies was du die letzten Tage, Wochen und Monate aufgeschrieben hast. So wirst du dir selbst deiner Stärken bewusst und fokussierst dich darauf. Dazu gibt es eine schöne Anekdote: Bei einer Stellenausschreibung werden fünf Qualifizierungspunkte vom Arbeitgeber erwartet. Eine Frau sieht, dass sie von diesen fünf Punkten nur vier erfüllt und bewirbt sich nicht, weil sie nicht die ganzen Anforderungen erfüllt. Ein Mann erfüllt einen der fünf und bewirbt sich wie selbstverständlich, weil er sich denkt, das, was die suchen, gibt es nicht, die sollen froh sein, dass ich diesen einen Punkt richtig gut erfülle. Das hat was mit Selbstbewusstsein zu tun.

Wenn du selbst auf deine eigene Karriere zurückblickst, was würdest du heute im Nachhinein anders machen?

Ich würde viel größer denken mit viel größeren Zielen. Ich habe immer viel zu klein gedacht. Ich würde mir schneller einen großen Mitarbeiterstab aufbauen und lernen, wie man diese Mitarbeiter richtig rekrutiert und führt. "Small is beautiful" ist eine Denkfalle. Zudem würde ich mich noch schneller positionieren, um im Markt richtig wahrgenommen zu werden und noch mehr Geld in Online-Marketing investieren, weil sich, zumindest bei mir, jeder Euro mindestens 20-fach wieder auszahlt.

Fehler sind menschlich und passieren. Jeder noch so erfolgreiche Mensch erleidet gelegentlich Rückschläge. Was ist in deiner Karriere so richtig falsch gelaufen?

Ich habe den falschen Partnern und den falschen Mitarbeitern vertraut. Ich habe nicht genug Geld für das Finanzamt zurückgelegt. Ich habe nicht richtig verkauft. Ich hatte komische Glaubenssätze zum Thema Erfolg, Verkauf, Reichtum und Wohlstand, das war einer meiner größten Fehler. **Lasst mich an der Stelle eine Frage stellen: Was ist das Gegenteil von Erfolg? Das Gegenteil von Erfolg ist nicht Misserfolg, wie die meisten meinen. Das Gegenteil von Erfolg ist nichts tun. Das heißt, wer etwas tut, macht Fehler und die gehören dazu, um erfolgreich zu sein. Wer nichts macht, kann auch keine Fehler machen.** Wie du deine Taten und die Auswirkungen nachher beurteilst, findet in deinem Kopf statt. Du kannst auch Fehler als etwas Positives bewerten. Ich wäre heute nicht da, wo ich bin, wenn ich nicht im Laufe meiner Karriere den falschen Partnern vertraut hätte. Den größten Fehler, den die meisten machen ist, dass sie ihre Produkte und Dienstleistung nicht richtig verkaufen können. Wenn ich da jemanden helfen kann, dann mache ich das sehr gern.

FELIX Thönnessen

Begeisterung ist der Beginn von Neuem!

Nicht du bestimmst deine Kunden, sondern deine Kunden bestimmen dich

Ein Interview mit Felix Thönnessen

Nimm uns kurz mit in deine persönliche Geschichte: Wie hat alles angefangen? Was hat für dich den Ausschlag gegeben, dass du Speaker/Trainer/Coach geworden bist?

Wenn ich an meine eigene Gründung zurückdenke, dann muss ich immer ein wenig schmunzeln, weil sich das ein oder andere doch ein wenig anders entwickelt hat, als ich es mir ursprünglich vorgenommen habe. Nach meinem Studium war ich in unterschiedlichen Positionen und nachher bei einer Aktiengesellschaft als Marketing-Manager angestellt, inklusive hübscher Assistentin, tollem Team und allem, was man sich für so eine Anstellung wünscht. Aber in irgendeiner Form gab es etwas, das mir gefehlt hat. Ich muss ehrlich sagen, ich habe ein wenig länger gebraucht, um herauszufinden, was es ist. Eigentlich hätte ich ja zufrieden sein müssen. Mir fehlte es, etwas Eigenes zu haben, etwas dass ich selbst geschaffen habe und dessen Zukunft ich selbst bestimmen kann. Natürlich kannst du als Angestellter oder als Führungskraft Einfluss auf die Entwicklung des jeweiligen Unternehmens nehmen, aber es ist schon etwas Anderes, wenn es dein eigenes Baby ist. So habe ich mich dazu entschieden, mich selbstständig zu machen. Ich wusste damals, was ich gut kann. Ich bin gut im Marketing, weil ich es studiert und in dem Bereich gearbeitet habe. Deswegen dachte ich mir, ich eröffne eine Marketingberatung. Man kann schon sagen, dass ich da relativ blauäugig vorgegangen bin. Ich war ja noch relativ jung und habe mich einfach entschieden, vom Homeoffice aus, in die Selbstständigkeit zu starten. Das ist auch heute noch schön: Ich brauche ein Handy und einen Laptop - das war's. Da ich beides hatte, konnte ich relativ simpel mit Thönnessen und Partner, der Marketingberatung, starten. Aus dieser Marketingberatung heraus hat sich aber erst später mein eigentliches Geschäftsmodell entwickelt. Das ist eher ein Ansatz, der aus dem Lean Startup kommt: Du bekommst Kundenfeedback, mit dem du arbeitest und dein Geschäftsmodell weiterentwickelst. **Nicht du bestimmst deine Kunden, sondern deine Kunden bestimmen dich.** Das ist ein ganz wichtiger Leitsatz, der bei mir ganz weit oben steht.

Anfangs hatte ich zum Großteil kleine Kunden, die ich beraten und denen ich geholfen habe. Diese kleinen Kunden brauchten natürlich eine andere Beratung, als die potentiell großen, die ich mir am Anfang gewünscht hatte. So ist aus meiner Marketingberatung ein Stück weit, eine Gründungsberatung geworden. Ich habe die Leute zwar immer noch größtenteils im Bereich Marketingstrategie und Kundengewinnung beraten, aber im Endeffekt ging es sehr viel um die Begleitung bei der Gründung und deren Unterstützung. Aus dieser Not heraus habe ich eine Tugend gemacht und habe meine Marketingberatung in eine Marketing- und Gründungsberatung aufgesplittet. Ich dachte mir, wenn die Kunden das wollen, dann stelle ich das auch bei meiner eigenen Kommunikation in den Vordergrund. Man kann eigentlich sagen, dass ich damals in meiner Heimatstadt Viersen, so gut wie jede Gründung begleitet habe, die es so in der Ecke gab, von Dönerläden bis hin zu Friseurgeschäften. Diese Unternehmen hatten mit digitalen Geschäftsmodellen noch nicht viel am Hut. Ich bin zuerst im Homeoffice gestartet. Später bin ich dann in ein Coworking-Space gewechselt. Damals hieß das noch anders, es war eher eine Art Bürogemeinschaft. Von da aus bin ich dann witzigerweise in eine Art Kiosk gezogen, ein Eckladen-Lokal. Ich dachte mir, und das ist heutzutage ein weiterer Leitsatz von mir: Ich muss etwas anders machen. Ich habe mir gesagt: Wenn ich mir jetzt eine Kioskfläche nehme, die eine große Ladenfront hat, dann habe ich schon mal eine große Fläche, auf der ich in irgendeiner Form Fensterwerbung machen kann. Das führt dann dazu, dass ich noch ein bisschen mehr auffalle und gesehen werden.

Also startete ich in diesem Kiosk. Für mich persönlich ergab sich die Entscheidung, überhaupt in dieses Coach- und Trainer-Business zu gehen, vor allem aus meiner Beratungsleistung heraus. Es ist häufig der Fall, dass sich eine Speaker-Tätigkeit aus einer der anderen beiden Tätigkeiten ergibt. Bei mir war das auch so: Ich habe als Berater angefangen, eine zusätzliche Coaching-Ausbildung gemacht, hauptsächlich als Berater und Coach gearbeitet und dann peu à peu auch als Speaker begonnen. Vor allem um Aufträge zu akquirieren, deswegen habe ich auch so viele kostenlose Vorträge gehalten. Mit der Zeit kamen dann auch größere Unternehmen, die fragten, ob ich bei ihnen im Unternehmen ein Training geben kann. Das heißt, bei mir kann man das wirklich chronologisch festlegen. Ich war zunächst Coach und Berater, später Speaker und irgendwann kam auch eine Trainertätigkeit hinzu. Das war mein Start - mit dem kleinen Kiosk in meiner Heimatstadt Viersen - und der eher aus der Not heraus geborenen Positionierung, mich auf kleine Kunden zu spezialisieren.

Kannst du dich noch an deinen ersten Kunden oder deinen ersten Auftrag erinnern? Und falls ja: Wie hast du ihn gewinnen können?

Ich hatte meine Spezialisierung auf das Thema Marketing gelegt, noch spezieller auf das Thema Marketingberatung. Ich wollte Firmen dabei helfen, eine Marketingstrategie zu entwickeln, die richtigen Kommunikationskanäle auszuwählen, eine Zielgruppen-Analyse durchzuführen und sich mit dem Thema Positionierung zu beschäftigen. Aber auch hier ist es anders gekommen als ursprünglich geplant. Ich kann mich daran erinnern, mit einem meiner ersten Kunden ein langes Gespräch geführt zu haben. Ich habe ihm vorgestellt, dass ich ein Marketingkonzept erstellen, eine Strategie-Planung machen und eine Zielgruppen-Analyse durchführen kann. Am Ende des Gesprächs fragte der Kunde mich: „Felix, kannst du auch Websites?" Da habe ich erstmal ein wenig geguckt. Da der kleine Vertriebler in mir immer ja sagt, sagte ich also: „Ja, ich kann auch Websites." Und der Kunde sagte: „Wir brauchen eine neue Website." Das muss man sich mal vorstellen: Ich habe dem Kunden eine halbe Stunde lang von meinen strategischen Fähigkeiten erzählt, was wir für große, hochtrabende Marketingkonzepte erstellen können und am Ende kommt die Frage, ob ich eine Website erstellen kann. Das heißt mein allererster Auftrag war die Erstellung einer Website für 1.200 Euro, inklusive 40 Unterseiten, neuem Design-Konzept und neuem Logo. Heute ist das finanziell sicher weder vorstellbar noch abbildbar. Aber es war mein allererster Auftrag und er kam von meinem Onkel. Mein Onkel hat einen familiengeführten Heizungs-Sanitärbetrieb, den mein Großvater schon betrieben hat. Das heißt, ich habe mich erst einmal in meinem näheren Umfeld umgeschaut. Wer kann meine Dienstleistungen gebrauchen? Wen kann ich unterstützen? Diese 1.200 Euro bedeuteten für mich damals die Welt. Ich kannte meine laufenden Kosten und die lagen damals noch unter 1.200 Euro im Monat. Ich wusste, mit diesem einen Auftrag schaffe ich es, einen Monat zu leben. Das heißt, wenn ich es schaffe, nächsten Monat einen neuen Auftrag zu akquirieren, dann läuft meine Selbstständigkeit schon. Das war natürlich eine tolle Geschichte. Deswegen finde ich es auch so wichtig, seinen ersten Auftrag, seinen ersten Kunden immer ein Stück weit zu feiern. Und sei es, wie in meinem Falle, mit einer Flasche Champagner vom Discounter. Es war ein ganz tolles Gefühl, eine Rechnung über diese Höhe zu schreiben und das erste Mal einen vierstelligen Umsatz zu machen. Wir reden häufig darüber, dass ich als Coach und Speaker achtstellige Umsätze oder sonst irgendwas generieren kann, aber jeder fängt mal klein an und sollte sich öfters an seine Anfänge zurückerinnern. Also, mein erster Auftrag: 1.200 Euro für eine Website in der Familie.

Wie bist du anschließend weiter vorgegangen? Wie hast du an Reichweite und Bekanntheit gewonnen? Welche Marketingstrategien hast du eingesetzt?

Da ich selber als Marketingberater unterwegs war, hat mir das natürlich bei meiner eigenen Gründung, besonders zu Beginn, sehr geholfen. Ich wusste, welche Rolle die Positionierung und die richtige Auswahl der Kommunikationskanäle spielt. Ich hatte ein gewisses Grundverständnis für Offline- und Online-Marketing, aber natürlich macht, man gerade bei sich selber, vieles falsch. Für mich gibt es in dieser Phase vor allem ein Wort, was es ganz gut beschreibt und das heißt ausprobieren. Ausprobieren bedeutet, dass ich gerade was die Wahl der Werbemöglichkeiten angeht, alles getestet habe. Zum Beispiel bin ich regelmäßig joggen gegangen und habe ein T-Shirt getragen, auf dem hinten "Kunden gewinnen? Kostenlose Marketingberatung" mit meiner Handynummer draufstand. Ich war wie ein laufendes Werbeobjekt. Daneben habe ich noch tausend andere Sachen gemacht. Ich habe meinen örtlichen Fußballverein gesponsert und denen einen Trikot-Satz zur Verfügung gestellt. Ich habe kleine Flyer gedruckt und die mit Saugnäpfen an Autos festgemacht, um auch da ein wenig aufzufallen. Ich habe Flyer in Briefkästen geworfen, Zeitungsanzeigen geschaltet und versucht, Radiointerviews zu bekommen. Im Prinzip habe ich jede Möglichkeit genutzt, Werbung zu machen und auf mich und mein eigenes Business aufmerksam zu machen. Natürlich sind nicht alle diese Möglichkeiten erfolgreich gewesen. Erfolgreich waren auch eher die Dinge, die offline orientiert waren, weil meine Zielgruppe sich sehr regional bewegt hat. Meine Coaching- und Beratungstermine waren nie mit jemandem aus München oder Berlin, sondern in erster Linie mit Leuten aus dem Rheinland. Dennoch war es eine sehr aufregende und abwechslungsreiche Zeit, in der ich jede dieser Werbemaßnahmen selber durchgeführt habe. Das heißt, ich habe Flyer verteilt und Plakate aufgehängt. Ich hatte keinerlei Mitarbeiter, die mir etwas abgenommen haben, sondern ich habe immer wieder versucht, alles selbst zu tun.Nun komme ich aber auf die Ausgangsfrage zurück, wie ich anschließend vorgegangen bin. **Der allererste Schritt ist, sich Gedanken darüber zu machen, welche Positionierung man eigentlich hat.** Wie bin ich mit meinem Business im Markt aufgestellt? Was sind Dinge, die ich in den Vordergrund stelle, die mir wichtig sind, die ich in irgendeiner Form anders mache oder ähnliches? Darum war die klare Positionierung für mich ein ganz wichtiger Faktor, den ich am Anfang wählen musste. Wie gesagt, hatte ich viele kleine Kunden und konnte hier eine Nischenstrategie fahren. Ich spezialisierte mich nicht auf jede Art von Kunden, sondern ich spezialisierte mich auf Gründungsinteressierte. Nachher hat sich das so weiterentwickelt, dass ich mich auf die Leute spezialisiert habe, die sich selbstständig machen wollen oder schon selbstständig sind. Auf die habe ich dann meine Marketingberatung ausgelegt. Das war zur damaligen Zeit schon sehr spitz gewählt, aber rückwirkend eine der Variablen, die für mich persönlich zu sehr viel Erfolg geführt hat. Eine Position ist etwas, das ich einnehme, bei der ich hart auf dem Boden stehe und mich nicht wie ein Fähnchen im Wind immer wieder von links nach rechts bewege. Nur so kann ich wahrgenommen werden. Dann muss ich aber auch akzeptieren, dass der eine oder andere an mir vorbeirauscht, weil ich eben nicht in seinem Weg stehe, um es mal beispielhaft zu erläutern. Die klare Positionierung war für damals also ein ganz wichtiger

Faktor, der auch dazu geführt hat, dass ich an Bekanntheit und Reichweite gewonnen habe, weil jeder wusste: Wenn du dich selbstständig machst, dann gehst du zum Felix.

Der zweite Punkt, den ich eben schon einmal angerissen habe, ist Werbung auf allen Kanälen, quasi das Gießkannen-Prinzip. Ich habe wirklich überall versucht Werbung zu machen. Egal, wo sich die Gelegenheit bot. Ich habe Flyer am schwarzen Brett im Supermarkt aufgehängt, um da auf meine Beratungs-Dienstleistung aufmerksam zu machen. Mein Auto war von oben bis unten beklebt. Ich habe Aufkleber für andere Autos gemacht und die Leute gefragt, ob sie diese auf ihre Autos draufkleben können. Ich habe Kalt-Akquise gemacht und Firmen direkt angerufen. Ich habe verrückte Brief- und Postkarten-Aktionen gestartet und Firmen Sachen zugeschickt. Damals habe ich mich schon intensiv mit dem Thema YouTube auseinandergesetzt. Das ist fast schon eine traurige Geschichte. Es ist mittlerweile über zehn Jahre her, dass ich mehrere Tutorials zum Thema Marketing und Gründung erstellt habe. So was gab es damals auf Youtube gar nicht. Es gab gar kein einziges Tutorial, außer mein eigenes, zum Thema Gründung. Egal was man eingegeben hat, Existenzgründung, Start-up oder Selbstständigkeit, es kamen immer nur meine Videos. Irgendwann habe ich leider einen Fehler gemacht. Am Ende dieser Videos gab es immer einen Abspann, in dem die falsche Webadresse und Telefonnummer angegeben waren. Diese wollte ich durch ein anderes Video ersetzen und habe leider die alten Videos rausgenommen. Dadurch waren die ganzen Views natürlich auch weg. Aber das war eine sehr interessante Erfahrung. Hier kann ich jedem nur empfehlen, genau darüber nachzudenken: Was sind die Marketingkanäle, die wirklich relevant für mich sind? An der einen oder anderen Stelle finde ich das aber nur dann heraus, wenn ich Verschiedenes getestet habe.

Wie bin ich weiter vorgegangen? **Ich nenne mal den dritten Punkt: Mut für Großes.** Den Mut zu haben, Dinge zu tun, die in einem Segment liegen, das ungewöhnlich ist oder einen abschreckt. Diesen Mut hatte ich weiß Gott nicht immer! Ich kann mich daran erinnern, wie wir damals bei der Höhle der Löwen angerufen und uns über eine potentielle Zusammenarbeit informiert haben. Das muss man sich mal vorstellen: Als kleines Unternehmen ruft man eine Fernsehproduktionsfirma an. Das ist sicher ein Schritt, bei dem man sagt: Ist die Diskrepanz zwischen dir und dem potentiellen Partner nicht viel zu groß? Dazu gehören sicher ein Stück Selbstbewusstsein und vielleicht auch ein bisschen Größenwahnsinn. Sicher führt es dazu, dass man in den meisten Fällen eher auf Ablehnung stößt, aber ich empfehle jedem, etwas proaktiver zu sein und offener vorzugehen. Das ist etwas, was sich heute auf das eigene Business immer noch super übertragen lässt. Wir haben viel zu häufig das Gefühl, dass wir jemanden nicht ansprechen können, weil derjenige viel weiter ist. Auf Veranstaltungen kommen manchmal Leute auf mich zu, die total nervös sind und mir ganz ehrlich sagen: „Felix, ich bin gerade total nervös. Ich bin ein ganz großer Fan von dir." Da denke ich mir immer: „Hä, warum bist du nervös, wenn du mit mir redest? Ich bin genauso wie du. Warum Fan? Wovon bist du Fan?". Also man muss einfach mal den Mut haben, Dinge zu tun, die an der einen oder anderen Stelle mal ein wenig anders sind.

Ein vierter großer, wichtiger Punkt ist für mich das Thema Networking. Ich weiß nicht, auf wie vielen Veranstaltungen ich am Anfang meiner eigenen Selbstständigkeit oder Coaching-Tätigkeit war. Gefühlt auf endlos vielen von IHKs, Wirtschaftsverbänden, Wirtschaftsförderungen, Marketing-Clubs und und und. Bis sich dann irgendwann für mich bestimmte Veranstaltungen herauskristallisiert haben, bei denen ich wusste: Die sind sinnvoller. Die sind weniger sinnvoll. Hier sind immer die gleichen Leute. Da treffe ich jedes Mal andere Leute. Aber Networking ist eben nicht nur das Besuchen von Veranstaltungen, sondern im Idealfall auch das Vernetzen. Das ist natürlich nicht immer ganz so einfach, weil man ja ein Stück weit auch auffallen und herausstechen will. Das war auch für mich am Anfang relativ schwierig. Beispielsweise bin ich damals mit Hosenträgern auf Veranstaltungen rumgelaufen, denn ich wusste, dass keiner Hosenträger anzieht. Das heißt, wenn ich die trage, falle ich auf. Also steche ich allein äußerlich schon mal ein wenig aus der Masse heraus. Ich kann mich an eine Situation auf einer Veranstaltung erinnern, bei der ein Herr zu mir kam. Ich stand an der Bar mit meinen Hosenträgern. Er sagte zu mir: „Zwei Kölsch, bitte." Ich habe ihn nur angeschaut. Er sagte nochmal: „Ja, zwei Kölsch, bitte." Ich antwortete: „Ja, okay. Kommt sofort." Dann habe ich an der Bar zwei Kölsch bestellt. Die haben mir die zwei Kölsch gegeben und ich habe bezahlt. Der Mann hat mich natürlich etwas seltsam angeschaut. Eins habe ich ihm in die Hand gedrückt, eins habe ich selber in der Hand gehalten. Ich habe ihn angeguckt, ihm zugeprostet und gesagt: „Ja, dann Prost." Er hat einen knallroten Kopf bekommen und meinte: „Oh. Ich dachte, Sie sind hier Kellner." Ich antwortete „Nein, das bin ich nicht. Vielleicht kommt das durch die Hosenträger. Wäre mir vielleicht auch passiert. Ich bin kein Kellner, aber ich bin Felix." Das war eine Situation, die mir rückwirkend, um es ganz simpel zu sagen, sehr viel Selbstbewusstsein gegeben hat. Weil ich einfach gemerkt habe, dass solche Situationen immer wieder auftreten werden. Gerade wenn man mit Mitte 20 als Coach oder Trainer unterwegs ist, denkt man sich oft: „Habe ich überhaupt so viel Erfahrung, genug Zertifikate, genug Weiterbildungen? Kann ich das überhaupt so gut wie jemand, der das vielleicht schon viele Jahre lang macht?" So eine Situation zeigt, dass es ganz häufig darauf ankommt, wie ich mit bestimmten Situationen umgehe. Ich könnte jetzt genug Beispiele aufzählen, in denen ich weniger geplant und vielleicht auch weniger erfolgreich vorgegangen bin. Das Thema Networking jedenfalls hat mir sehr geholfen, mich mit anderen zu vernetzen, die Offenheit zu haben, andere anzusprechen und zu schauen, was derjenige macht.

Der fünfte Punkt ist das Thema Mehrwert, eines meiner Kernelemente. Wie kann ich etwas schaffen, was für meine Zielgruppe mehr wert ist, als das, was andere schaffen. Oder was noch mehr wert ist als das, was sie vielleicht in irgendeiner Form erwarten. Das ist auch nicht immer ganz einfach. Gerade in der heutigen Welt, in der sukzessive immer mehr Inhalte produziert werden, ist es natürlich schwierig, Mehrwerte zu schaffen, die sich in irgendeiner Form abheben. Das mag früher etwas einfacher gewesen sein. Ich war nie der klassische Vertriebler, der einfach nur seine Produkte und Dienstleistungen verkauft hat, sondern ich habe immer überlegt, wie ich durch hochwertigen Content oder durch Tipps, Tricks und Hacks meinem Gegenüber Mehrwert bieten kann. Mehrwert, der dazu führt, dass man mich als Experten, Wissensgeber oder ähnliches wahrnimmt und darüber dann Interesse geweckt wird, mit mir in irgendeiner Form zusammenzuarbeiten. Das heißt, ich habe das damals schon versucht, gemacht und getan. Ob ich nun kleine Bücher geschrieben habe, die man heute einfach E-Books nennt oder andere Dinge getan habe, für mich stand immer schon im Vordergrund: Mehrwerte zu produzieren, Dinge und Inhalte zu produzieren, bei denen ich das Gefühl hatte, dass sie anderen helfen. Ich habe hier für mich persönlich zwei Begriffe geschaffen: Gebius und Nehmius. Der Gebius ist der, der viel gibt und der Nehmius ist der, der viel nimmt. Wir sind uns im Klaren darüber, dass es beide gibt. Gerade im Business-Umfeld stand für mich immer im Vordergrund ein Gebius zu sein, also einer, der mehr gibt als er augenscheinlich bekommt. Wenn du gibst, dann wirst du Leute haben, die immer nur nehmen. Das ist zwangsläufig so. Aber du wirst auch Leute haben, die sehen, dass du viel gibst und verstehen, dass vielleicht hinter dem ersten Geben noch ein zweites und drittes stehen könnte. Dadurch kannst du auch dein eigenes Geschäftsmodell sehr schön skalieren. Du kannst sagen: „Hey, guck mal, was du alles schon gelernt und mitgenommen hast. Jetzt stell dir vor, was da alles noch hinter steckt." Das war für mich ein Faktor, der in dem Fall immer eine sehr große Rolle gespielt hat, wirklich zu sagen: „Okay, ich gebe hier mehr."

Wie würdest du diesbezüglich vorgehen, wenn du heute noch einmal bei null starten müsstest? Welche Strategien würdest du den Lesern empfehlen, um Reichweite und Bekanntheit aufzubauen?

Um Reichweite und Bekanntheit aufzubauen gibt es natürlich tausende Möglichkeiten. Ich will mich gerne auf vier Dinge konzentrieren, dich ich an dieser Stelle ein bisschen in den Vordergrund stelle, die ich nutzen würde, wenn ich mich noch einmal an den Anfang zurückbegeben würde.

Der allererste Punkt, erst mal etwas spießig formuliert: Suchmaschinenoptimierung. Ich meine explizit Suchmaschinenoptimierung, keine Facebook-Ads oder Google Adwords. Der Großteil meiner persönlichen Anfragen für mein Business erfolgt weiterhin über organische Suchanfragen bei Google oder YouTube. Das heißt Menschen, die nach konkreten Fragestellungen suchen. Sei es, weil sie einen Redner buchen wollen, einen Keynote-Speaker oder eine Unternehmensberatung in Düsseldorf. Mit Hilfe einer ausgiebigen, intensiven und nicht oberflächlichen Keyword-Recherche kann ich die relevanten Keywords heraussuchen, die meine Zielgruppe nutzt, um mich als potentiellen Dienstleister zu buchen. Egal ob ich Coach, Speaker oder Trainer bin. Deswegen würde ich extrem viel Arbeit in die Suchmaschinenoptimierung stecken. Ich würde mir genau Gedanken dazu machen, wie ein potentieller Blog auf meiner Seite aussehen müsste. Auch wenn der ein oder andere jetzt vielleicht sagt: „Wofür brauche ich heute noch einen Blog?" Wie müssten Videos aussehen, die Mehrwerte transportieren? Auf der einen Seite müssen sie hochwertigen Inhalt aufweisen. Auf der anderen Seite müssen sie sowohl für den YouTube-Algorithmus, als auch für Google, so optimiert sein, dass ich damit sehr gut gefunden werde. Wenn ich diese Begriffe analysiert habe, würde ich den entsprechenden Content produzieren und Artikel und Videos im Nachgang so optimieren, dass sie auch gefunden werden. Was gibt es Schöneres, als über organische Suche, Traffic oder ähnliches zu generieren? Dafür muss ich im ersten Schritt kein großes Budget ausgegeben haben, sondern die entstehen quasi organisch und kommen ohne Werbe-Intention auf meine Seite. Das hat zwei Vorteile. Ich spare mir erstens Budget und zweitens ist meine persönliche Erfahrung, dass die Suchenden, die über organische Treffer auf meine Seite gekommen sind, länger dableiben als über Werbeanzeigen. Das ist auch wieder gut für die Suchmaschinenoptimierung. Außerdem haben diese Suchenden häufig eine tiefergehende Such-Intention. Das heißt, ich habe hier eine höhere Abschlussquote und eine bessere Conversion. Ich würde mir zur Suchmaschinenoptimierung also extrem viele Gedanken machen und meine Seite so aufbauen, dass es da eben entsprechend gut vorangeht.

Ein zweiter Punkt ist, dass ich mich an Größere dranhängen und mit ihnen kooperieren würde. Ich würde mir Vorbilder suchen und mir überlegen, wie ich eine Verbindung zu ihnen herstellen kann. Wie schaffe ich es, dass ich mich von deren Strahlkraft ein Stück weit mitziehen lassen kann? Sei es, dass ich anbiete, in bestimmten Situationen kostenlos zu helfen oder mitzuarbeiten. Beispielsweise als Hostess auf einer Messe, bei einem Praktikum, als Unterstützung bei einer Keynote oder als Sidekick bei einem Training. Was man dafür aber haben muss, ist die Offenheit jemanden anzusprechen und ihm in dem Moment helfen zu können. Das betrifft aber auch andere Bereiche, wie zum Beispiel Social Media. Zu sagen: Ich spreche jemanden an, ob er Zeit hat, ein Instagram-Live oder ein YouTube-Video mit mir zu machen, ob ich seine besten Tipps haben darf oder ob ich ihn für meinen Blog interviewen kann. Die Möglichkeiten sind sehr vielfältig. Auch wenn ich diesen pyramidenförmigen Aufbau von bestimmten Branchen nicht mag: Manchmal hilft der Blick nach oben. Man sollte sich die Frage stellen: Warum ist derjenige dort, wo er jetzt gerade ist? Welche Schritte haben dazu geführt? Man kann denjenigen natürlich auch persönlich fragen: „Warum bist du dort hingekommen? Und was hast du gemacht?"

Der dritte Punkt ist, dass ich Menschen meine Dienstleistungen, meine Trainings und Vorträge testen lasse. Ich mache bei ganz vielen Speakern, die ich in meinem Coaching oder Mentoring habe, immer wieder die Erfahrung, dass sie das Gefühl haben, der erste Auftrag bringe ihnen 5.000 Euro. Das ist der völlig falsche Ansatz. Meine Anfänge sahen so aus, dass ich von Dorf zu Dorf gehüpft bin und kostenlose Vorträge gehalten habe. Für mich ging es in erster Linie darum, dass ich eine Menge mitnehme, dass ich erstmal für mich selber lerne und das vielleicht als Akquise-Medium nutze, um Referenzen und Video-Material zu bekommen. Hier würde ich also sagen, dass man die Offenheit besitzen muss, neue Dinge auszuprobieren und manche Leistungen kostenlos anzubieten. Das bedeutet jetzt nicht zwangsläufig, dass ich jeden Tag 30 Leute umsonst coachen sollte. Aber gerade am Anfang ist das ein sehr guter Mechanismus, um seine eigenen Dienstleistungen ein wenig zu testen.

Der vierte Punkt ist, dass ich mir ein einzigartiges Programm überlegen würde, am besten in Kombination mit einer einzigartigen Positionierung. Wir müssen uns im Klaren darüber sein, dass es immer mehr Menschen gibt, die sich in diesen Trainer-, Coaching- und Speaker-Markt reindrängen. Der Platz wird immer enger. Hier kannst du dich nur behaupten, wenn wahrnehmbar ist, wofür du stehst und das dein Programm etwas Besonderes hat. Setz' dich mit Thematiken wie dem USP, aber auch mit dem UAP, also dem Unique Advertising Proposition, auseinander. Mache dir Gedanken, wie du bestimmte Dinge in den Vordergrund stellen kannst, um dich von Anderen abzuheben. Es ist natürlich nicht immer einfach, eine einzigartige Darstellung zu finden, gerade in der Zeit, in der man für alles bereits einen Experten hat. Aber: Muss dein Online-Programm genauso aussehen, wie es bei anderen der Fall ist? Oder kannst du Dinge dort anders machen, um aufzufallen? Kannst du es auch anders vermarkten? Kannst du neue Kanäle nutzen? Irgendwann gab es immer denjenigen, der sich etwas als erstes überlegt hat. Derjenige solltest du sein. Das finde ich einen sehr hilfreichen Gedanken, der einen sehr gut weiterbringen kann.

Kommen wir zu den letzten zwei Fragen. Wie wichtig sind für dich digitale Produkte als Ergänzung in deinem Produkt-Portfolio? Und wie schätzt du deren zukünftige Bedeutung ein?

Was wäre ich für ein Coach und Berater, wenn ich sagen würde, dass sie nicht wichtig sind. Natürlich sind digitale Produkte wichtig und ich glaube, dass die zukünftige Bedeutung immer größer wird. Wir leben im Zeitalter der Digitalisierung, der digitalen Transformation. Alte, ursprünglich analoge Offline-Konzepte werden zunehmend disruptiert. Gerade wenn ich Vorträge zum Thema Digitalisierung halte, ist das ein Thema, mit dem ich mich sehr intensiv auseinandersetze. Das heißt, es wird immer wichtiger, Dienstleistungen dort anzubieten. Während ich früher fast den ganzen Tag im Büro saß und Beratungsgespräche geführt habe, reden wir heute über Online-Trainings etc. An der Stelle finde ich es wichtig, dass man sich im Klaren darüber ist, wie man da genau vorgeht. Ich kann digitale Produkte natürlich als Ergänzung zu meinem Offline-Programm nutzen. Natürlich kann ich sie auch als sogenannte Stand-Alone-Lösungen nutzen. Das heißt, dass ich vielleicht gar keine Offline-Lösungen mehr anbiete, so wie beispielsweise Vorort-Beratungen. Es hängt aber auch immer sehr stark vom Kunden ab. Ich habe viele Großkonzerne, DAX-Unternehmen, große Banken, Telekommunikationsunternehmen, die logischerweise immer noch darauf setzen, ihren Speaker vor Ort zu haben, die ihre Events immer noch vor Ort machen und die noch weit davon entfernt sind, die Events in Online-Events zu transferieren. In dem Bereich wird sich aber noch eine ganze Menge tun. Der gesamte Beratungsmarkt verändert sich sehr stark. Man merkt, dass es immer mehr Konkurrenz, digitale Lösungen, Programme und Seminare gibt. Ich glaube, dass wir da noch ganz am Anfang sind und dass sich aufgrund von künstlicher Intelligenz, Virtual Reality und Augmented Reality, die Dinge noch zunehmend verändern werden. Zum Beispiel, dass wir mit VR-Brillen zuhause auf der Couch sitzen und uns da die neusten Seminarinhalte ansehen oder mit Händen in der Luft zeichnen, um Seminarinhalte auszuwählen oder mit unserem Speaker zu kommunizieren. Aber das ist nicht in allen Bereichen gleich. Gerade wenn ich über intensive Trainings rede, zum Beispiel bei Firmen und Unternehmen, dann werden diese sicher noch eine Zeit lang offline stattfinden. Während Kurz-Coachings, kleine Impulse im Sinne von Webinaren oder Online-Trainings, sicher zunehmend und irgendwann vielleicht nur noch digital stattfinden. Für mich als Speaker, als Keynote-Speaker, ist meine Haupttätigkeit aber definitiv noch offline. Logischerweise nehme ich an Online-Kongressen teil, aber wenn ich über meine großen Aufträge rede, bei Firmen oder auf großen Kongressen, dann ist das noch Old School und offline. Aber der Markt wird sich hier noch verändern. Deshalb finde ich es wichtig, sich mit beiden Seiten intensiv zu beschäftigen. Kann ich beide bespielen? Macht das Sinn, beide zu bespielen? Sollte ich beide voneinander trennen? Oder macht es Sinn, das eine als Ergänzung zum anderen zu sehen? Das sind ganz klassische Geschäftsmodell-Fragen, die ich mir hier als Coach, Trainer, Berater stellen muss und dann einfach schauen sollte, wie ich bestmöglich vorgehe.

Du warst mehrfach als Referent auf unseren Events. Welche Bedeutung haben solche Auftritte als Speaker auf externen Events für dich? Welchen Nutzen ziehst du daraus? Beziehungsweise, warum sollte jemand, der als Speaker/Trainer/Coach erfolgreich sein will, sich bemühen, solche Gastauftritte zu bekommen?

Der allerwichtigste Punkt ist natürlich der, um den es hier auch generell ging: Reichweite erhöhen. Wenn ich auf solche Events gehe, dann kann ich meine Reichweite erhöhen, allein dadurch, dass ich einfach wesentlich mehr Menschen um mich herum habe, mit denen ich mich connecten kann. Das Connecten kann natürlich sehr unterschiedlich aussehen. Wir müssen auch ehrlich sein: Nicht jedem liegt es, auf solchen Events zu netzwerken. Für mich ist die Teilnahme an solchen Veranstaltungen aber einfach aufgrund meines eigenen Unternehmensaufbaus ein ganz großer Bestandteil meines täglichen Tuns. Darüber hinaus finde ich es auch wichtig, dass ich dort die Möglichkeit habe, mich mit Gleichgesinnten auszutauschen. Das heißt, andere nicht als Konkurrenz zu betrachten, sondern zu sagen: Hey, hier treffe ich andere Coaches oder Speaker und kann mich mit denen austauschen. Wie machst du die Abrechnung mit deinen Kunden? Was rechnest du da und dafür ab? Mit welchen Tools arbeitest du? Wenn du da Leute findest, mit denen du auf einer ehrlichen, offenen, Eins-zu-eins-Ebene kommunizieren kannst, dann wird dich das in deinem eigenen Business sehr weit nach vorne treiben. Mir hilft es heute noch, mich mit Anderen auszutauschen, wenn ich Business-Trips organisiere oder andere Speaker in meinem Mentoring habe. Jedes Mal tausche ich mich mit denen aus und versuche, andere auch an meinen Erfahrungen teilhaben zu lassen. Das sind die Momente, in denen die Leute Blatt und Stift rausholen und anfangen, sich die Sachen aufzuschreiben. Man kann von nichts besser lernen, als von der Erfahrung, die andere schon gemacht haben. Dadurch kann ich von der Schnellstraße auf die Autobahn wechseln und den einen oder anderen einfach überholen, der diese Erfahrungen noch machen muss.

Was ich als Speaker auch wichtig daran finde, auf solchen Events zu sein, ist, sich andere Vorträge anzuschauen. **Ich kann mich am besten positionieren, wenn ich weiß, wie die Konkurrenz aufgestellt ist. Eine gute Positionierung führt natürlich auch zur Differenzierung vom Wettbewerb.** Wenn ich nicht weiß, wie der Wettbewerb positioniert ist, dann fällt es mir auch schwer, mich zu differenzieren. Wenn ich aber weiß, wie andere ihre Vorträge halten, dann ist es für mich wesentlich einfacher, mich von ihnen abzuheben. Darüber hinaus finde ich es auch sehr interessant zu sehen, welchen Vortragsstil andere verwenden. Wie gehen sie vor? Wie eröffnen sie ihre Keynote? Wie interagieren sie mit dem

Publikum? So kannst du ja jedes Mal lernen und dich selber ein Stück weit benchmarken. Als letzten Punkt zu dieser Frage fällt mir ein, dass man den Input auch selber konsumieren kann. Das heißt, ich gehe zwar hin, um zu lernen und mich auszutauschen, aber ich kann auch den Inhalt, den andere transportieren, für mein eigenes Business nutzen. Wenn ich zum Beispiel auf einem Marketing-Kongress oder auf Veranstaltungen wie der Contra bin, dann halte ich zwar meinen eigenen Vortrag, aber ich kann mir andere Vorträge genauso anhören und ein Gefühl dafür kriegen, welche Informationen ich noch nicht hatte.

Das heißt, ich gehe darüber hinaus auch als Besucher hin und ziehe daraus einen Nutzen. Ich habe die Möglichkeit, mich mit anderen auszutauschen und ich habe den Nutzen, meine eigene Reichweite auszuweiten. Gerade wenn es dann um Gastauftritte geht und ich die Möglichkeit habe, mich hier als Speaker oder Experte zu positionieren, ein erstes Feedback einzusammeln, zu sehen, wie ich beim Publikum ankomme, um mich jedes Mal ein Stück weit zu verbessern und zu optimieren. Ich finde, das sind Dinge, die bei solchen Events ganz stark im Vordergrund stehen. Immer wenn ich zu solchen Veranstaltungen gehe, stelle ich mir vorher die Frage, was das Ziel meines Besuches ist. Was könnte ich erreichen und was sind die Schritte, mit denen ich mich nach oben arbeiten kann. Das ist ein bisschen wie bei Super Mario, wo ich mich irgendwann dem Endgegner nähere, nachdem ich mich durch die vorherigen Level durchgearbeitet habe. So komme ich sukzessive mit meinem eigenen Business immer weiter nach vorne und werde nachher für mich merken: Hey, ich bin ein erfolgreicher Coach, ein erfolgreicher Trainer oder ein grandioser Speaker.

© Farina Deutschmann

LAURA MALINA Seiler

Love it, leave it or change it!

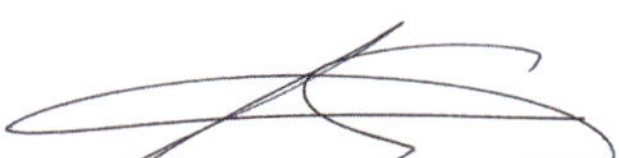

4

LMs

Laura Malina Seiler

Die Kraft tatsächlicher Begegnungen im digitalen Zeitalter

Ein Interview mit Laura Malina Seiler

Nimm uns kurz mit in deine persönliche Geschichte: Wie hat alles angefangen? Was hat für dich den Ausschlag gegeben, dass du Speaker/Trainer/Coach geworden bist?

Mir war sehr lange unklar, was ich mit meinem Leben anfangen und wer ich sein möchte. Ich war mir auch lange nicht über meine schöpferische Kraft bewusst, bis ich angefangen habe, mich mit persönlicher Weiterentwicklung zu beschäftigen und so Stück für Stück selbstbewusster geworden bin. Ich habe plötzlich all diese tollen Tools und Übungen entdeckt, die so viel bei mir verändert haben. Da entstand in mir der Wunsch, persönliche und moderne Spiritualität zum Mainstream zu machen. Mein Wunsch ist es, dass meditieren eines Tages so normal ist wie Joggen zu gehen.

Kannst du dich noch an deinen ersten Kunden/Auftrag erinnern? Und falls ja, wie hast du ihn gewinnen können?

Ja, sehr gut sogar. Mein erster Kunde war Musiker, der mit großer Bühnenangst zu kämpfen hatte. Seine Managerin war eine gute Bekannte von mir und hat mich gebeten, ihm zu helfen, die Angst loszuwerden. Das hat super geklappt und er konnte gar nicht glauben, wie einfach es war, die Ängste aufzulösen.

Wie bist du anschließend weiter vorgegangen? Wie hast du an Reichweite und Bekanntheit gewonnen, welche Marketingstrategien hast du eingesetzt?

Ich wurde immer von meiner großen Vision getragen und habe mich intuitiv von ihr leiten lassen. **Das gesamte erste Jahr meiner Selbstständigkeit habe ich sehr viel kostenlosen und wertigen Content produziert.** Ein Jahr lang habe ich jeden Morgen um sieben Uhr ein Webinar gegeben, habe eigene Veranstaltungen organisiert und angefangen, meinen Instagram-Kanal aufzubauen. Mein Podcast hat schnell an Reichweite gewonnen, weil ihn die Hörer immer weiterempfehlen. Dadurch ist er seit drei Jahren konstant in den Top 10 von iTunes und wird sehr leicht gefunden. Später kam mein erstes Buch hinzu, welches die Reichweite noch einmal vergrößert hat.

Wie würdest du diesbezüglich vorgehen, wenn du heute noch einmal bei null starten müsstest? Welche Strategien würdest du den Lesern empfehlen, um Reichweite und Bekanntheit aufzubauen?

Ich würde empfehlen, dir sehr klar darüber zu werden, warum du tust, was du tust. Wenn du nur Bekanntheit aufbauen willst, wird dich das nicht durch die Momente des Zweifelns oder der Angst führen. Du brauchst im ersten Schritt eine richtig große Vision. Finde heraus, was der Kanal ist, der am besten für dich funktioniert und dann schaffe dort richtig wertvollen Content. **Das wird sich immer auszahlen. Sei verbindlich, in der Veröffentlichung von Content und sei authentisch. Der Kunde merkt sofort, ob du nur etwas verkaufen möchtest oder ob du tatsächlich etwas verändern und helfen möchtest.**

Wie wichtig sind für dich digitale Produkte als Ergänzung in deinem Produktportfolio? Und wie schätzt du dessen zukünftige Bedeutung ein?

Mein ganzes Unternehmen basiert auf digitalen Produkten. Ich trete nur sehr wenig bei Live-Events auf und reise selbst viel, um z.B. Podcast-Interviews aufzunehmen. Ich denke, dass die Bedeutung von digitalen Produkten auch in Zukunft noch zunehmen wird, aber dass trotzdem auch immer das Bedürfnis für tatsächliche Begegnungen bleiben wird. Am besten ist es, eine gesunde Mischung aus Off- und Online-Produkten zu entwickeln.

Du warst mehrfach als Referentin auf unseren Events. Welche Bedeutung haben solche Auftritte als Speaker auf externen Events für dich? Welchen Nutzen ziehst du daraus bzw. warum sollte jemand, der als Speaker/Trainer/Coach erfolgreich werden will, sich darum bemühen, solche Gast-Auftritte zu bekommen?

Ich denke, es ist immer eine schöne Gelegenheit, um mit Menschen vor Ort in Kontakt zu kommen. Man kann persönlich eine ganz andere Verbindung als über den Bildschirm schaffen. Außerdem steigert es natürlich den eigenen Bekanntheitsgrad, weil im Publikum oft Menschen sind, die einen vorher noch nicht kannten.

HERMANN Scherer

Es gibt ein Leben vor dem Tod!

9

HS

Hermann Scherer

Heute nicht auf digitale Produkte zu setzen, ist mit Sicherheit der Verlust einer enormen Umsatzquelle

Ein Interview mit Hermann Scherer

Nimm uns kurz mit in deine persönliche Geschichte: Wie hat alles angefangen? Was hat für dich den Ausschlag gegeben, dass du Speaker/Trainer/Coach geworden bist?

Ich habe tatsächlich als Lebensmitteleinzelhändler angefangen und hatte eine Mitarbeiterin, mit der ich überhaupt nicht zurechtgekommen bin. Allerdings hatte ich auch keine Ahnung von Personal- oder Menschenführung. So entschloss ich mich, einen Kurs zu besuchen, um diese Fähigkeiten zu verbessern. Ich entschied mich für den Kurs von Dale Carnegie zum Thema Persönlichkeitsentwicklung und Menschenführung. Im Folgekurs habe ich dann schon als Assistent gearbeitet und im darauffolgenden Kurs wiederum als leitender Assistent. Anschließend entschied ich mich, eine Trainerausbildung bei Dale Carnegie zu absolvieren. Wenig später war ich auch schon ausgebildeter Trainer und am Ende sogar Ausbilder für die Trainer von Dale Carnegie in Europa. Insgesamt habe ich 14 Jahre lang Dale Carnegie Trainings organisiert, veranstaltet und im deutschen Raum durchgeführt.

Das war der erste Schritt zum Trainer. Bei einer ganztägigen Trainingsveranstaltung stellte ich fest, dass die Akquise für eine solche Veranstaltung sehr mühevoll ist. Besonders, wenn du gute Leute bekommen und ein entsprechendes Programm planen willst - vor dem digitalen Zeitalter war das noch etwas schwieriger. Für diese Veranstaltung wollte ich als Highlight einen Gastredner einladen, der das Publikum auflockert und das Ganze ein wenig runder gestalten sollte. Die gesamten Einnahmen des Tages lagen bei 5.000 DM. Das weiß ich noch so genau, weil der Gastredner für die eine Stunde Auftritt 5.000 DM verlangt hat - ich habe ihn trotzdem gebucht. Er ist also aufgetreten und hat eine Stunde lang ein bisschen was erzählt, meiner Meinung nach aber nichts besonders Aufregendes. Am Ende hat er obendrein noch seine Bücher verkauft, schätzungsweise für weitere 5.000 DM.

Das Fazit dieses Tages war, dass ich einen Tag lang Arbeit und Sorgen hatte, um überhaupt die Veranstaltung mit Teilnehmern zu besetzen und diese dann mit inhaltlich interessanten Themen zu gestalten. Mein Gast-Speaker hat in einer Stunde 10.000 DM verdient und am Ende war mein Ertrag gleich Null. Danach war mir klar: Wenn Speaker sein so einfach ist und in meinen Augen, im Vergleich zu einem Training oder einem Coaching, so ungerecht vergütet wird, dann werde ich Speaker. Ich habe beschlossen, meine Trainerkarriere an den Nagel zu hängen und habe nach 14 Jahren bei Dale Carnegie Training gekündigt. Ich begann als Speaker weiterzuarbeiten und habe mich auf klassische Speaker-Aufträge konzentriert. Solche Auftritte werden übrigens auch immer kürzer. Früher war es üblich, dass man für 90 Minuten bis drei Stunden gebucht wird. Heute werde ich öfters für 45 Minuten oder eine Stunde gebucht. Mein kürzester Auftrag, wohlgemerkt bei vollem Honorarsatz, lag bisher bei 18 Minuten.

Kannst du dich noch an deinen ersten Kunden/Auftrag erinnern? Und falls ja, wie hast du ihn gewinnen können?

Ich kann mich noch sehr gut an meinen ersten Auftrag als Speaker erinnern, das war für eine Tupperware-Bezirkshandlung. Natürlich war ich sehr aufgeregt und habe mich optimal darauf vorbereitet. Diesen Auftrag habe ich mehr oder weniger kostenlos angenommen, um mich einfach als Person präsentieren zu können - es gibt ja diesen schönen Spruch "Bühne bringt Bühne" und ich wollte eben einmal auf so einer Bühne stehen. Für den Auftritt hat man mir 300 Euro bezahlt. Das war eine Pauschalvergütung für die Reisekosten und das Material. Ich war ein Perfektionist und wollte natürlich unbedingt gut abschneiden. Das Material hat mich allein schon 700 Euro gekostet und meinen gesamten Tagessatz überschritten. Durch diesen Einsatz habe ich es aber im Endeffekt geschafft, bei Tupperware einzusteigen. Da es bei dem Unternehmen sehr viele Bezirkshandlungen gibt, bin ich dementsprechend viel rumgekommen und habe meine Honorare ein wenig anpassen können. Ich war unheimlich stolz darauf, einer der wenigen externen Redner für Tupperware gewesen zu sein und habe dafür alles gegeben. Damit ich überhaupt das ganze System des Unternehmens verstehe, bin ich auch selbst Gastgeber für Tupperware geworden, habe Leute zu mir eingeladen und die Produkte verkauft. So habe ich den perfekten Einstieg in die Materie gefunden und konnte einen großen Mehrwert liefern.

Wie bist du anschließend weiter vorgegangen? Wie hast du an Reichweite und Bekanntheit gewonnen, welche Marketingstrategien hast du eingesetzt?

Es ist wirklich unglaublich, wie gut das Speaker-System funktioniert. Ich habe zwei Thesen, wie Redner sich verkaufen. **Die wichtigere These ist „Bühne bringt Bühne". Das bedeutet, je sichtbarer man ist, desto mehr wird man gebucht.** 70 bis 80 Prozent meiner Vorträge habe ich dadurch bekommen, dass Menschen mir sagten: „Scherer, ich bin gerade in deinem Vortrag gewesen. Ich möchte genauso einen Vortrag bei mir in der Firma haben." **Das Besondere ist, dass wirklich alle Interessenten den gleichen Vortrag haben wollen – Vorträge sind demnach Markenprodukte. Sie werden nicht verändert, sondern sie entwickeln sich weiter.** Das ist wie bei Champagner: Alle großen Marken sind in der Regel klassische Produkte. Sie werden so zusammengesetzt, dass sie immer gleich schmecken, denn die Kunden, die sich einmal im Jahr Champagner zu Weihnachten oder Silvester gönnen, wollen das gleiche Geschmackserlebnis haben, wie im Jahr zuvor. Ein Markenprodukt erkennt man daran, dass es immer die gleiche Qualität hat - bei Rednern ist dies ähnlich. Sie präsentieren, mehr oder weniger, immer den gleichen Inhalt. Anfangs ist das aber natürlich schwierig, denn wenn du nicht auf der Bühne bist, kannst du auch keine Aufträge bekommen. Demnach ist der erste entscheidende Schritt: die Akquise. Ich denke, dass diese Produkte schwer zu verkaufen sind, weil der Impuls dazu vom Kunden kommen muss und nicht vom Verkäufer gesetzt werden darf. Die zweite These ist also, nicht auf den Verkauf, sondern auf das Marketing zu setzen. Um mein Marketing zu erweitern, habe ich stark auf das Thema Buch gesetzt. Ich habe tatsächlich 50 Bücher geschrieben. Ein Buch zu schreiben ist wirklich einfacher als man denkt, wenn man weiß, wie es geht. Ich habe versucht, durch diese Bücher eine große Sichtbarkeit herzustellen, um dadurch wiederum Aufträge zu generieren. Dabei ist übrigens ein Punkt ganz entscheidend. Wenn wir uns die heutige Generation von Speakern anschauen, dann glaube ich, vergessen viele eine wichtige Umsatzgröße. Die Redner konzentrieren sich sehr auf die öffentlichen Kongresse und Konferenzen, was vollkommen in Ordnung ist. Doch dieser Markt ist ein wesentlich kleinerer, als der von firmeninternen Veranstaltungen. Diese sind weder online noch offline öffentlich sichtbar, weil sie lediglich im Intranet oder in der Kundendatei der Unternehmen zu finden sind. Diese Auftraggeber haben ein hohes Budget für solche Veranstaltungen zur Verfügung, das heißt, dass sie in der Regel viel Geld in Redner investieren. Wir sprechen hier von Tagessätzen im fünfstelligen Bereich. Diese Gruppe von Veranstaltern wird heute kaum wahrgenommen. Wenn ich auf mein Leben zurückblicke, habe ich sehr viele Vorträge gehalten, weit über 3.000 vor über einer Millionen Menschen. 90 Prozent dieser Aufträge fanden auf unbekannten Bühnen statt. Das sind nach wie vor Märkte, die entscheidend sind.

Wie würdest du diesbezüglich vorgehen, wenn du heute nochmal bei null starten müsstest? Welche Strategien würdest du den Lesern empfehlen, um Reichweite und Bekanntheit aufzubauen?

Wenn ich heute noch einmal bei null starten müsste, würde ich als Allererstes viel größer denken. Anfangs war ich in einem Team von sechs Leuten tätig. In dieser Gruppe haben wir einen Jahresumsatz von 100.000 Euro oder 200.000 Euro generiert. Wir haben uns zusammengesetzt und über Dinge sinniert, die möglich sein könnten. Wir sind sogar auf die Idee gekommen, dass ein Umsatz von einer Millionen Euro pro Jahr möglich sein könnte. Dieser Gedanke war aber so unsinnig, dass aus der damaligen Gruppe nur einer übrig geblieben ist: ich. Die anderen sagten, dass so ein Umsatz völlig unrealistisch ist. Es war aber mein Glaubensmuster, welches ich mir sehr lange beibehalten habe. Ich habe danach übrigens einige Jahre lang, immer eine gute Millionen Umsatz gemacht, mit einer Kostenstruktur, die sich auf eine Assistentin und ein Auto beschränkte. Heute würde ich aber nie wieder so klein denken. Durch viele meiner Kunden weiß ich heute, dass es leicht ist, zehn oder 20 Millionen Euro zu verdienen und vielfach mehr möglich ist, wenn wir in das Speaker- und Veranstaltergeschäft einsteigen. Das erfolgreichste Beispiel der Welt ist natürlich Tony Robbins, der allerdings nicht als Redner Millionär geworden ist, denn das haben schon viele geschafft. Tony Robbins ist mit seinen Veranstaltungen und Speakings Milliardär geworden. Wir reden hier also über einen Rahmen, bei dem viele überhaupt nicht wissen, was alles möglich sein kann. Ich darf mit Recht darüber sprechen, da ich die Ehre habe, in der Liste „Top 100 Erfolgstrainer" des Erfolg Magazins auf Platz drei zu stehen. Um meinen Platz geht es aber gar nicht so sehr. Ich genieße hier das Vertrauen, welches ich von den Menschen erfahre, die ich auf ihrem Weg zu den Top 100 begleiten durfte.

Daraus lassen sich zwei Erkenntnisse ziehen. Zum einen ist es ein Projekt, das aus vielen einzelnen Punkten besteht. Ich bekomme häufig die Frage gestellt, was mein Erfolgsrezept ist. Ich gebe darauf bewusst keine Antwort, weil es in meinen Augen nicht dieses eine gibt. Es gibt viele verschiedene Hebel, die man betätigen muss. Die Krux an der Sache ist, dass man mehr oder weniger alle Hebel gleichzeitig in Bewegung setzen muss, damit alles funktioniert. Ich erlebe viele Menschen, die sagen „Ich schreibe jetzt mal ein Buch und schaue was passiert. Dann gehe ich zu einer Rednerагentur und später mache ich einen Podcast und schaue was passiert." Natürlich passiert immer was, aber meistens relativ wenig. Die große Kunst liegt darin, alle Hebel zu bewegen. Das braucht dann sicherlich zwei bis drei Jahre, um eine gut funktionierende Marke aufzubauen. Die Digitalisierung hilft uns allerdings dabei, dass es immer schneller geht. Es gibt allerdings auch eine alternative Lösung, bei der man nicht alle Hebel gleichzeitig in Gang setzen muss. Hierzu stelle ich immer gerne die Frage: „Wie lange und wie schnell lernen Menschen?" Meistens bekomme ich die Antwort, dass es lange dauert. Wir denken häufig an unser Schulsystem: 13 Jahre und danach wissen wir immer noch wenig. Also dauert es länger, bis wir als Marke erfolgreich sind. Es gibt hierzu aber einen Gegenentwurf, der zeigt, dass wir sehr schnell lernen können. Wenn Kinder ihre Hände auf eine heiße Herdplatte legen, lernen sie innerhalb einer Millisekunde, dass sie das nie wieder tun sollten. Meine Empfehlung, wenn man als Marke oder Redner durchstarten will: Finde heraus, was deine „heiße Herdplatte" ist. Also was kann ich tun, welche Story kann ich entwickeln, um sichtbar zu werden? Ein Beispiel: Ich kenne einen Redner, der das Silicon Valley besucht hat, um sich dort einmal umzuhören: „Wie geht Silicon Valley? Wie denke ich dort? Was passiert da?" Er hat Leute interviewt und sich die Firmen angeschaut. Dann ist er nach Deutschland gekommen und sagte: „Ich weiß jetzt, wie das funktioniert und ich erzähle euch, wie es geht." Er bekam eine Kolumne im Hamburger Abendblatt und in einem Wirtschaftsmagazin. Dieser Redner hält heute Vorträge, frei nach dem Motto „Denken und arbeiten wie im Silicon Valley", was alle interessiert. Mit dieser „Herdplatten"-Reise nach San Francisco ist er tatsächlich stärker geworden. Je verrückter die Reisen und Aussagen, desto besser.

Ich stelle fest, dass die meisten Menschen zu sehr im Mainstream sind und zu viel das wiederholen, was alle schon wissen. Martin Luther hat damals die Kirche in zwei Organisationen gespalten, weil er seine Thesen an die Kirchentür genagelt hat. Ich glaube, dass es nicht wegen der Thesen funktioniert hat, sondern wegen der Radikalität und den Provokationen, die in den Thesen standen. **Je provokativer und progressiver Thesen sind, vorausgesetzt sie stehen in einem vernünftigen Zusammenhang, desto eher bin ich sichtbar und werde wahrgenommen.** Das ist einer der entscheidenden Punkte. Ganz zu schweigen davon, dass ich heute natürlich auf die Digitalisierung setzen würde. Es war nie so leicht wie heute, Veranstaltungen zu füllen. Wir haben Zugriffsmöglichkeiten, die es früher nicht gab und ich möchte beschwören, dass dieser Markt noch nicht mal zehn Prozent seiner Reife erreicht hat. Es gibt immer mehr Menschen, die Speaker werden wollen. Ich bilde unter anderem auch zum Speaker aus. Da merke ich, dass es den Menschen gar nicht so schwer fällt, gut zu reden. Das ist auch nur ein kleiner Teil meiner Ausbildung. Der Hauptbestandteil sind die Fragen: Wie verkaufe ich mich besser? Wie werde ich gebucht? Wie werde ich sichtbar? Wie kann ich mich inszenieren? Wie kann ich diese heiße Herdplatte entwickeln, um dann von Kunden angefragt zu werden?

Wie wichtig sind für dich digitale Produkte als Ergänzung in deinem Produktportfolio? Und wie schätzt du dessen zukünftige Bedeutung ein?

Keine Frage, ich halte digitale Produkte für sensationell. Wir haben dadurch die Möglichkeit, unser Wissen an den gesamten deutschsprachigen Raum zu verkaufen, ohne irgendwo hinfahren zu müssen. Das heißt, wir können digitale Produkte nutzen, um E-Mail-Adressen zu sammeln oder um weiteres Wissen zu verkaufen. Ich bin überrascht darüber, wie hochpreisig heute Produkte verkauft werden können, die materiell sehr wenig Wert besitzen, beispielsweise Online-Kurse. Es gibt viele Kollegen, inklusive mir selbst, die mittlerweile Online-Kurse im vierstelligen Bereich verkaufen. Alles läuft automatisiert und generiert passives Einkommen. Ich habe mir sagen lassen – ich weiß nicht, ob es stimmt – dass es einen Speaker gibt, der nur mit Online-Produkten pro Jahr 500 Millionen macht. Selbst wenn es nur 50 oder fünf Millionen wären, sind das Summen, die mehr als erträglich sind. **Heute nicht auf digitale Produkte zu setzen, ist mit Sicherheit der Verlust einer enormen Umsatzquelle.**

Du warst mehrfach als Referent auf unseren Events. Welche Bedeutung haben solche Auftritte als Speaker auf externen Events für dich? Welchen Nutzen ziehst du daraus bzw. warum sollte jemand, der als Speaker/Trainer/Coach erfolgreich werden will, sich darum bemühen, solche Gast-Auftritte zu bekommen?

Ich habe die große Ehre gehabt, auf euren Events zu sprechen. Das war mir immer eine besondere Ehre und Freude. Nicht zuletzt, weil alle diese Events sensationell organisiert waren und auch ein außergewöhnlich gutes Publikum vor Ort war. **Diese Auftritte sind immens wichtig, denn sie bringen Sichtbarkeit. Bühne bringt Bühne. Sie machen Menschen zu Fans. Sie geben einem die Möglichkeit, neue Kontakte zu pflegen und Adress**en zu sammeln. Das bringt in Sachen Monetarisierung und Sichtbarkeit einen ordentlichen Schub. Darum empfehle ich, jede Bühne für sich zu nutzen. Es müssen am Anfang gar nicht die ganz großen sein. Jeder, der als Redner durchstarten will, sollte auch die kleinen Bühnen nutzen, auch wenn es nur die von Volkshochschulen, Serviceorganisationen, Vereinigungen oder Gewerbevereinen sind. Es hilft sehr, Vertrauen zu sich selbst aufzubauen, einen Vortrag einzuüben und um schlichtweg die Souveränität auf der Bühne auszubauen.

Du hast in der Vergangenheit schon mehrere Tiger Awards gewonnen und warst Teil unserer RED FOX Award Jury. Welche Bedeutung haben Awards für angehende Speaker/Trainer/Coaches hinsichtlich Reputation, Branding und Positionierung?

Ich bin sehr dankbar, dass ich bereits mehrfach den Tiger Award gewonnen habe und in der Jury dabei sein durfte. **Preise fördern das Vertrauen in einer Welt, in der sich Marken immer wieder neu inszenieren können.** Anfangs ist oft noch nicht klar, ob eine Marke wirklich eine gute Qualität aufbringen kann. Awards sind in der Regel gute Beweise dafür, dass jemand gute Qualität abliefert. Meine Awards habe ich nie gezählt, aber ich habe einen eigenen Raum, in dem Diplome und Auszeichnungen Platz finden. Das sind mittlerweile über 100. Ich möchte mir darauf nichts einbilden. Sie waren einfach eine lange Zeit ein wichtiger Bestandteil, um meine Kunden davon zu überzeugen, dass ich gute Vorträge abliefern kann. Zudem kann ich sie damit überzeugen, dass ich nachhaltig und langfristig an der eigenen Entwicklung interessiert bin und meine Leistungen somit voranbringe. Damit merke ich auch, wie ausschlaggebend jede Art von Außenwirkung ist. Ich habe mittlerweile eine kleine Fernsehsendung bei Hamburg 1 und sende täglich eine Stunde. So etwas ist auch ganz entscheidend, um sichtbar zu sein. Übrigens geht es nicht nur um die klassischen Awards, die wir materiell verliehen bekommen. Ebenso wichtig ist es, dass wir zum Beispiel bei einer Fernsehsendung eingeladen werden. Wenn Menschen uns fragen, sei es ein Radiosender oder es ein Fernsehsender, ob wir bei deren Sendungen dabei sein wollen, dann ist das eine mindestens genauso wertvolle Auszeichnung. Schließlich zeigen sie Interesse an uns und daran, dass wir unsere Marke weiter vorantreiben wollen.

ALEXANDER
Krunic

Erfolg ist kein Zufall

Alex K.

13
AK
Alexander
Krunic

Wie Du – quasi über Nacht – zur anerkannten Autorität in Deiner Branche wirst

Ein Beitrag von Alexander Krunic

Wenn Du etwas *weißt* oder etwas *kannst* (also Wissen oder Fähigkeiten) hast für die irgendjemand irgendwo auf der Welt bereit ist, Geld zu bezahlen, kannst Du damit – auch nebenbei – Dein eigenes Experten-Business aufbauen. Und mit Hilfe des Internets und der *Expert Success Formel* ist das leichter, lukrativer und vor allem schneller als je zuvor möglich. Manchmal sogar buchstäblich über Nacht.

Wie kann das „über Nacht" gehen?

Es gibt keine magische Pille oder Spritze, mit der man jemandem über Nacht Erfolg, Expertenwissen oder Erfahrung einimpfen kann. Das ist aber typischerweise auch nicht der Engpass der Unternehmer/innen, mit denen ich seit mehr als 25 Jahren arbeite. Die wissen viel und die können viel – und trotzdem stecken sie in einem Hamsterrad fest und verdienen oft erstaunlich weg! Was ihnen fehlt ist nicht noch mehr Fachwissen, noch ein Studium, noch eine Fortbildung, noch ein Diplom an der Wand oder „Buchstabensalat" vor oder hinter dem Namen. Und auch nicht mehr Erfahrung (manche nennen das Erfahrung, was sie 20 Jahre lang falsch gemacht haben).

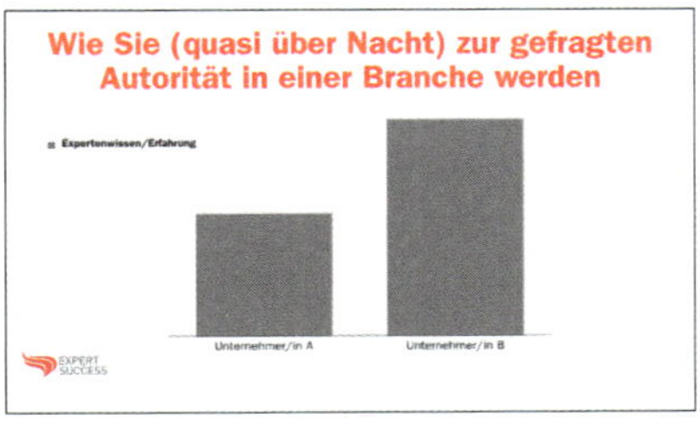

Nehmen wir als konkretes Beispiel Steuerberater A und Steuerberater B (und falls Du nicht Steuerberater/in bist, ersetze das Wort einfach). Die in der Grafik dargestellte Fläche entspricht der Erfahrung und dem Expertenwissen von Steuerberater A und Steuerberater B. Letzterer verfügt über deutlich mehr. Aus Sicht eines Klienten, der einen Steuerberater sucht, wäre die logische Wahl immer Steuerberater B. Wenn ich dieses Beispiel in meinen Webinaren bringe, dauert es keine 20 Sekunden, bis jemand einwendet: „Aber nur, wenn Steuerberater B nicht teurer ist". Das ist ein großer Irrtum, wie jeder leicht an sich selber nachvollziehen kann: Niemand von uns trifft seine Kaufentscheidungen wirklich auf Basis des günstigeren Preises, selbst passionierte Schnäppchenjäger nicht immer. Der Preis eines Produkts oder einer Dienstleistung ist immer nur dann kaufentscheidend, wenn nichts Anderes relevant(er) ist. Da dieses Thema den Rahmen hier sprengen würde, nehmen wir einfach einmal an, dass

Steuerberater A und B das gleiche Honorar berechnen. Warum bekommt in der Praxis Steuerberater B nicht alle Klienten?

Wahrnehmung = Realität

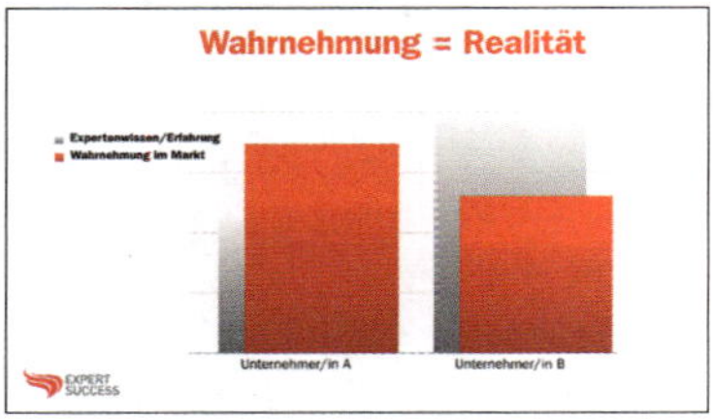

Weil das „objektiv" vorhandene Expertenwissen und die Erfahrung der beiden Steuerberater aus Sicht potenzieller Klienten nie transparent und, wenn diese nicht selber kundig auf diesem Gebiet sind, auch nicht bewertbar sind. Und wenn aus Sicht des Marktes, eines Kunden, Patienten oder wie in unserem Beispiel eines Klienten Steuerberater A als kompetenter und erfahrener wahrgenommen wird, dann fällt plötzlich die „rationale" Entscheidung gegen den besser ausgebildeten und erfahreneren Steuerberater B. Das kommt vielen ungerecht vor, die besser ausgebildet sind, bessere Leistungen erbringen, mehr Erfahrung haben und trotzdem links und rechts von Mitbewerbern überholt werden, denen sie vielleicht im Studium noch Nachhilfe geben mussten.

Anstatt sich über die Ungerechtigkeit der Welt zu beklagen, sollte, wer so denkt, das einfach als Naturgesetz der Wirtschaft akzeptieren und sich zunutze machen. Denn wer ohnehin mehr weiß und mehr kann als seine Mitbewerber, hängt diese automatisch ab sobald seine Wahrnehmung im Markt das widerspiegelt. Genau das leistet Expert Success.

Mehr Zeit, mehr Geld, mehr Freiheit

Wer Unternehmer/innen, Freiberufler, Selbständige heute nach ihrem drängendsten Problem befragt, bekommt in der Regel eine von zwei Antworten

1. zu wenig Geld
2. zu wenig Zeit

Manchmal bekommt man auch beide Antworten von der selben Person, sprich: Viele arbeiten mehr Stunden als ihnen lieb ist und trotzdem bleibt unterm Strich (viel) zu wenig Geld übrig. Wie kann das sein, wo doch ganze Bibliotheken und Legionen von Coaches einem zeigen, wie man erfolgreich wird und Wissen scheinbar zum Nulltarif rund um die Uhr verfügbar und nur einen Klick oder Swipe mit dem Finger entfernt ist?

Wissen ≠ Macht

Ein Grund dafür ist, dass Wissen eben nicht Macht ist, wie unsere Großeltern oder Lehrer uns erzählt haben. Früher, als Wissen nur einer kleinen Elite zugänglich war, mag das vielleicht anders gewesen sein. Doch schon lange vor Google konnte sich jeder – zumindest in unseren Breitengraden – für ganz kleines Geld zu praktisch jedem Thema Wissen in Taschenbuchform leisten oder in einer öffentlichen Bibliothek ausleihen. Und trotzdem sind wir nicht alle mega-erfolgreich, wohlhabend, topfit, ernähren uns gesund, führen motivierte Mitarbeiter und nur glückliche Beziehungen… **Wissen ist nicht Macht, sondern nur angewandtes Wissen ist Macht!**

Als Herausgeber von business bestseller, dem größten deutschsprachigen Business Buchmagazin, beschäftige ich mich seit über 30 Jahren damit, aus der Flut an Informationen relevantes Wissen „herauszudestillieren“ und in meinen Seminaren und Coachings die Brücke vom Wissen zur Umsetzung in unternehmerischen Erfolg zu schlagen. Hermann Scherer hat mir deshalb einmal in einem Interview für den TV-Sender „Hamburg 1“ den Titel „Unternehmer-Macher“ umgehängt, bei dem ich zwar immer noch ein bisschen rot im Gesicht werde, mit dem ich mich aber voll identifizieren kann. Leider ist es vielen schon zu mühsam, sich Wissen anzueignen. Und die Arbeit und Zeit für die Umsetzung zu investieren, noch viel mehr. Und deshalb bleiben viele auch im Hamsterrad stecken und erwirtschaften so wenig, dass sie ein Corona-Lockdown von wenigen Wochen in eine existenzielle Notlage bringt.

Was Unternehmer/innen wirklich verdienen

Die Einkommensstatistiken in Ländern wie USA, Großbritannien, Deutschland oder Österreich zeichnen seit Jahrzehnten ein – prozentual – fast unverändertes Bild über alle Branchen hinweg: 80 Prozent der Unternehmer/innen kommen mehr schlecht als recht über die Runden. Sie brauchen die Umsätze des laufenden Monats, um die Rechnungen des Vormonats bezahlen zu können. Und die restlichen 20 Prozent darüber gliedern sich noch einmal stark auf: Ein mageres Prozent liegt unangefochten an der Einkommensspitze, vier Prozent mit deutlichem Abstand über den 15 Prozent darunter. 2018 habe ich mir für einen Vortrag einmal die absoluten Zahlen zu diesen Prozentwerten vom Statistischen Zentralamt der Republik Österreich aus dem damals aktuellsten Einkommensbericht auswerten lassen. Hier das an der Basis um fünf Prozent „bessere“, aber immer noch ernüchternde Ergebnis für Österreich:

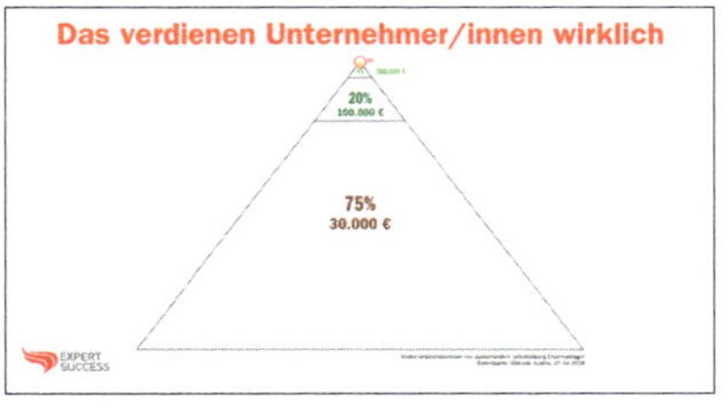

75 Prozent aller Unternehmer/innen in Österreich (also Menschen, die kein anderes Einkommen neben ihrer selbständigen, gewerblichen Tätigkeit beziehen) verdienen weniger als 30.000 Euro brutto im Jahr (!). 20 Prozent kommen bis 100.000 Euro Jahreseinkommen, bevor die Steuer zuschlägt, vier Prozent bis maximal 300.000 und nur ein Prozent liegt darüber. Wie unterscheidet sich dieses eine Prozent von allen anderen Selbständigen? Was machen die vier Prozent oder auch die 20 Prozent anders? Mit dieser Frage beschäftige ich mich seit mehr als einem Vierteljahrhundert.

Was erfolgreiche Unternehmer/innen anders machen

Der fundamentale Unterschied ist für viele gar nicht so leicht anzunehmen: Es sind nicht die Gene und es ist kein Zufall, ob jemand in den 20 Prozent an der Spitze landet oder in der armutsgefährdeten großen Masse der 80 Prozent. Die an der Spitze hatten nicht „Glück“ – außer vielleicht manche das sprichwörtliche „Glück des Tüchtigen“. Sie denken anders und sie handeln anders als der Rest der Unternehmer/innen:

3. Sie erschaffen eine persönliche Marke (im Internet)
4. Sie bauen eine strategische Produktpalette
5. Sie haben loyale Kunden und begeisterte Fans

Wer heute als Unternehmer, Selbständiger, Freiberufler nicht das Geld verdient, das er sich vorstellt oder mehr arbeitet, als ihm lieb ist, muss an diesen drei Stellschrauben ansetzen - nicht an 27 anderen, sondern genau an diesen drei.

1. Die persönliche Marke (im Internet)

Eine persönliche Marke zu erschaffen bedeutet nicht, zur „Rampensau" zu mutieren und die Bühnen dieser Welt zu rocken, auch introvertierte Menschen können eine starke Marke werden. Und wer heute online immer noch schwach aufgestellt ist oder eine Webseite mit einem Business verwechselt, verzichtet auf enorme Potenziale. Dabei darf aber nicht vergessen werden, dass sich unser Leben nicht online abspielt, sondern immer noch in der realen Welt und dass Geschäfte nicht im Internet, sondern immer noch zwischen Menschen gemacht werden. Eine persönliche Marke und Experten-„Status" reichen alleine aber nicht aus. Jemand kann hohen Experten-Status genießen, 20 Bücher veröffentlicht haben, jede Woche in Talk-Shows und Medien präsent sein und trotzdem vergleichsweise wenig verdienen und in besagtem Hamsterrad gefangen sein.

2. Eine strategisch aufgebaute Produktpalette

Das entscheidende Wort hier ist „strategisch" und mit „Produkten" sind immer auch Dienstleistungen gemeint. Die meisten Selbständigen tauschen „Zeit gegen Geld" und rechnen ihr Wissen oder Können auf Basis von Stundensätzen ab. Selbst wenn mit steigendem Experten-Status höhere Honorare möglich werden, gibt der Markt irgendwann einmal einfach nicht mehr Stundensatz her. Ein strategischer Aufbau mit neuen - auch digitalen - Produktangeboten erlaubt das Durchbrechen der „gläsernen Decke" eines Zeit-gegen-Geld-Geschäftsmodells.

Digitale Produkte allein sind allerdings kein Patentrezept. Denn selbst wenn sich digitale Produkte und Dienstleistungen mit Null Grenzkosten fast beliebig vervielfältigen und automatisiert ausliefern lassen, die Käufer für so ein digitales Produkt bekommt man nicht zum Nulltarif. Jeder, der schon einmal ein eBook, ein Hörbuch, einen Videokurs oder ähnliches produziert und dann trotz eines Millionenmarkts kaum Verkäufe erzielt hat, kann ein Lied davon singen.An meiner aktuellen Expert Success-Produktpalette möchte ich Dir zwei weit verbreitete Irrtümer über strategische Produktentwicklung aufzeigen, die viele eine Menge Geld kosten:

Irrtum 1: Aufbau „von links nach rechts“

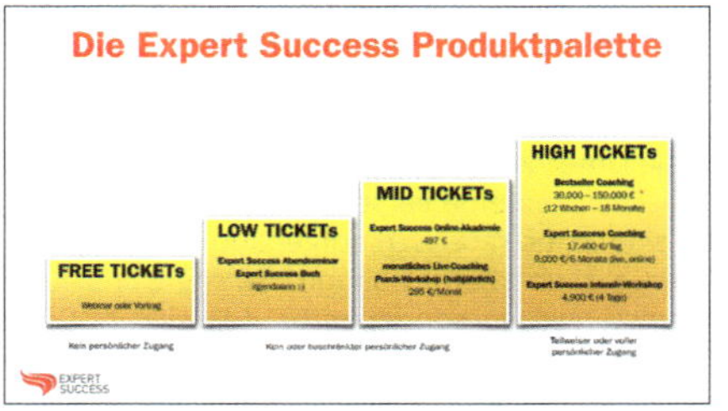

Die meisten Coaches und Kurse empfehlen eine Produktpalette „von links nach rechts“ zu bauen, also von einem Free-Ticket (einem kostenlosen e-Book, Gratis-PDF, Webinar, etc.) über ein Low-Ticket (Buch, Vortrag, Mini-Online-Kurs, etc.) hin zu (mehrtägigen) Workshops, Videokursen für 997 oder 1.997 Euro und Einzelcoaching sowie Mastermindgruppen mit fünf- und sechsstelligen Beiträgen. In der Praxis sehe ich dann viele Unternehmer/innen, die monate- oder jahrelang bloggen, kostenlose Erstgespräche führen und innerlich „ausbrennen“, bevor sie zu mir kommen und beginnen, mit einem Bruchteil an Zeiteinsatz mehr Geld zu verdienen.

In vielen Fällen hilft schon die Produktpalette statt von links nach rechts, von rechts nach links zu bauen und erst einmal jenen, die am meisten von Dir, Deinem Produkt oder Deiner Dienstleistung profitieren können, das Beste, was Du liefern kannst, anzubieten. In meinem Fall sind das (in der Grafik ganz rechts) mein Bestseller- und Expert Success-Coaching für diejenigen, die einen Business Bestseller im Markt platzieren und sich ein Experten-Business aufbauen wollen.

Je nach Ausgangslage, Zielsetzung und gewünschter Begleitung sprechen wir hier von Einzelcoachings, die von zwölf Wochen bis 18 Monate dauern und zwischen 9.000 und 150.000 Euro kosten. Wer das teuer findet, hat damit schon die Antwort darauf, warum sich viele so schwer tun, für ihren eigenen Bereich solche High-Tickets anzubieten. Das Problem ist nicht der Preis, sondern das, was sich dazu bei Dir im Kopf abspielt. Wenn der Wert, den Du lieferst, passt – und davon gehe ich aus – musst Du diesen Wert nur den „richtigen“ Kunden entsprechend kommunizieren. Das nennt sich dann Marketing und sprengt den Rahmen dieses Beitrags. Trotzdem ganz kurz: Wer sich mit seinem Business Bestseller und meiner Hilfe in 18 Monaten ein 500.000, 750.000 oder 1.000.000 Euro Experten-Business aufbaut, empfindet 30.000 oder 150.000 Euro vielleicht immer noch als viel Geld, aber nicht mehr als Kostenfaktor, sondern als Investition.

Irrtum 2: Kein erfolgreiches Experten-Business ohne eigenes Buch

Es mag manche irritieren, wenn ich als Herausgeber des größten deutschsprachigen Business-Buchmagazins das als einen der größten Irrtümer bezeichne. Ganz klar: Ein eigenes (gedrucktes) Buch ist immer noch ein Ritterschlag, eine Visitenkarte, ein Booster für Experten-Status. Wie oben erwähnt ist hoher Experten-Status aber noch lange kein Garant für finanzielle Unabhängigkeit oder zeitliche Freiheit.

Und auch wenn Business-Bücher sehr „zeitökonomisch“ geschrieben werden können (den meisten Büchern sieht man das auch an), brauchst Du als Coach kein Buch, um ein 10.000 Euro Coaching zu verkaufen. Und durch den Buchverkauf Geld zu verdienen, geht für die meisten ebenfalls nicht auf. Ein Sachbuch ist ein Marketinginstrument und das richtige Mindset aus Expert Success-Sicht sollte sein, dass nicht Du das Buch, sondern dass Dein Buch Dich verkauft.

3. Begeisterte Fans und loyale Kunden

Viele Unternehmer/innen glauben, sie bräuchten nur mehr Kunden und ihre Geldsorgen und Zeitprobleme verschwinden. Häufig ist genau das Gegenteil der Fall! Mehr Kunden in ein nicht strategisch aufgebautes Geschäftsmodell zu akquirieren, verschärft oft noch die Geld- und Zeitprobleme. Solche Unternehmer graben sich nicht nur noch tiefer ins Hamsterrad ein, sondern schaufeln sich ihr Grab und bezahlen dann auch noch selber die Werbung dafür. Neue Kunden zu gewinnen, war immer schon der teuerste Weg, mehr Umsatz zu erzielen. Viel schneller, einfacher und kostengünstiger geht das mit bestehenden Kunden. Und auch da ist weniger häufig mehr.

Diese kleine Tabelle zeigt auf einen Blick, was ich damit meine:

1 Kunde	–	€ 1 Million
10 Kunden	–	€ 100.000
100 Kunden	–	€ 10.000
1.000 Kunden	–	€ 1.000
10.000 Kunden	–	€ 100
100.000 Kunden	–	€ 10

Um eine Million Euro im Jahr zu erwirtschaften, reicht ein Kunde, der Dir eine Million zahlt oder 100 Kunden, die Dir 10.000 Euro bezahlen oder eintausend Kunden, die 1.000 Euro zahlen. Mich wundert immer, wie viele stattdessen versuchen etwas für zehn Euro oder für 100 Euro an Mann und Frau zu bringen (womit wir wieder bei Säule 2 wären).

Vom Kennen zum Können

Es reicht nicht, die Expert Success-Formel zu kennen, man muss sie auch umsetzen können. Der Erfolg stellt sich auch nicht einfach ein, indem man diese drei Säulen baut. Man muss sie aufeinander abstimmen und in Einklang bringen wie Zahnräder, die ineinandergreifen müssen, damit der Motor rund läuft. Manchmal genügt es schon, den Sand aus dem Getriebe zu entfernen, um (D)ein Business – wieder oder endlich – ins Laufen zu bringen. In meinen regelmäßigen Online-Trainings sehen wir uns die Umsetzung der Expert Success-Formel im Detail an und dort beantworte ich auch gerne live Fragen dazu: **live.expertsuccess.com**

Mehr über Alexander Krunic: https://AlexanderKrunic.com

BURKHARD Schäling

Nähe powert Energie.
Energie powert Emotionen.
Emotionen powern Erfolge.

15
BS
Burkhard
Schäling

Besser pitchen als Steve Jobs

Ein Beitrag von Burkhard Schäling

Unglaublich. Da ruft mich Florian an und fragt mich so nebenbei, ob ich in die Neuauflage der „Experten Formel" mit einem Beitrag reinspringen will. Reinspringen? „Ja, du hast vier Tage Zeit. Höchstens."

Ich schnappe nach Luft. Dann bin ich spontan dabei. Nicht zuletzt, weil das Manuskript meines Fachbuchs fertig in der Schublade liegt und nur darauf wartet, dass uns Corona wieder die Möglichkeit zum persönlichen Austausch gibt. Denn der Marktstart meines neuen Geschäftsmodells hängt genau davon ab: Von der unbändigen Kraft und dem Erlebniswert der persönlichen Begegnung. Doch dazu gleich mehr.

Eigentlich dachte ich, mir kann in Sachen Präsentieren nichts mehr passieren. Als ehemaliger Marketing-Direktor bei BMW weiß ich doch, wie Folienschlachten geschlagen werden ... bis zum Tiefschlaf.

Aber stellen Sie sich mal folgende Situation vor. Sie haben ein innovatives Produkt im Gesundheitsmarkt entwickelt. Proof of Concept ist geschafft. Jetzt geht's mit dem richtigen Partner in die Vorbereitungen zum Markteintritt. Potenzielle Firmen sind gefunden. Der Termin mit dem Vorstand eines international aufgestellten und milliardenschweren Familienunternehmens steht: In zehn Tagen, mittags beim Italiener. Wow, endlich am Ziel. Ich kann's kaum erwarten.

Dann die totale Ernüchterung. Wie präsentiert man beim Italiener? Haben Sie da neben dem Pizzaofen schon mal einen Beamer an der Decke gesehen? Meine Folien machen sich wirklich nicht gut, knapp über dem bunten Wandgemälde mit dem Heimatdorf in Apulien. Aber ich könnte doch auch mit einem Flipchart die gebannten Augen aller anderen Gäste auf mich ziehen? Natürlich Blödsinn. Also doch den Laptop auf dem weiß gedeckten Tisch aufklappen und zwischen Pasta und Pellegrino die Folien wischen. Aus eigener Erfahrung weiß ich, wohin mein Vorstand nach dem fünften Wischen schaut: auf seine Armbanduhr.

Fünf Tage vor dem Termin immer noch die Leere im Kopf und dieses flaue Gefühl im Magen. Wie wär's, wenn ich einfach eine Geschichte erzähle? Das mächtige Instrument Story-Marketing anwenden. Vision, Zielgruppen, Nutzen lassen sich gut in Worte packen. Aber bei Produktvisualisierung, Marktpotenzialen, Investitionen und Kalkulationen zum Return on Invest geht dann doch die Luft aus. Und so ganz freihändig präsentieren? Entscheidungsträger brauchen Handfestes. Zum Hören gehört Sehen. Das überzeugt. Und das schafft Vertrauen.

Noch drei Tage. Ich bin verzweifelt. Es kann doch nicht sein, dass ich unserem innovativen Geschäftsmodell mit altbackenen Präsentationsformen die Wirkung raube?! Was würde mich beeindrucken? Ich hätte es am liebsten, wenn mir jemand beim Präsentieren in die Augen schaut. Wenn der rote, strategische Faden überschaubar bleibt. Wenn mir die wichtigsten Inhalte so vermittelt werden, dass ich mich später auch noch daran erinnern kann. Halt. Eins noch: Bloß nicht mit diesen ermüdenden Laptop-Präsentationen. Wenn die Dinger aufgeklappt werden, klappe ich zusammen.

Warum kommen die guten Sachen oft erst unter Stress? Bei mir war es jetzt so. Eine Idee überfällt mich. Verblüffend einfach: Karten. Ich übertrage die wesentlichen Bausteine unseres Geschäftsmodells auf handliche Karten, die ich dann am Tisch spielerisch auslege und erkläre. Quatsch. Viel zu einfach, meldet sich der nüchterne Manager in mir. Ich kann doch nicht mit Karten ein marktfähiges Geschäftsmodell ernsthaft und mit Tiefgang in dem Gespräch mit einem Entscheider vorstellen. Da fliege ich doch bei der ersten Karte vom Tisch. Okay, vielleicht geht das ja in einer privaten Situation. Aber bei einem Arbeitsessen sind die Erwartungen klar. Zumal eine Präsentation verabredet ist.

Mich reizt dennoch diese Karten-Idee ungemein. Also muss ich in die Umsetzung. Einfach mal konkret prüfen, ob und wie das geht und wirkt. Zwei Tage vor dem Termin. Ich spiele mit Karten, die so verdammt klein sind. Etwa drei hochkant aneinander gereihte Kreditkarten. Da bleibt nur Platz für wenige Worte, Symbole, Grafiken und ein paar große Zahlen, die die Argumente untermauern. Möglichst einprägsame Bilder. Mit 18 Karten (plus 7 für eventuelles Nachfragen) stehe ich beim Italiener. „Sie sind unbewaffnet?", fragt mich der Vorstand. Er schaut leicht ungläubig.

Ich nippe am Wasser, greife in die Innentasche meiner Jacke und hole meinen kleinen Kartenstapel hervor. Ich fühle die Anspannung. Klappt dieses Experiment? Oder mache ich mit diesen Karten jetzt meine ganze Präsentation zunichte und damit auch meine Reputation? Ich versuche diese Gedanken zu verdrängen und lehne bewusst langsam meine erste Karte an die Wasserflasche. „Unsere Vision ..." Drei Worte und wir sind direkt im Thema. Ich erkläre, warum wir uns damit beschäftigen. Es geht um die Motivation unseres Handelns.

Ein kurzes Stirnrunzeln, ein flüchtiges Lächeln, dann ein Kopfnicken. Der Vorstand rückt heran. Aufmerksam verfolgt er, wie ich die nächste Karte auslege. Diesmal flach auf den Tisch, vor der Karte an der Wasserflasche, so dass sie weiter gut im Blick ist. Ich möchte, dass der rote Faden meiner Präsentation sichtbar bleibt. Dass der Aufbau und die Abfolge meiner Argumente jederzeit offen und nachvollziehbar sind. Vielleicht ein zu mutiger Schritt, aber damit möchte ich auch zeigen, dass alles durchdacht ist, dass wir ein ausgereiftes, marktfähiges Geschäftsmodell haben, von dem wir absolut überzeugt sind. Bloß kein Versteckspiel. Karte für Karte lege ich auf das saubere Tischtuch. Immer so, dass wir den Überblick haben. Einige Karten platziere ich seitlich versetzt: „Wenn Sie die Marktpotenziale vertiefen wollen ..."

„Noch Aqua?" Die Frage des Obers stört nicht. Er schaut auf die Karten, versteht nichts, grinst aber: „Belissima." Die Finger des Vorstands zucken leicht, er greift nach einer Karte, betrachtet sie näher, überlegt, schiebt sie in eine andere Reihenfolge und setzt damit eine eigene Priorität. Nach 17 Minuten ist alles gelegt und beschrieben. Der Vorstand zieht die ein oder andere Karte heran und fragt nach. „Diese Präsentation werde ich nicht vergessen", bekennt er. „Endlich mal was anderes und wirklich überzeugend. Hat echt Spaß gemacht." Gern zaubere ich noch eine Karte aus dem Ärmel und drücke sie ihm in die Hand: „Wenn Sie Ihre Frau heute Abend fragt, was Sie gemacht haben, können Sie ehrlich sagen: ‚Ich habe Karten gespielt'." Mit einem Lachen verabschieden wir uns.

Was ist da passiert? Wie können so kleine Karten so begeistern?

Für mich gibt es eine Erklärung, der wir wohl alle aus eigener Erfahrung zustimmen können. Diese Erklärung beschreibt erstens einen Grund und zweitens eine Sehnsucht.

Der Grund ist, dass wir die üblichen Präsentationen satt haben. Wir leben in einem Zeitalter der Slides und Pitches. In der Geschäftswelt wird gepitcht, was das Zeug hält. Egal, welche Branche oder Funktion, Projekte aller Art werden in Form eines Pitches vorgestellt. Kein Inhalt ist zu schade, keine Form zu laut und – ohne Rücksicht auf Verluste – kein Empfänger zu müde. Die Pitch-Inflation kennt kein Erbarmen und greift bereits ins Privatleben ein. Mit einer PowerPoint-Präsentation animierte die amerikanische Studentin Lizzy Fenton auf Twitter ein Date. Ich glaube nicht, dass die Angabe ihres Brustumfangs auf einer PowerPoint-Seite so viele Glückshormone ausschüttet, dass ein Treffen unumgänglich ist.

Täglich sollen weltweit dreißig Millionen PowerPoint-Präsentationen gehalten werden. Die genaue Zahl ist egal. Die Dimension ist gewaltig genug. Wenn wir unterstellen, dass pro Präsentation jeweils zehn Personen anwesend sind, zählen wir bereits 300 Millionen Menschen. Nach gängiger Meinung schalten 80 bis 95 Prozent der Teilnehmer ab oder schlafen gleich ein. Grob gerechnet kostet der Präsentationswahn die weltweite Wirtschaft fünfeinhalb Milliarden Euro. Pro Stunde.

Alle damit verbundenen Irrwege, Enttäuschungen und Desaster sind mittlerweile bekannt. Wer „richtig präsentieren" googelt, findet fast fünfzig Millionen Treffer. Mit dabei ist eine Mercer-Studie, die herausgefunden hat: Zuhörer einer Präsentation wollen zuerst mal beeindruckt werden. Danach folgt die Unterhaltung, dann die Anregung und erst an vierter und letzter Stelle die Information.

Wenn das alles klar ist, warum präsentieren wir dann eigentlich noch so einschläfernd? Weil wir Menschen uns vor einem am meisten fürchten. Vor der Glossophobie. Der Angst vor anderen zu sprechen. Das, was jeder von uns kennt, steht in Umfragen ganz oben. Deutlich vor Höhenangst, Geldmangel und sogar vor Krankheit und Tod. Und was tun wir dagegen? Wir verstecken uns. Hinter Präsentationstechniken und Folien. Da können wir gemeinsam die Bulletpoints ablesen. Egal, ob auf der großen Leinwand oder dem Display. Bloß keinen Augenkontakt. Ist das wirklich die Verkaufsunterstützung, die uns hilft? Vergessen wir nicht, dass wir analoge Wesen sind. Je mehr digitalisiert wird, desto mehr sehnen wir uns nach Dingen zum Anfassen. Dabei geht es nicht um ein Gegeneinander. Es geht um eine sinnvolle Vernetzung der digitalen mit der realen Welt. Dem Hybriden gehört die Zukunft.

Schauen wir uns unsere Sehnsucht konkret an. Präsentieren wie Steve Jobs. So wie er aus Botschaften Bekenntnisse machen, mit Produkten Träume erfüllen und aus dem Verkauf Begeisterung werden lassen.. Das wär's. Und schon durchwühlen wir Millionen Angebote bei Google. Oder wir kaufen die Tipps und Tricks der Profis - haben aber dann Angst, sie umzusetzen. Weil wir mit unseren Ängsten wieder alleine sind.

Übrigens: Ich möchte nicht wie Steve Jobs präsentieren. Ich möchte wie Burkhard Schäling präsentieren. Glaubwürdig. Steve Jobs selbst hat davor gewarnt: „Deine Zeit ist begrenzt, also verschwende sie nicht, indem du das Leben eines anderen lebst ... den Gedanken anderer Leute folgst." Wir müssen der persönliche Andere sein. Für mich gibt es eine herausragende Eigenschaft, die sowohl die Innovationskraft als auch die Präsentationsstärke von Steve Jobs auszeichnet: Seine Fähigkeit und seinen Drang zum vernetzten Denken auch scheinbar unvereinbarer Dinge. Für Steve Jobs hieß kreativ sein, Dinge neu miteinander verbinden. Innovationen entstehen mehr aus dem Entdecken als aus dem Erfinden.

Wer menschliches Verhalten und Bedürfnisse nicht nur erkennt und versteht, sondern die unterschiedlichsten Disziplinen miteinander verbindet und daraus begeisternde Lösungen kreiert, ist der wahre Meister aller Klassen.

Gut. Der Löwe hat gebrüllt. Aber unser Dilemma ist immer noch nicht gelöst.

Wie können wir denn nun „Besser pitchen als Steve Jobs"? Meine einfache Antwort: Indem wir die Grenzen der Präsentationshilfen neu definieren. Keine neue Technikvariante oder Designspielerei. Die eigentliche Herausforderung ist die Vermittlung von Inhalten – nicht die grundsätzliche Attraktivität der Inhalte. Botschaften werden zu wenig hirngerecht aufbereitet, so dass die Gehirne abschalten. Unser Kopf ist faul. Die hirngerechte Aufbereitung betrifft dabei nicht nur Kernaussagen, Struktur und Bilder, sondern bezieht den gesamten Auftritt, die Präsentationshilfen und das Umfeld mit ein. Hilfen zur Präsentation, die ihren Namen verdienen, müssen Beziehungen aufbauen, nicht stören. Sie müssen emotionalisieren. Es ist und bleibt so. Die Emotionen sind es, die wir behalten und die uns beeinflussen. Mit Handlungen, die uns beeindrucken und denen wir folgen. Alles, was keine Emotion auslöst, ist für unser Gehirn wertlos. Kommunikation ist das Weitergeben von Gefühlen. Denken Sie mal zurück. Die erste Präsentationshilfe, die mir einfällt, ist fast zweieinhalb Jahrtausende alt: Der Stock, mit dem Aristoteles Zeichen in den Sand ritzt, um seine Rede anschaulicher zu machen. Eine Methode, die wir heute noch erfolgreich anwenden, wenn wir unsere Liebe als Herz auf den Boden malen.

Oder denken Sie an die verheißungsvolle Frucht, die Adam so verführt, dass er sogar das Paradies verlässt. Was für eine epochale Wirkung. Bemerkenswert ist sicher noch das standhafte Ei, mit dem Kolumbus Kirche und Königshaus verblüfft und davon überzeugt, dass es einen Unterschied zwischen Worten und Taten gibt.

Was ist seitdem passiert? Nicht allzu viel. PowerPoint ist 33 Jahre alt und hat uns immer noch fest im Griff. Sicher, es gibt hier noch ein bisschen Prezi und dort noch ein bisschen Design. Und dazu Unmengen an Tipps und Tricks für die ultimative Präsentation. Sind die Ratschläge falsch? Nein, aber sie helfen nicht. Präsentieren muss inszenierte Kommunikation sein. Das können wir zwar immer wieder hören und nachlesen aber nur unbeholfen selbst hinkriegen. Wir staunen über Steve Jobs und andere Charismatiker. Aber leider - WIR sind es eben nicht. Stellen Sie sich nun vor, Sie haben eine Präsentationshilfe an der Hand, die Ihnen dabei hilft, entscheidende Eigenschaften ausdrucksstarker und überzeugender Persönlichkeiten mit einfließen zu lassen. Ganz selbstverständlich. Ohne, dass Sie Ihre eigene Persönlichkeit verstecken müssen oder an Glaubwürdigkeit verlieren. Ganz im Gegenteil: Sie gewinnen. Weil Sie mit Ihren Botschaften emotionaler überzeugen. Sie vermitteln von Mensch zu Mensch.

Jetzt kommt „Pitchcard" ins Spiel.

Verstehen Sie Pitchcard als Ihre ganz persönliche Hilfe. Zum einen ist es ein Ordnungs- und Visualisierungs-Programm, mit der die Vorteile Ihres Angebots strategisch sauber, punktgenau und kreativ herausgearbeitet werden.

Zum anderen, und jetzt kommt der entscheidende Punkt:

Pitchcard ist Ihr Caddie. Er plant und bereitet nicht nur alles mit Ihnen vor, sondern begleitet Sie in der Präsentation, geht flexibel auf unterschiedliche Situationen ein und ist eine wertvolle psychologische Stütze. Durch Ihren Pitchcard Caddie wird Ihre Präsentation emotionaler, unterhaltsamer und beziehungsreicher, ohne dass Ihre Botschaften und Inhalte auf der Strecke bleiben. Im Gegenteil, Sie gewinnen an Aussagekraft und Überzeugungsfähigkeit.

Ich möchte hier nur auf zwei Punkte eingehen, die Ihnen zeigen, wie sehr Sie mit Pitchcard die emotionalen Wirkungstreffer verstärken können. Einmal geht es um die **multisensorische Ansprache. „Ein guter Redner kann seine Zuhörer mit den Ohren sehen lassen"**, sagt ein arabisches Sprichwort. Der sogenannte **„Multisensory enhancement effect"** ist eine der ersten Entdeckungen der Neurowissenschaft, die im Marketing für Aufsehen sorgte. Die Verarbeitung von Informationen in unserem Gehirn ändert sich gewaltig, wenn mehr als ein Sinn angesprochen wird. Werden zwei Sinne angesprochen, führt das nicht zu einer bloßen Verdoppelung der Effekte, wie wir annehmen könnten. Bis zum Zehnfachen kann die Wirkung anwachsen. Multisensorik erhöht nachweislich die Emotionalität. Und davon unmittelbar abhängig sind empfundene Produktnutzen, Erinnerungsleistungen und die Akzeptanz. Herausragend ist dabei die Hand-Gehirn-Verbindung. Im Vergleich zu anderen Körperregionen ist sie sensorisch und motorisch besonders stark ausgeprägt. Unsere Hände sind mit nahezu achtzig Prozent unserer Gehirnzellen verbunden. Forschungen zeigen, dass unser Denken im Austausch mit körperlichen Bewegungen und Empfindungen zu einem tieferen Verständnis führen. Dies gilt insbesondere für unsere Hände, die uns enorm helfen, Dinge zu begreifen. Haptik ist unser „Wahrheitssinn". Wir können uns irren mit dem, was wir sehen und hören. Jedoch nicht mit dem, was wir fühlen und tasten.

Der zweite emotionale Wirkungstreffer liegt in der Nähe zueinander. Pitchcard ist Präsentieren in persönlicher Nähe. Eine Nähe, die Sie selbst mit einem Laptop auf dem Tisch nicht erreichen. Im Gegenteil, die Konzentration auf das elektronische Gerät führt in der Regel zu einer emotionalen Distanz. Eine umfangreiche Befragung unter Geschäftsführern großer US-Unternehmen kommt zum Ergebnis, dass Technologien oft nur die Illusion einer zwischenmenschlichen Verbundenheit erzeugen. Tatsächlich fühlen sich die meisten isoliert und wünschen sich viel lieber den realen Austausch. Der Einsatz von Technologien wie Laptops oder Beamer, wird in Gesprächsrunden oft als störend angesehen und der damit empfundene Verlust des unmittelbaren, persönlichen Kontakts beklagt. Mir geht es genauso. Bei einem gemeinsamen Blick auf den Bildschirm bin ich vielleicht auf Augenhöhe mit dem Laptop aber eben nicht in Blickkontakt mit meinem Gesprächspartner. Displays distanzieren im zwischenmenschlichen Bereich, da helfen auch die schönsten

Bilder nicht. Den sogenannten „Nähe-Effekt" beschreiben sozialpsychologische Studien als enge menschliche Bindung. Demnach führen nicht gemeinsame Hobbys oder Interessen zu freundschaftlichen Kontakten, sondern ausschließlich eine räumliche Nähe. Erkenntnisse, die sich die Architektur längst zu eigen gemacht hat. Selbst im digitalsten Ort, dem Silicon Valley. Bei Google müssen sich zwangsläufig auch die introvertiertesten Nerds mit Kollegen treffen. Bei Facebook gibt es so gut wie keine Einzelbüros. Alles wird geteilt, wie in sozialen Netzwerken. Befruchtung braucht räumliche Nähe und die wird architektonisch „erzwungen". Warum?

Unser Gehirn ist mit Schutzmechanismen ausgestattet, die Nähe – vor allem bei Fremden – nicht sofort zulassen. Es könnte ja gefährlich sein. Die Barrieren heißen: Skepsis, Misstrauen, Vorurteil, Langeweile. Es folgt der berühmte Bogen um den anderen. Räumliche Nähe hingegen baut Barrieren ab. Vor allem, wenn Emotionen mit im Spiel sind. Wildfremde Menschen umarmen sich auf der Tribüne, wenn die gemeinsame Fußballmannschaft in der letzten Minute der Verlängerung das Führungstor schießt.

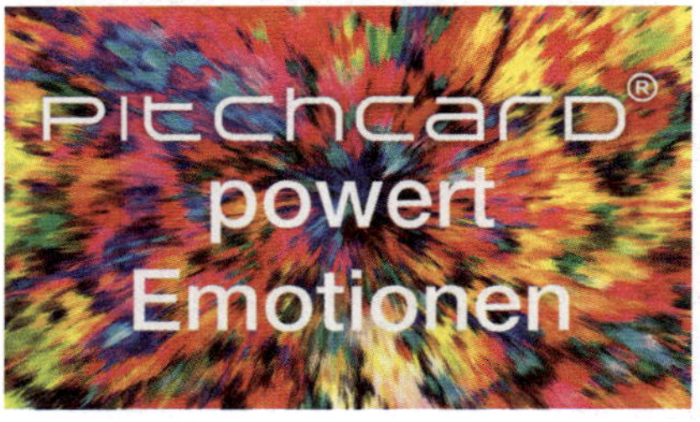

Meine Leidenschaft ist Nähe. Energieaustausch pur. Distanz blockiert. Präsentationen in enger Beziehung erreichen Höchstwerte bei emotionalen Frequenzen. Pitchcard beflügelt Mitgefühle und ist der Schlüssel für Empathie und sympathischen Austausch.

Und jetzt das Beste: Sie müssen nicht Steve Jobs sein. Sie müssen keine Rolle lernen und sich nicht verbiegen. Sie können, ja, Sie müssen (!) sogar Sie selbst sein. Ihr Pitchcard Caddie gibt Ihnen Souveränität im Auftritt, Sicherheit für Ihre Rede, Aufmerksamkeit für Ihre Inhalte und Sympathie für Ihre Präsentation. Verbunden mit einer Prise Humor, die vor allem eins ist: Gewinnbringend. Warum ich so sicher bin? Weil vom „Italiener" bis heute viel passiert ist. Mit einem Team erfahrener Experten wurden unzählige Präsentationen auf Pitchcard-Basis erarbeitet, umgesetzt und erprobt. Mit immer dem gleichen Ergebnis: Sie gewinnen Menschen. Für Ihr Anliegen, für Ihre Idee, für sich.

Mit so viel Begeisterung aus dem Markt wurde das neue Geschäftsmodell „Pitchcard" gegründet und mit vereinten Fachkräften umgesetzt. Denn ich möchte, dass Sie ebenfalls diese Wirkung, dieses Erlebnis und diesen Erfolg für sich nutzen können. Damit das für Sie möglich wird, haben wir ein 3-Stufen-Programm vorbereitet, in das Sie flexibel einsteigen können.

1. Unser Workshop ist ein Denk-, Problemlösungs- und Gestaltungs-Prozess für die Entwicklung und Umsetzung Ihrer Pitchcard. Sie erhalten exklusiv Ihren persönlichen Präsentations-Caddie, mit dem Sie Ihre Ideen, Konzepte und Produkte konkret vorstellen. Nach dem Workshop bekommen Sie Ihre fertiggestellten Pitchcards. Professionell umgesetzt und mit hoher Qualitätsanmutung. Damit können Sie sofort starten.
2. Unser Training können, müssen Sie aber nicht nutzen. Es gibt ja keine Schwächen. Es gibt nur untrainierte Fähigkeiten. Pitchcard ist nicht zum Ablesen. Pitchcard muss erzählt und in eine Story eingebunden werden. Nur so lassen sich alle Vorteile ausspielen. Auch wenn Pitchcard eine große Hilfe ist, da die handlichen Karten spielerisch durch Ihre Präsentation führen und Sie sicherer machen.

So spielerisch der Umgang mit den Pitchcards auch erscheinen mag, er will geübt sein. Hier setzen wir an und wollen Sie mit einem speziellen Training unterstützen. In Rollenspielen schaffen wir eine konkrete Präsentationsatmosphäre, in der Sie mit Pitchcard üben und von uns beraten werden. Dabei nehmen wir uns die Zeit, die Sie brauchen.

3. Unser Coaching ist ein für Sie maßgeschneidertes 1:1 Programm. Sie bekommen einen Coach an Ihre Seite, der mit Ihnen alle Aspekte einer Pitchcard Präsentation intensiv durchspielt. Unser Coach begleitet Sie und hilft Ihnen, individuelle Wege und Lösungen zu finden und umzusetzen.

Wir orientieren uns dabei an Ihren Bedürfnissen. Sie geben Schwerpunkte und Zeit vor. In einem Abstimmungsgespräch werden die Unterstützungsmaßnahmen festgelegt. Unser Ziel ist es, Sie bei der Durchsetzung Ihrer Präsentationsinhalte fit zu machen. Sie entscheiden, ob unser Coaching ein einmaliger und starker Impuls ist oder in Intervallen fortgesetzt wird.

Alles bereit, um frischen Wind in die erstarrte Präsentations-Landschaft zu bringen.

Genau das war mein Plan damals, doch dann kam Corona. Mit der Pandemie brach unser wichtigster Baustein weg: der Workshop. Vieles lässt sich online auffangen und sogar noch besser machen. Aber wir können nicht über einen Bildschirm, der uns auf Abstand hält, über die Notwendigkeit persönlicher Nähe reden.

Die Markteinführung für 2020 musste ich kurzfristig canceln. Dabei war alles schön ausgetüftelt. Der Leitgedanke ist natürlich die Nähe. So wurde ein hybrides Vermarktungs-Konzept erarbeitet, das gleichermaßen auf Online- und Offline-Maßnahmen setzt. Die Marktoffensive startet mit meinen Auftritten als Speaker. Als Ideengeber und Gründer muss ich selbst auf die Rampe. Wer mich erleben will, kann das (hoffentlich) im nächsten Jahr bei GREATOR und auf der CONTRA. Dort gibt es einen Messestand mit weiteren Informationen und der Möglichkeit, sofort einen Workshop zu buchen. Wir brennen darauf, endlich mit Ihnen Ihre Pitchcards zu entwickeln.

Im Online-Marketing konzentrieren wir uns auf die Funnel-Strategie. Zunächst werden wir in unterschiedlichen Social-Media-Kanälen Reichweiten aufbauen und bei unseren Zielgruppen um Aufmerksamkeit werben. Sales-Funnel, Landingpage und Website sind selbstverständlich.

Dabei steht ein Angebot im Vordergrund, das mir ganz besonders am Herzen liegt:

Mein Fachbuch „Besser pitchen als Steve Jobs". Eins möchte ich Ihnen versprechen – es lohnt sich. Das sagen zumindest die Menschen, die schon in mein Manuskript reinschnuppern konnten. Hier zeige ich Ihnen, wie wissenschaftlich fundiert die Geschäftsidee aufgestellt ist und mit welchen emotionalen Wirkungstreffern Sie was erreichen. Ein Fünf-Schritte-Modell führt Sie ein in die gemeinsame Erarbeitung Ihrer Pitchcards – wenn Sie mit uns im Workshop sind. Und ich sage Ihnen ganz konkret, wie und was Sie mit Pitchcard gewinnen. Dieses Buch gibt Ihnen Erkenntnisse. Sonst erreiche ich Sie nicht. Es

gibt Ihnen Erfahrungen. Sonst glauben Sie mir nicht. Und es gibt Ihnen meine ausgestreckten Hände. Sonst hilft es Ihnen nicht bei Ihrer ganz persönlichen Umsetzung. Für Sie ist das Buch kostenfrei. Lediglich ein Anteil an den Druck- und Versandkosten wird berechnet. Wollen Sie bei der Fertigstellung des Buches dabei sein und eines der ersten druckfrischen Exemplare in Ihren Händen spüren?

Möchten Sie uns sogar auf dem weiteren Weg zur Markteinführung begleiten und die Umsetzungsschritte direkt mitverfolgen? Sagen Sie es mir: **www.pitchcard.de**

Zum Schluss des Buchs gibt es „One more thing". Ein fiktives Interview mit Steve Jobs. Ich habe ihn gefragt, was er von Pitchcard hält. Wollen Sie schon mal reinlesen? Hier ist das (leider) fiktive Interview.

Burkhard: Steve, direkt gefragt, was hältst du von Pitchcard?

Steve: Schade, dass du diese Methode nicht schon früher entwickelt hast. Mir gefällt vor allem, dass du damit eine unglaubliche Beziehung zum Menschen aufbauen kannst.

Burkhard: Das war ja auch immer dein Ziel?

Steve: Ohne Nähe, ohne Emotionen, ohne Energie schaffst du gar nichts. Du kannst die Leute nicht begeistern, wenn du selbst nicht sprühst. Deine Karten zünden das richtige Feuerwerk.

Burkhard: Gibt es auch was, was dir nicht gefällt?

Steve: Dass es mir nicht eingefallen ist.

Burkhard: Wie kann es eigentlich sein, dass ein IT-Pionier wie du, auf so simple Karten steht?

Steve: Ich hasse es, wenn jemand mit Folien präsentiert. Menschen, die wissen, worüber sie reden, brauchen sowas nicht. Mit Pitchcard legst du im Prinzip einen Kompass auf den Tisch. Damit steuerst du deine Gedanken, hast einen perfekten roten Faden und jederzeit die Möglichkeit, dich der Situation anzupassen. Diese strategische Steuerung und gleichzeitig diesen individuellen Freiraum kenne ich bei keiner anderen Präsentationstechnik.

Burkhard: Hast du einen Rat für mich? Was können wir noch besser machen?

Steve: Alles bewegt sich wie ein Fluss ständig weiter. Es gibt keine unverrückbaren Ereignisse, keine klar definierten Anfänge und Endpunkte. Da sehe ich auch eine Stärke von Pitchcard. Du kannst die Karten ohne Ende legen, sie ständig variieren, mit ihnen spielen. Halte diese Entwicklung offen.

Burkhard: Hast du was dagegen, wenn wir dich mit Pitchcard in die Tasche stecken?

Steve: Versuch's mal. Ich bin 1,88 m. Aber wenn du ein Stück von mir willst, dann stecke es in deine Tasche – und damit meine ich die Tasche deiner Jacke. Es bringt nichts, wenn du immer nur auf andere fixiert bist. Schau dich um, da können wir alle eine Menge lernen ... aber dann ... mach dein Ding.

Burkhard: Ist Pitchcard besser als Steve Jobs?

Steve (schmunzelt): Nicht, wenn ich es benutze.

CARLOS
Martins

Du kannst die Wellen nicht stoppen, aber du kannst lernen zu surfen!

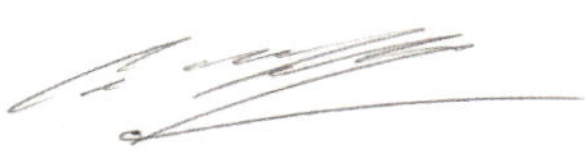

17
CM
Carlos
Martins

Transparenz - der Schlüssel zum Vertrauen

Ein Interview mit Carlos Martins
Vollzeit-Trader und Geschäftsführer von TradersClub24

Carlos, was ist Deine persönliche Geschichte? Wie hat alles angefangen? Wie kam es dazu, dass Du Trader, Coach und Speaker geworden bist? Was macht das Geschäftsmodell von TradersClub24 so erfolgreich?

Unser TradersClub24-Konzept, Trading sowohl transparent als auch nachvollziehbar anzubieten und die Menschen bei der Umsetzung eng zu begleiten, fußt in meiner Erfahrung als Leistungssportler. Alles, was mir in meiner beruflichen Karriere wichtig ist - Disziplin, Fairness, Transparenz - habe ich in meiner langen Profikarriere als aktiver Sportler und später als Trainer verinnerlicht. Rückblickend war meine erste Berührung mit dem Kampfsport auch der erste Karriereschritt als Coach und Trader. Ich war gerade mal sechs Jahre alt, als mich meine Eltern zum Judo schickten. Später kam noch Taekwondo hinzu. In beiden Sportarten konnte ich mit dem schwarzen Gürtel die höchsten Meistergrade erreichen. Sieben Jahre war ich Mitglied der deutschen Taekwondo-Nationalmannschaft und habe mehrfach den Deutschen Meister-Titel gewonnen.

Um diese sportlichen Höchstleistungen überhaupt erzielen zu können, war ich total fokussiert. Alle anderen Einflüsse um mich herum habe ich vollkommen ausgeblendet, um mich zu einhundert Prozent auf meine sportliche Karriere zu konzentrieren. Denn wenn man Mitglied der Deutschen Nationalmannschaft ist, zählen einzig und allein die Titel. So sehr man sich anstrengt, eine Garantie auf den Erfolg gibt es nicht. Ob als Sportler oder auch als Geschäftsmann, man muss mit Rückschlägen rechnen und diese auch wegstecken können. Für mich bedeutete ein Kreuzbandriss das Ende im aktiven Leistungssport. Das war erst mal ein Schock für mich. Doch wo ein Wille ist, ist auch ein Weg.

Die Verletzung eröffnete mir mit dem Einstieg in die Trainerlaufbahn neue Perspektiven. Es hat mir unheimlich viel Spaß gemacht, meine Erfahrungen an junge Nachwuchssportler weiterzugeben und sie im Training aktiv zu begleiten. Diese Motivation hat meine Trainerlaufbahn beflügelt. Als Landestrainer Schleswig-Holsteins und Hamburgs für Taekwondo konnte ich einige Sportler bis zum Titel "Deutscher Meister" coachen. Durchhaltevermögen und Demut, Konzentration und Disziplin haben mir den Weg zum Erfolg im Leistungssport geebnet. Diese Werte sind auch der Grundstein für mein heutiges Trading-Business und machen meinen Erfolg als Coach und als Geschäftsführer des TradersClub24 aus.

Wie gelang Dir der Übergang von Deiner Karriere im Leistungssport zu Deiner Karriere als erfolgreicher Coach und Trader?

Das war ein ziemlich rigoroser Cut. Mit dem Start als Angestellter einer großen Hamburger Wertpapierhandelsbank habe ich meine sportliche Karriere aufgegeben. Alles hat seine Zeit und damals galt es für mich, den Fokus auf diesen neuen Karriereschritt zu richten. Ich war neugierig und ehrgeizig. Mit großer Wissbegier habe ich alle Informationen rund um mein neues Arbeitsfeld in mich aufgesogen. In der Bank kam ich zum ersten Mal mit dem Trading in Berührung. Es hat mich extrem fasziniert. Diese Faszination ist bis heute geblieben. Das Bankgeschäft habe ich von der Pike auf gelernt und ich habe mich Schritt für Schritt nach oben gearbeitet. Dabei habe ich immer die Idee des Tradings im Hinterkopf behalten. Schließlich habe ich meinen damaligen Vorgesetzten in meine Pläne von einem Einstieg ins Trading eingeweiht. Von da an haben wir gemeinsam konsequent an diesem Berufsziel gearbeitet. Er hat mir all sein Wissen über das Trading weitervermittelt und wesentlich zu meiner Karriere beigetragen. Dafür bin ich ihm noch heute sehr dankbar.

Einer der wichtigsten Meilensteine war schließlich meine klassische Händlerprüfung an der Frankfurter Börse. Nun konnte ich Derivate handeln und Erfahrungen auf dem Börsenparkett sammeln. Diese Zeit möchte ich nicht missen. Den Online-Handel, wie wir ihn heute kennen, gab es damals noch nicht. Mit dem Start diverser Online-Portale und Online-Broker veränderte sich der Handel dramatisch. Ich war jahrelang bei verschiedenen Online-Brokern in leitenden Positionen tätig. Dabei konnte ich nicht nur meine Trading-Erfahrung erweitern, sondern auch intensive Einblicke in das Trading durch private Anleger gewinnen. Diese bekamen nun einen einfachen Zugang zum Börsenparkett, verloren dort aber sehr schnell die Orientierung. Mit Derivaten, wie man diese Finanzinstrumente nennt, konnten die meisten gar nicht umgehen. Schon damals habe ich immer gepredigt, dass die Schulung unserer Kunden in Sachen Trading unsere oberste Priorität sein sollte. Denn was nutzt es, wenn ein Trader bereits zu Beginn enttäuscht wird, weil er beim Traden Geld verloren hat. Genau da setzt unsere Geschäftsphilosophie an, die Menschen zunächst für das Traden zu begeistern, sie aber dann auch kontinuierlich zu begleiten. Hier schließt sich auch wiederum der Kreis zu meiner früheren Tätigkeit als Trainer. All meine Erfahrung, die ich im Sport gewonnen habe, habe ich als Coach in das Trading-Geschäft transportieren können. Indem ich nachvollziehbar auf meinem Echtgeldkonto online vortrade, nehme ich alle Mitglieder mit auf die Reise in die Welt des Tradings. Damit schaffe ich genau die Transparenz, die als Schlüssel für die Vertrauensbildung so immens wichtig ist.

Was ist nun der Schlüssel zum erfolgreichen Coaching? Was waren Deine ersten Schritte als Coach? Was ist am Konzept von TradersClub24 so einzigartig?

Nur wenn der Coach das Vertrauen seiner Zuhörer auf seiner Seite hat, ist er erfolgreich. Deshalb haben wir von Beginn an beim Trading auf komplette Transparenz gesetzt. Das war ein Meilenstein in der Finanzindustrie. Für unser Unternehmen ist es einer der großen Schlüsselpunkte und unser Alleinstellungsmerkmal. Als wir 2009 unsere Firma gegründet haben, haben wir den ersten digitalen Live-Tradingraum Deutschlands gegründet und waren damit der absolute Vorreiter im Bereich „Trading-Coaching". Die Grundidee ist einfach: Wir bilden Trader aus. Wir lassen Clubmitglieder und Gäste beim Live Trading über unsere digitale Schulter schauen. Das tun die wenigsten. Börsentäglich öffnet sich jeden Morgen um 8:25 das virtuelle Türchen zu unserem Live-Tradingraum. Anfangs waren es rund fünfzig Trader, die uns ihr Vertrauen schenkten und in unser Ausbildungs- und Coachingkonzept eingestiegen sind. Auch wenn der Start eher holprig war - denn mit meinen ersten Trades war ich nicht so erfolgreich wie eigentlich gewohnt - sind trotzdem alle an Bord geblieben.

Denn jeder war von unserem Konzept überzeugt und fühlte sich trotz mancher Niederlagen gut aufgehoben. Gemeinsam sind wir durch das Tal gegangen und haben erfahren, dass Verlust auch Gewinn bedeutet. Denn in meiner Auffassung besteht ein gutes Coaching nicht nur aus Theorie, sondern sollte in der Praxis gezeigt und erlebt werden. Mit meiner eigenen Entschlossenheit und unseren innovativen und regelkonformen Trading-Strategien, die alle Clubmitglieder und Gäste börsentäglich in unserem einzigartigen Live-Tradingraum selbst erleben können, haben wir unzählige weitere Trader überzeugen können. Das war mein erster großer Erfolg im Coaching. Heute sind es über 1.500 Trader aus dem deutschsprachigen Raum, die sich täglich bei uns einloggen, um gemeinsam auf die Trading-Jagd zu gehen.

Wie wichtig ist Coaching für Dein Unternehmenskonzept? Benötigen Trader ein spezielles Coaching?

Coaching ist das Fundament unseres Geschäftsmodells. Mit unserem „Coaching on Demand" begleiten wir angehende Trader von Beginn an beim Trading. Im Austausch mit unserer Community erkennen wir ihre Probleme und Unsicherheiten. Über 90 Prozent der angehenden Trader scheitern bereits in der ersten Umsetzungsphase. Auch in den Zwischenphasen, kommen sehr viele Fragen auf. Diese kann man mit einem Wochenend-Coaching nicht umfassend klären. Ein Trader sitzt meistens isoliert zu Hause vor seinem Computer und muss wichtige Entscheidungen treffen. Das erfordert großen Mut und einen klaren Kopf. Damit nichts schief geht und Verluste vermieden werden, nehmen wir sie an die Hand und bieten Trading-Strategien und -Pläne an, die speziell auf ihre individuellen Trading-Ziele abgestimmt sind. Unsere Mitglieder profitieren ungemein von diesem sehr spezifischen Coaching im TradersClub24. Sowohl Einsteiger als auch erfahrene Trader suchen und erhalten bei uns weitreichende Unterstützung. Wir betreuen sie so umfassend, wie ich früher meine Leistungssportler betreut habe. Das ist mein wichtigstes Anliegen. Im Rahmen der Community tauschen sich unsere Trader außerdem jederzeit mit Gleichgesinnten aus. Entscheidungen werden gemäß unserer Trading-Pläne getroffen; Erfolge teilen wir miteinander ebenso wie unsere Niederlagen. Zu unserem Coaching erhalten wir umgehend eine Rückmeldung. Der Erfolg ist somit jederzeit messbar. Wenn wir live nicht abliefern, kann dies schnell zu einem großen Vertrauensverlust bei unseren Mitgliedern führen. Dieses Risiko ist unsere große tägliche Herausforderung. **Wir coachen nicht nur, wir liefern auch täglich Resultate.** Für uns ist es fundamental, dass wir uns immer wieder hinterfragen und unser Coaching fortlaufend an die Bedürfnisse unserer Community anpassen.

Wie habt Ihr an Bekanntheit gewonnen und welche Marketingstrategien habt Ihr eingesetzt?

Unsere Bekanntheit haben wir ganz klassisch über Mund-zu-Mund Propaganda durch unsere Clubmitglieder aufgebaut. Es gibt keine besseren Botschafter als zufriedene Kunden. Wir haben fast schon einen echten Fanclub. Unser Konzept ist schlüssig und deshalb auch aufgegangen. Es hat viele Trader überzeugt. Unterstützt hat uns auch ein Medienpartner, ein Broker, der gemeinsam mit uns auf Road-Shows gegangen ist. Auch Corona hat zu einer Steigerung der Nutzeranzahl von Online- Angeboten geführt. Wir setzten mehr und mehr auf Suchmaschinenoptimierung, Social Media und eine noch stärkere Online-Präsenz. Unsere kostenlosen Webinare sind sehr beliebt und online immer gut besucht. Auch dadurch konnten wir unseren Bekanntheitsgrad steigern. Soweit möglich werden wir zusätzlich unsere professionellen Trading-Seminare auch wieder offline durchführen. Unser Ziel ist es, noch sichtbarer zu werden und so noch mehr Clubmitglieder für unser Coaching-Konzept zu gewinnen.

Wie würdest Du vorgehen, wenn Du heute nochmal bei Null starten könntest?

Ich würde wenig ändern. Unser Fokus liegt auf dem Trading-Geschäft an sich, doch mit unserem einzigartigen Coaching-Konzept bieten wir Einsteigern sowie erfahrenen Tradern einen absoluten Mehrwert. Ganz bewusst konzentrieren wir uns dabei auf die Umsetzungsphase, da unsere Trader dort die meiste Unterstützung benötigen. Hier passieren die größten Fehler. Um diese zu vermeiden und das Risiko zu minimieren, muss vorrangig Klarheit geschaffen werden: Was sind meine Ziele, was will ich erreichen? Denn erfolgreiches Trading bedarf mehr als nur Strategien. Wie die Statistik belegt, spielt der Kopf zu 80 Prozent eine Rolle für den Erfolg. Die Strategie macht nur 20 Prozent aus. **Nur wer klar im Kopf ist, klar in seinen Gedanken und klar in seinem Geschäftsmodell**, kann auch produktiv arbeiten, Entscheidungen treffen und letztendlich erfolgreich sein. Wenn man es möchte, kann man es schaffen, das habe ich als ehemaliger Hochleistungssportler und jetzt als Vollzeit-Trader gelernt. Dass ich nun als Coach im Trading andere von dieser Erfahrung profitieren lassen kann, macht mir nicht nur Spaß, sondern erfüllt mich auch mit Zufriedenheit – jeden Tag aufs Neue. Ich kann mir nichts anderes für mich vorstellen.

Wie wichtig sind für Dich digitale Produkte in Deinem Produktportfolio? Wie schätzt Du ihre zukünftige Bedeutung ein?

Für uns sind digitale Produkte absolut essenziell. Seit unserer Firmengründung vor elf Jahren bis heute sind wir digital. Seit Anbeginn traden wir börsentäglich als Pionier LIVE via Adobe Connect. Seit drei Jahren führen wir außerdem ein Videotagebuch auf unserem YouTube-Kanal und zeichnen unsere DAX-Eröffnungstrades auf. Somit kann jeder meine vergangenen Eröffnungs-Trades nachvollziehen. Die Qualität unseres Coachings ist jederzeit ablesbar, womit wir wieder beim Thema Transparenz sind. Unsere Schulungen finden ebenfalls seit 2009 überwiegend online statt. Digitale Produkte bestimmen also unser Produktportfolio. Wir hatten und haben bereits mehrere große virtuelle Live-Präsenzen auf bedeutenden Online-Fachmessen. Virtuelle Messen und Seminare rücken immer mehr in den Vordergrund – eine für uns positive Entwicklung. Natürlich möchten wir aber auch den direkten Kontakt zu unseren Clubmitgliedern nicht missen. Allerdings hat sich die Welt, nicht zuletzt auch durch Corona, noch schneller in Richtung digitale Dienstleistungen entwickelt. Doch sind wir auch hier sehr gut aufgestellt und für die Zukunft gerüstet.

Welche Bedeutung haben externe Events für Dich – nicht nur als Speaker, sondern auch als Besucher?

Ich freue mich über jede Einladung, als Speaker auf externen Events aufzutreten. Diese Auftritte sind die ursprünglichste Form des Coachings und bedeuten gleichzeitig auch Reichweite. Die Zuhörerschaft ist oft bunt gemischt. Besonders wertvoll sind für mich der direkte Kontakt und das persönliche Feedback der Teilnehmer. An der Aufmerksamkeit meiner Zuhörer kann ich sofort ablesen, wie gut mein Vortrag beim Publikum ankommt und wie spannend er ist. Mir macht es immer viel Spaß, das Trading nicht nur online, sondern auch offline vorzustellen und mich mit Interessierten aus allen Sparten persönlich darüber auszutauschen. Daraus ergeben sich stets neue interessante Sichtweisen sowohl für mich als auch für meine Zuhörer. Natürlich schaue ich mich auch um, was es für andere Coaching-Modelle auf dem Markt gibt und hole mir neue Impulse für unser Unternehmen. Die regelmäßige Teilnahme an Seminaren und Coachings als Zuhörer ist für mich eine Selbstverständlichkeit. Selbst ein erfahrener Coach sollte sich stets hinterfragen und weiterentwickeln. **Denn Stillstand ist Rückstand.**

TradersClub24 GmbH

Große Elbstraße 145 F

22767 Hamburg

Fon: +49 (0) 40 605 909 190

Mail: info@tradersclub24.de

www.tradersclub24.de

Live-Tradingraum börsentäglich geöffnet von 8.25 bis 17.00 Uhr

CHANTAL
Perrinjaquet

Sei wie ein Stern mit Deiner Einzigartigkeit, zeige Dich, leuchte stark und weise anderen den Weg!

12
CP
Chantal
Perrinjaquet

Die Erfolgsformel von Unternehmen der neuen Zeit: Die Kombination von digitalen Maßnahmen mit bewusster, intuitiver Führung

Ein Beitrag von Chantal Perrinjaquet

Wie es auf alle wunderbaren Porträts in diesem Buch und wohl auch auf jeden einzelnen Leser zutrifft, schaue auch ich auf eine einzigartige und spannende Vergangenheit zurück, die mich zu der Unternehmerin gemacht hat, die ich heute bin. Und es hört nicht auf – so genial, findest Du nicht auch?

Ich zeige UnternehmerInnen, wie sie auch online Lieblingskunden gewinnen und ihr Geschäft mit Freude und Leichtigkeit skalieren, wie sie den Zugang zu ihrer Seele öffnen und wie sie ihre Intuition für ein erfolgreiches, modernes Geschäft einsetzen. Für das Herausfinden der wahren Lebensaufgabe nutze ich meine Fähigkeiten als Medium. Für die unternehmerischen und digitalen Aspekte nutze ich bewährte Tools, mein Wissen und meine langjährige Erfahrung als Businesscoach, Onlinemarketerin und Unternehmerin. Zudem liebe ich es, situativ Teams von Experten zu bilden und so maximale Ergebnisse für alle Beteiligten zu kreieren! Etwas, das mich am meisten glücklich macht und worin ich auch meine Kunden mit tiefster Freude begleite, ist die Tatsache, dass ich es mir erlaubt habe, alle meine Faszinationen, Fähigkeiten und Visionen auf einen Nenner zu bringen und damit zu leben und zu wachsen – jeden Tag!

Ich war schon immer ein „eigenes" Kind. Ich habe andere, „normale" Menschen kaum vertragen. Andere Kinder waren mir zu laut, zu manipulierend oder zu sehr nach Aufmerksamkeit heischend. Schwenke ich mit meinen Erinnerungen zurück, erkenne ich mich als total konfuses kleines Mädchen. Ein Mädchen, das die Älteste von vieren in einem Gärtnereibetrieb war. Ein Mädchen, das viel zu früh die Verantwortung von Erwachsenen tragen musste und dies tapfer übernahm. Ein Mädchen, das – wohin es auch sah – die Echtheit von Beziehungen und Situationen sofort durchschaute und kaum verstand, dass sich die Menschen oft etwas komplett anderes einredeten. Ich war ein Mädchen, das Kind sein wollte, das aber kaum Gelegenheit dazu hatte. Ein Mädchen, das sich einfach eine Freundin wünschte, um verstanden und anerkannt zu werden. Stattdessen war harte Arbeit angesagt: Jede freie Minute, außer ich hatte mich irgendwo mit einem Buch versteckt, in der Gärtnerei mithelfen, für die Geschwister haushalten und bei den Hausaufgaben helfen. Ich war sehr bescheiden und immer nach Harmonie und Liebe bestrebt. Oft weinte ich mich in die Nächte, weil ich mich alleine, unverstanden und ungesehen fühlte. Früh lernte ich, dass ich über die Geistwesen, die ich wahrnahm, besser nicht mehr reden sollte. Auch nicht, wenn jemand log oder andere hinters Licht führte – das schien niemanden zu interessieren.

Im Sommer 1989 wurde ich mit einem über 2 Kilo schweren Tumor im rechten Eierstock an total ratlose Mediziner überwiesen. Heute weiß ich, dass ich einen seltenen Krebs in mir trug und dass seine Abkapselung im Eierstock sowie das geistesgegenwärtige Handeln meiner Mutter mir das Leben gerettet hatten. Diesen Sommer als 14-jähriges Mädchen empfand ich ganz bewusst wie eine Neugeburt. Fähigkeiten wurden wach, ich war mehr bei mir und gab mir auch die Erlaubnis dazu. Energetisch begann ich ab diesem Zeitpunkt, meine Gabe der Vermittlung zusammen mit meinen Wahrnehmungsfähigkeiten einzusetzen und brachte Menschen in den friedlichen Konsens – ja, schon mit 14 Jahren! Körperlich war es der Anfang einer über 30-jährigen Odyssee von Autoimmunerkrankungen, Arzt- und Spitalbesuchen. Es war wie eine never ending journey, der Erfahrung unserer kaputten Gesundheitssysteme, so gut sie einmal waren, unserer maroden Versicherungslandschaft und gefühlt tausenden falsch platzierten Verantwortlichkeiten, da sie jeder von sich zu schieben scheint. Und es war die Einladung dafür – ich wurde buchstäblich dazu gezwungen – damit aufzuhören, im Außen Lösungen oder Verantwortliche zu suchen und stattdessen Lösungen, oder besser gesagt Erlösungen, in mir, in meiner Mitte zu entdecken. Dort wurde ich fündig und bestätigt, genährt und gestärkt. Ich brenne für die Mitgestaltung der neuen Wirtschaft, wo menschliche Potenziale – clever eingesetzt – auf neueste digitale Technologien treffen und Symbiosen und Netzwerke bilden, die wir uns auch heute in unseren wildesten Fantasien noch kaum vorstellen können.

Auf meiner Journey durch verschiedenste Berufe wie Wirtschaftskauffrau, Sekretärin, Polizistin, Polizeihundeführerin, Tierkommunikatorin, professionell ausgebildetes Medium, Hundetrainerin, Menschentrainerin, Autorin, Business-Coach, Digital-Junkie und von der Selbständigen zur Unternehmerin wurde ich nach und nach, Jahr für Jahr kraftvoller, verwurzelter und klarer. Ich kam mehr und mehr zu mir. Ich nenne diesen Zustand **#BewusstBeiMir.**

Das bewusste Einsetzen der Intuition im Business spielt meiner Meinung nach eine entscheidende Rolle in der neuen Wirtschaft. Inzwischen reden nicht nur „Esoteriker" oder „Spirituelle" davon, sondern auch enorm erfolgreiche Multimillionäre sprechen offen darüber, dass sie ihren Erfolg auf die Schnelligkeit ihrer Entscheidungen zurückführen, sie nennen dies „Momentum nutzen". Sie sagen, dass sie es intuitiv tun und dass sie dies nie bereuen, selbst wenn sich dadurch holprige Wege öffnen. Denn sie vertrauen darauf, dass sie so ihren einzigartigen Weg gehen, und brennen so sehr dafür, dass sie mehr als genug Kraft auch für mögliche Hürden haben. Sie sind klar verbunden mit ihren Zielen und verlieren den Fokus nicht. Die Intuition ist nach meiner Erfahrung als professionelles Medium nur eine Form, wie sich unsere Seele mit ihren Impulsen im Alltag zeigt. Sie ist wie ein Barometer dafür, was wir als Seele einst entschieden haben, hier als Mensch erleben zu wollen. Um das Erlebnis so genial und lehrreich wie nur möglich zu gestalten, mussten wir jedoch auf all unser Seelenwissen verzichten und bereit sein, in die „Begrenztheit" von Unwissen, Körper und Dualität hineinzugehen.

In meinem vierten Buch „Die Sprachen Deiner Seele" beschreibe ich die drei häufigsten und bekanntesten Arten, wie sich unsere wahre göttliche Essenz im Alltag bei uns meldet, damit wir den einst gewählten Plan nicht komplett verlieren und unsere „Mission" in diesem Leben mit größter Wahrscheinlichkeit umsetzen.

Alle Menschen besitzen die Fähigkeit, feinstoffliche Informationen wahrzunehmen. Das Problem ist nur, dass wir das Bewusstsein darüber in diesem Zeitalter, innerhalb der vergangenen Generationen und Epochen verloren haben und daher kaum noch den Bezug dazu finden. Weder in unserer Erziehung noch in der Schule und schon gar nicht beim Beobachten unseres Umfeldes, das diese Bewusstheit meist auch nicht hat. So kam es dazu, dass immer noch viele Menschen glauben, dass dieser Teil unserer Wahrnehmung nicht existiert. Dies hat sich nun rasant geändert. Seit einigen Jahrzehnten zeigt es sich, dass die Menschen „wacher" werden und ihre feinstofflichen Wahrnehmungen wieder besser erkennen. Diese Menschen mögen sich ähnlich fühlen wie ich mich früher gefühlt habe: unverstanden, unerkannt und einsam.

Seit der weltweiten Pandemie, die 2020 die Menschheit ergriffen und aufgerüttelt hat, passieren heute noch weitere tiefgreifende Dinge: Immer mehr Menschen werden sich darüber klar, dass wir mitten in einem Bewusstseinswandel stecken. Für verantwortungsbewusste Leader und Leaderinnen in dieser neuen Zeit gibt es meiner Meinung und Erfahrung nach ganz neue Werte, die wir bewusst berücksichtigen und vorleben dürfen. Zum Beispiel geht es heutzutage nicht mehr darum, Erfolg durch „Kämpfen" und 14-Stunden-Tage zu beweisen. Auch nicht durch „Sich abrackern", Geschäftigkeit und schon gar nicht, um in der Energie des gesellschaftlich üblichen Mindsets „anerkannt" zu sein. Oh nein! Heutzutage geht es darum, bewusst bei sich zu sein. Die eigene Einzigartigkeit nicht nur zu erkennen und anzuerkennen, sondern sie auch für dieses harmonischere Miteinander einzusetzen! Zu lernen, dies zu tun, egal, was andere denken. Dazu gehört auch zu lernen, dass das eigene Wohlergehen über allem steht – ohne egoistisch zu sein oder anderen dadurch etwas „wegzunehmen". Denn wie können wir helfen, wenn es uns selbst nicht gut geht?

Damit möchte ich nicht sagen, dass Wohlstand und Fülle ohne Arbeit zu erreichen seien – überhaupt nicht. Es geht um die richtige Arbeit (InnerWork und das, was ich liebe) zur richtigen Zeit (intuitives Momentum). Diese InnerWork ist auch Arbeit, aber eine andere, als die Gesellschaft bisher zu akzeptieren gewillt war. Schon als Kind war ich eine Leseratte. Ich verschlang in der 3. Klasse zum Beispiel in Rekordzeit Konsalik-Romane. Sie vereinten für mich Spannung, Entspannung, Sex und die Raffinesse des menschlichen Denkens auf internationalem politischem Parkett – ich liebte das. Beim Lesen war ich immer total abwesend, buchstäblich in einer anderen Welt. Inzwischen weiß ich, dass ich mich damals vorbereitete, „schulte" und unterrichtete. Meine Mutter jedoch nannte dies nicht „Unterricht". In ihren Augen war ich faul und undankbar, weil ich in diesen Stunden wie weggetreten „in einer anderen Welt" weilte und nicht am Familienleben teilnehmen konnte. So war es ja auch.

Das eigene Wohlergehen zu pflegen und zu zelebrieren nenne ich seit Jahren Me-Time. Me-Time beginnt in der täglich wiederkehrenden bewussten Demut innezuhalten. Sich zu erlauben, bei sich zu sein. Sich zu verbinden mit der Erde und der Seelenenergie, selbst wenn man meint, man würde diese nicht kennen. Me-Time bedeutet tägliche Reflexionsarbeit und tägliches Training der Wahrnehmung des eigenen Denkapparats (Stichwort „Mindset"), die feinstofflichen Wahrnehmungen (sensitiv und medial) im Außen (Situationen und menschliche Zustände) innerhalb von Sekunden bewusst werden zu lassen sowie die regelmäßige Schulung der eigenen Klarheit und Aufrichtigkeit. Me-Time heißt, genau zu spüren, wann ich Pausen brauche und sie mir zu nehmen – ohne Wenn und Aber. Und zwar oft! Lieber einmal mehr als wir im Alltag zu brauchen meinen. Me-Time heißt auch, die Seele so oft es geht „baumeln zu lassen" und meditative Tätigkeiten zu genießen wie beispielsweise Meditation, Yoga, Sport, kreatives Tun im Bastelraum, in Werkstatt, Küche, Schreibstube oder wo auch immer. Bei solchen Tätigkeiten kommen wir in einen Flow – etwas, das jeder Mensch liebt. Denn dann sind wir automatisch angeschlossen an unsere wahre Essenz und lassen daraus unsere Kreationen entstehen. Me-Time ist in meinen Augen sogar die Basis für ein neues Verständnis von Fülle, das der 5. Dimension (5D-Business) entspricht. Die Geistige Welt hat mir 2019 zum ersten Mal davon erzählt und auch erklärt, was 4D ist. Du findest dazu mehr in meinen Videos auf Youtube und Facebook.

Ich habe von vielen genialen Menschen gelernt und liebe es noch heute. Eines meiner Steckenpferde – neben dem Studium der Erkenntnisse über das menschliche Gehirn – ist, das Fassungsvermögen der Bewusstheit zu trainieren und mehr und mehr Zugriff darauf in einem einzigen Moment zu bekommen; komplexeste Vorgänge im selben Augenblick zu erfassen und gar zu lenken. Ja, zu lenken, mit den Gedanken und Gefühlen! Ich rede nicht von Multitasking. Sondern von entspannter, erweiterter Wahrnehmung. Ich liebe das!

Was ich immer verabscheut und darum auch nie gerne gemacht habe, ist, mich mit Lehrern und Auszeichnungen sowie mit dramatischen Lebenserfahrungen zu brüsten. Ich habe eine natürliche Ablehnung gegenüber Bluff und manipulierenden Geschichten und Handlungen und wahrscheinlich ist dies einer der Gründe, warum ich auch nach über 10 Jahren im Business kaum bekannt war. Obwohl ich schon früh aus der Energie von brillanten Köpfen dieser Welt wie beispielsweise Louise L. Hay, Bärbel Mohr, Paulo Coelho, Dale Carnegie und Robert Kiyosaki lernen und an ihr wachsen durfte, habe ich mich strikt geweigert, mich mit Diplomen und Zertifikaten zu schmücken, die ich durch diese Schulungen und Weiterbildungen erhalten habe. Und das, obwohl ich gerade in den letzten fünf Jahren über eine halbe Millionen Euro in Mentorings und Masterminds bei erfolgreichen, international tätigen Business-Pionieren investiert habe.

Meine größten Lehrer waren und sind meine Hunde, deren Verhalten im Rudel und wie ich sie herzverbunden und dennoch klar, konsequent und zielorientiert als Alpha führen kann. Auch die Natur gehört zu meinen ständigen Inspirationen – es gibt für mich nichts Berührenderes, als im Mitschwingen mit Pflanzen, anderen Lebewesen, Mikroorganismen, dem Wetter und den Jahreszeiten tiefgreifende kosmische Signaturen und Formeln zu erkennen sowie unbezahlbare Erkenntnisse fürs Leben ernten zu dürfen.

Ich habe übrigens auch Mühe damit, meine geschäftlichen Resultate zu veröffentlichen, nur um dadurch mehr Kunden zu gewinnen, so wie es inzwischen viele Business-Coaches und Agenturen machen. Doch ich durfte lernen, mich meinen (potenziellen) Kunden auf selbstverständliche, echte Weise zu zeigen und zu meinen Erfolgen zu stehen. Und auch einfach ich selbst zu sein – mit allen Makeln, allen Auf und Ab's, Herzöffnungen und Tiefs, und auf diese Weise kongruent und „like me" aufzutreten. Gerade in der heutigen Zeit ist nichts wichtiger als dies. Die Leute spüren Dich in Deiner Echtheit. Und dann fließt die Energie. Das zeigen wir auch unseren Kunden, was ehrlich gesagt für die meisten ein herausforderndes Thema ist, echt und unperfekt sein zu dürfen. Man sollte doch professionell wirken? Ja. In dem, was Du zu geben hast. Das „wie" Du es gibst und Du Dich zeigst, muss echt Du selber sein. Eigentlich doch schön!

„Perfekte" Fassaden sind nur genial, wenn darunter die Kongruenz und Echtheit zu spüren ist. Ich sage immer: „Perfekt ist, wer Unperfektes annimmt und liebt."

Findest Du nicht auch, dass es nicht um Zertifikate geht? Es geht meiner Meinung nach nur um Eines: in die Tat zu kommen und Resultate zu kreieren!

Und wie kommen wir in die Tat und kreieren Resultate? Dies tun wir in Verbundenheit mit unserem klaren Ziel, mit jedem einzelnen Schritt, jeder einzelnen Handlung, jedem Lächeln, jedem Wort. Mit aufrichtigem Zuhören, Lernen, immer wieder Lernen, Weitergeben und Empfehlen. Und damit, den nächsten Schritt nach vorne im richtigen Moment zu tun! Das Richtige zu tun heißt für mich jedoch nicht, fehlerfrei zu sein. Und schon gar nicht will ich vermitteln, ich selbst sei frei von Fehlern. Niemand ist das. Ich habe den Anspruch, Mensch zu sein, Erfahrungen zu machen und Erlebnisse zu haben. Am liebsten mit viel Spaß, Genuss und Freude! Je länger ich bewusst intuitiv unterwegs war, umso besser konnte ich mit meinen „Fehlern" umgehen. Denn heute weiß ich, dass sie bei intuitivem Vorgehen nichts anderes als von meiner Seele eingeplante Lernmomente sind. Ich möchte im Rahmen meiner Mission das Beste geben. Darum bedeutet für mich „den einen Schritt nach vorne im richtigen Moment zu tun" etwas sehr Individuelles. Je nach Sichtweise und Kontext ist dies nämlich immer wieder etwas anderes. Da hilft die klare Verbindung zur Intuition – gerade im Business – enorm. Etwas, das wir üben und trainieren dürfen und das ich meinen Kunden natürlich zeige.

Die neue Zeit fördert, dass wir zu unserer Individualität stehen. Solange wir bewusst und angeschlossen an unsere Seelenessenz sind, können wir intuitive Entscheidungen sehr gut treffen. Darum kann mit dieser Basis „der nächste Schritt nach vorne im richtigen Moment" für die eigene Mission nie falsch sein. Wir gehen kraftvoll voran und stehen für uns ein, klar und verantwortungsvoll. An dieser aufrichtigen Bereitschaft, stets Verantwortung zu übernehmen, ist nichts „falsch". Wenn wir dies bei allen anderen Menschen auch akzeptieren lernen, kann etwas ganz Wunderbares geschehen: Wir dürfen erkennen, dass verschiedene Sichtweisen aus dem Blickfeld des größeren Ganzen sich kaum widersprechen. Weil alle Beteiligten buchstäblich bei sich selbst stehen. Weder neben sich, noch außer sich. Sondern bei sich selbst.

So dürfen kraftvolle Synergien und Netzwerke der neuen Zeit entstehen. Individuell, echt und maximal potenzierend! Für uns als Menschen. Als Familie. Als Team. Als Unternehmen. In Kooperationen. In Nationen. Um das zu erreichen, haben wir noch vieles vor uns. Ich stelle es mir als ein Vielfaches dessen vor, was wir zurzeit mit den Skalierungsmöglichkeiten im Online-Business kreieren können. Nur dass dies nun auf allen Ebenen und durch die Vernetzung verschiedener Gefüge und Schichten geschehen kann!

Den Faktor „Mensch" im Geschäft wieder bewusst einzubeziehen und wertzuschätzen bedeutet nicht nur, dass Du mit Menschen arbeitest, die mit ihrem Anteil am Team ihre wahre Geniezone ausleben, was für Dein Business und Deine Kunden das Beste ist, was Du kreieren kannst. Nein, den Faktor „Mensch" im Geschäft wieder bewusst zu integrieren bedeutet vor allem, bei Dir selbst anzufangen. Die oben erwähnte Me-Time ist die absolute Basis dafür. Auf diesen starken Wurzeln gründest Du den bewussten und klaren Kanal zu Deiner Seele. Wie bereits erwähnt, bedient sich Deine Seele verschiedener Sprachen. Und am schnellsten und zuverlässigsten für Dein Geschäft ist die Intuition.

Ich kann Dir in diesem Kapitel nicht all das vermitteln, was ich spirituellen Unternehmern in wochen- und monatelangen Trainings zeige. Doch ich kann Dir drei wertvolle Informationen vorab mitgeben, ohne die sehr viele Unerfahrene ein riesiges Missverständnis bezüglich der Intuition erleben:

1. Die Intuition ist nur ein „Anzeiger" für **Dich** und Deinen Weg. Nicht für andere Wege oder Menschen. Gib darum anderen keine intuitiven Ratschläge! Hilf ihnen lieber, den eigenen Zugang zur Intuition zu finden.
2. Die Intuition ist kein Orakel für ein absolut reibungs- und problemloses Geschäft, oh nein! Sie zeigt Dir, wofür Du Dich einst entschieden hast. Und wenn da noch einige Learnings dazugehören, wirst Du sie dank Deiner intuitiven Guidance ohne Umwege holen und transformieren.
3. Die Intuition ist nicht per se ein „Bauchgefühl" im Sinne, was Du in der Bauchregion fühlst. Denn dort sitzt auch die Wahrnehmung von Angst und instinktiven Lebensrettungsimpulsen wie Erstarrung, Angriff oder Flucht. Lerne, diese Energiequellen voneinander zu unterscheiden!

Seit 2004 bin ich selbständig und wenn ich zurückblicke, habe ich mich in den ersten 12 Jahren im Hamsterrad gedreht. Das war deswegen so, weil ich zu lange als Einzelkämpferin unterwegs war, ein limitierendes und viel zu klein denkendes Mindset nährte und Werbung nach alter Väter-Sitte mit Zeitungsinseraten, Plakaten und Flyern machte. Doch ich erinnere mich noch sehr gut, dass jeder Schritt bewusst intuitiv war. Und darum bin ich im Frieden damit: Es hat alles so sein dürfen und trägt zu meinem einst gewählten Weg bei!

Deshalb habe ich vermutlich 2004 schon meine ersten 3 Kunden über meine Website gewonnen und 2006 mit nur einem Post pro Termin Teilnehmer für meine Meditationsabende auf Facebook geworben - das war damals noch möglich. Ab 2005 begann ich einen automatisierten Newsletter zu pflegen und eine Liste aufzubauen. Das war eine intuitive Entscheidung, da ich damals noch nicht viel über das Aufbauen von Listen wusste. 2013 habe ich dann meinen ersten eigenen Funnel mit einem Geschenk, dem sogenannten "Freebie", kreiert.

Ich liebte die Onlinewelt damals schon und habe das riesige Potenzial und das Tor zur Zukunft darin gespürt. Trotzdem war ich noch um Längen entfernt von dem, was ich heute auch meinen Kunden empfehle. Zum Teil auch deswegen, weil der digitale Fortschritt noch in den Kinderschuhen steckte und ich mir dieses Know-how nicht geholt habe. Doch im Jahr 2017 fand ich endlich die richtigen Mentoren und mit dem ersten Webinar-Funnel über Facebook ging meine Botschaft durch die Decke. Ich freue mich enorm, von 2017 bis 2019 über zwei Millionen Euro mit nur einem Funnel eingenommen zu haben! Diese Resultate haben meine Begeisterung für das Online-Universum definitiv bestätigt. Ich liebe technische Modernisierung und brenne dementsprechend für alles, was es uns Unternehmern erleichtert, unsere wertschaffende Mission umzusetzen und unseren Kunden wie uns selbst dabei zu helfen, die eigene Lebensqualität zu erhöhen und unsere einzigartigen Fähigkeiten zu rocken!

Darum brenne ich für Digitalisierung. Ich liebe das Internet, ich liebe die neuesten Innovationen in der Wirtschaft, die neuen Dimensionen alternativer Währungen, auch in der Kryptowelt, und auch die neuesten Möglichkeiten der Vernetzung, wo es um ausgeglichene, faire Kooperationen der neuen Zeit geht. Ich brenne für ein neues Miteinander, um die individuellen menschlichen Fähigkeiten und Ressourcen auf das Schönste zum Wohle aller zu vereinen in einem friedlichen, harmonischen Netzwerk mit einer ganz neuen Lebensqualität.

Und ich brenne dafür, die digitalen Komponenten für Dich in Deinem Geschäft mit der bewussten Intuition zu kombinieren. Denn bevor ein Miteinander möglich ist, das Großes bewegt, müssen Du und Dein Geschäft stark verankert sein.

Und darum ist meine Botschaft an Dich:

Wenn auch Du mehr wahrnimmst als die anderen, dann habe nicht das Gefühl, dass es falsch ist und mache Dich dafür nicht klein. Du bist einzigartig und dabei zu erwachen! Nimm Dir die Zeit, die Du brauchst, doch verzettele Dich nicht und schummele nicht. Das ist immer dann der Fall, wenn Du wieder leidest. Hole Dir Experten an Bord und trainiere Dich in der neuen Wahrnehmung!

Spürst Du Sehnsucht nach einem anderen oder „besseren" Leben? Dann bist Du nicht „verrückt" oder „irgendwie seltsam". Vertraue diesen Impulsen – mach Dich auf und hole Dir Hilfe bei Gleichgesinnten, die schon dort sind, wo es Dich hinzieht, um Dich in dieser neuen Echtheit mehr und mehr zu erkennen und täglich zu erleben! Wenn Du als Unternehmer oder Unternehmerin den wahrhaftigen Ruf verspürst, Gutes zu bewirken und gleichzeitig Deine eigene Lebensqualität zu erhöhen und mehr Fülle zu kreieren, dann verurteile Dich nicht als gierig oder egoistisch, sondern erkenne dies als Zeichen und Einladung der neuen Zeit, mit Deinem erfolgreichen Geschäft enorm viel in dieser Welt zu bewegen!

Sei echt, sei Du selbst und teile Dein Wissen mit anderen! Setze Deine Leadership-Fähigkeiten dazu ein, die Menschen zusammenzubringen und ihre Einzigartigkeit zu fördern! Nutze dazu modernste und digitale Mittel. Sei stets offen und lerne, denn das hört nie auf. Mögen Du und Dein Geschäft fundiert, klar und stark verwurzelt sein, damit Du mit Deiner Intuition ganz easy das nächste Level erreichst!

Lasst uns darauf hinarbeiten, uns synergetisch zu einem wunderbaren, werteschaffenden und wirtschaftlich erfolgreichen Gesamtorganismus zusammenzuschließen, der allen aufrichtig Beteiligten maximale Benefits kreiert! Denn das ist die Zukunft. Dafür gehe ich. Dafür brenne ich. Und die Zukunft hat schon begonnen.

Alles Liebe für Dich und Dein Herzensgeschäft,
Chantal Perrinjaquet

Ich zeige UnternehmerInnen, wie sie auch online Lieblingskunden gewinnen und ihr Geschäft mit Freude und Leichtigkeit skalieren, wie sie den Zugang zu ihrer Seele öffnen und wie sie ihre Intuition für ein erfolgreiches, modernes Geschäft einsetzen.

Links:

Website: **https://house-of-coaching.swiss**
Facebook: **https://www.facebook.com/houseofcoaching/**
Instagram: **https://www.instagram.com/chantal_perrinjaquet/**
Youtube: **https://youtube.com/c/BewusstbeimirChantal**
Twitter: **https://twitter.com/bewusstbeimir**
LinkedIn: **https://www.linkedin.com/in/chantalperrinjaquet/**
Workbook „Die Sprachen Deiner Seele": **https://amzn.to/35qdvBT**

Passender Free Content:

Der BewusstBeiMir-Moment:
https://chantalperrinjaquet.leadpages.co/aus-dem-workbook/

Erfolgstest „Unternehmer oder noch selbständig?„
https://house-of-coaching.typeform.com/to/vbNndC

CORINNA
Stark

Du kannst jedes Ziel erreichen und alles schaffen, was Du wirklich von Herzen willst! Also: Keep going! Gib Dich selbst und Deine Träume niemals auf!

Corinna Stark

14
CS
Corinna
Stark

Du wächst mit Deinen Herausforderungen

Ein Interview mit Corinna Stark

Nimm uns kurz mit in deine persönliche Geschichte: Wie hat alles angefangen? Was hat für dich den Ausschlag gegeben, dass du Speaker/ Trainer/Coach geworden bist?

Wenn ich diese Frage kurz beantworten soll, dann muss ich sagen, dass ich diese Entscheidung zu Beginn nicht wirklich bewusst getroffen habe, sondern es aufgrund meiner Lebensgeschichte schlichtweg die einzig logische und sinnvolle Konsequenz für mich war. Und dafür bin ich dem Leben selbst unendlich dankbar! Denn meine Arbeit als Beraterin, Trainerin und Coach ist heute viel mehr für mich als nur ein Beruf. Der Punkt ist allerdings, dass das nicht von Anfang an so war. Damit man verstehen kann, was ich damit ausdrücken will, muss ich jedoch etwas weiter ausholen.

Ich bin in einem Geschäftshaushalt aufgewachsen. Meine Eltern hatten eine kleine Bäckerei. Mein Vater stand in der Backstube und meine Mutter im Geschäft. Wie ein Business „funktioniert", habe ich somit auf unbewusster Ebene als Kind kennengelernt. Ich bin somit in einer typisch perfekt / unperfekten Familie aufgewachsen, unperfekt deshalb, weil meine Eltern sich scheiden ließen, als ich 16 Jahre alt war. Fünf Jahre später änderte sich mein Leben radikal. Ich hatte gerade meine Ausbildung als Bürokauffrau beendet, als meine Mutter und ihr Lebensgefährte bei einem Autounfall beide gleichzeitig tödlich verunglückten. Ich war innerlich noch wie ein Kind, doch im Außen musste ich nun ganz schnell „erwachsen" werden. Das sah allerdings für mich ganz anders aus, als man sich das üblicherweise vorstellt. Ich erlebte, was ich allerdings erst viele Jahre später verstanden habe, wie unser Unterbewusstsein uns in solchen Krisensituationen sozusagen beschützt. In meinem Fall war das so, dass mein Unterbewusstsein „entschieden" hat, dass mir ein Trauma helfen würde, um mit der Situation emotional klar zu kommen. Das bedeutet, ich verlor schlichtweg alle emotionalen Erinnerungen an meine Mutter. Ich konnte mich zwar noch an die Ereignisse vor ihrem Tod erinnern, allerdings war die emotionale Erinnerung an meine Kindheit total verzerrt und teilweise auch gar nicht mehr vorhanden. Die eher verrückte Konsequenz daraus war: Ich war die meiste Zeit über mehr oder weniger glücklich. Ich erbte damals einen Schweinegroßhandel und mehrere Häuser, die jedoch zu 100% finanziert waren, dazu noch eine Menge Schulden, wurde mehrfach verklagt wegen ungelösten Erbstreitigkeiten des Lebensgefährten meiner Mutter und da auch mein Vater und mein Umfeld mit der Situation komplett überfordert war, musste ich damit alleine klar kommen. Lange Rede kurzer Sinn, in den nächsten vier Jahren verlor ich wieder alles, nicht nur das Vermögen, das keins war, sondern auch jeden Gerichtsprozess. Aber gleichzeitig lernte ich natürlich auch sehr viel darüber, wie man mit Problemsituationen und Verlusten umgeht.

Gleichzeitig fand ich eine Stelle als Sekretärin in einem Softwarehaus, das damals die ersten branchenspezifischen betriebswirtschaftlichen Anwendungen für PCs für die IBM entwickelt hat. Ich war die vierte Mitarbeiterin, die überhaupt eingestellt wurde. Bei meinem Vorstellungsgespräch fragte mich einer meiner zukünftigen Chefs, wo ich mich in fünf Jahren sehen würde. Ich antwortete, und konnte im gleichen Moment selbst nicht glauben, dass ich das gesagt habe: Hinter ihrem Schreibtisch! Für die Reaktion meines Chefs bin ich ihm bis heute zutiefst dankbar. Denn er sagte: Super! Dann können wir ja dann etwas anderes machen. Fakt ist, in den kommenden fünf Jahren wuchs das Unternehmen auf 35 Mitarbeiter an und jedes Mal, wenn eine neue Abteilung entstanden ist, bekam ich die Aufgabe, die Abteilung aufzubauen und musste das, was ich bis dahin gelernt hatte, anderen Mitarbeitern beibringen. Nach fünf Jahren hatte ich mein Ziel erreicht: Ich wurde Geschäftsführerin und saß nun hinter dem Schreibtisch meines Chefs. In dieser Zeit lernte ich alle Fachbereiche eines Softwarehauses in der Praxis kennen, insbesondere den Aufbau eines großen Vertriebspartnernetzwerkes, die Planung und Umsetzung von Marketingkampagnen, Projektmanagement, die Standardisierung und Effizienzsteigerung von Geschäftsprozessen, den Aufbau einer Kundenbetreuung und natürlich habe ich hunderte von Kundenschulungen und Produkttrainings selbst durchgeführt.

Die bis heute weitreichendste Lernerfahrung aus dieser Zeit, die ich auch heute noch im Rahmen meiner Coachings und Trainings meinen Klienten vermittle, ist die Gewissheit, dass du absolut jedes realistische Ziel erreichen kannst. Denn ob du ein Ziel erreichst oder nicht, ist am Ende eine Frage der Vorbereitung sowie der Organisation des jeweiligen Projektes, vorausgesetzt die für die Umsetzung erforderlichen Ressourcen sind vorhanden und du bist entsprechend motiviert. Die zweite für mich ebenso wichtige Lernerfahrung aus dieser Zeit ist eine Technik, die ich mir damals antrainiert habe, bei der du ein Projekt bzw. die Erreichung eines Ziels vom gewünschten Ergebnis her rückwärts bis in die Gegenwart planst. Mit dieser Methode findest du spielend leicht den kürzesten Weg zur Zielerreichung und bist dir dabei von Anfang an sicher, dass deine Strategie auch funktionieren wird und du am Ende das gewünschte Ergebnis erreichst. Auch diese Technik nutze ich heute noch sehr oft im Rahmen von Coachings oder vermittle sie in meinen Trainings.

Eine meiner Eigenschaften und auch Fähigkeiten, wie sich damals herausstellte, ist mein Organisationstalent, was dazu führt, dass ich mich selbst immer wieder wegrationalisiere, um selber immer wieder die Möglichkeit zu haben, etwas Neues kennenlernen zu können. Das führte dazu, dass ich zusätzlich zu meiner Arbeit als Geschäftsführerin des Softwarehauses auch noch Geschäftsführerin einer Immobilienmanagementfirma aus der gleichen Unternehmensgruppe wurde. So lernte ich in den darauffolgenden fünf Jahren alle Fachbereiche eines Immobilienportfoliomanagers und die Arbeit als Projektmanagerin in der Immobilienbranche in der Praxis kennen. Auch diese Zeit wirkt sich bis heute auf meine Arbeit als Coach und Trainerin aus, da sehr viele meiner Kunden in den nachfolgenden Jahren bis heute noch aus der Immobilienwirtschaft kommen. Dann stand für mich die nächste größere Veränderung an. Denn es gab für mich bei meiner damaligen Beschäftigung einen Wermutstropfen: Die Immobiliengesellschaft hatte ihren Sitz in Leipzig und die Softwarefirma, von der ich ja parallel auch noch Geschäftsführerin war, saß in Köln. Daher bin ich in dieser Zeit fünf Jahre lang zwischen Köln und Leipzig hin und hergeflogen und an Privatleben konnte ich dadurch nun wirklich nicht mehr denken. Diese Situation führte letztendlich dazu, dass ich beide Stellen gekündigt und das aus meiner Sicht total logisch Richtige gemacht: Ich habe zusammen mit einem damaligen Freund aus der Software-/ Immobilienbranche meine erste eigene Beratungsgesellschaft für Software- und Organisationsprojekte in der Immobilienwirtschaft gegründet. Das war 1998. Es war schlichtweg die perfekte Kombination aus allem, was ich bis dahin gelernt hatte. Coach bin ich jedoch erst viele Jahre später geworden.

Kannst du dich noch an deinen ersten Kunden/Auftrag erinnern? Und falls ja, wie hast du ihn gewinnen können?

An meinen ersten Kunden kann ich mich tatsächlich noch gut erinnern. Es war eine Hausverwaltung in der Nähe von Köln. Ich habe tatsächlich bis heute noch Kontakt zu der Mitarbeiterin des damaligen Kunden, denn sie hat sich einige Zeit später bei mir beworben und wurde meine erste angestellte Kundenbetreuerin. Gewonnen habe ich meine ersten Kunden damals über Telefonkalt- akquise. Dabei ist der erste Kunde glaube ich tatsächlich ein Schlüsselerlebnis für jeden Selbstständigen. Die Kundengewinnung generell ist meines Erachtens die zentrale Herausforderung, die jeder Selbstständige meistern muss. Wenn du dann erst einmal die ersten drei bis fünf Kunden gewonnen hast, dann fängst du an, dich langsam sicherer zu fühlen. Und dann machst du einfach weiter und optimierst deinen Vertriebs- und Marketingprozess.

Wie bist du anschließend weiter vorgegangen? Wie hast du an Reichweite und Bekanntheit gewonnen? Welche Marketingstrategien hast du eingesetzt?

Ich bin damals nach dem KIVAS-Vertriebsmodell vorgegangen, wie ich es aus dem Marketing und Vertrieb der Softwareprodukte kannte. Das Prinzip ist ganz einfach und ähnelt dem Vertriebstrichter eines heute üblichen Internetvertriebfunnels:

Schritt 1 = K Baue eine große und qualifizierte Kontaktdatenbank in deiner Zielgruppe auf

Schritt 2 = I Mache ein unwiderstehliches kostenloses Angebot, um aus deinen Kaltkontakten die echten Interessenten, heute würde man Leads sagen, herauszufiltern und stelle fest, wie konkret und aktuell der Bedarf der Interessenten ist

Schritt 3 = V Lade die aktuell und konkret interessierten Kontakte zu einem Verkaufsgespräch bzw. einer Produktpräsentation ein

Schritt 4 = A Unterbreite dem potentiellen Kunden ein speziell zu seinen Bedürfnissen passendes Angebot

Schritt 5 = S Kläre gegebenenfalls noch bestehende Einwände und schließe den Auftrag ab.

Alle Vertriebskontakte werden dann in einer fünfstufigen Vertriebs-Forecast dokumentiert und bewertet, anhand derer du ziemlich genau im Voraus berechnen kannst, wieviel Umsatz du in welchem Zeitraum machen wirst. Durch den Vertriebsfokus wuchs unser Umsatz dann schnell in den siebenstelligen Bereich und ich konnte innerhalb von nur knapp zwei Jahren zehn Mitarbeiter einstellen.

Wie ging es dann weiter?

Bis dahin lief soweit alles ganz gut. Doch dann geschah etwas, was mein damaliges Leben noch einmal komplett aus den Angeln gehoben hat: Unser Geschäftsmodell war ursprünglich sehr stark auf den Softwarevertrieb ausgerichtet und der Beratungs- und Trainingsanteil war deutlich geringer. Unser damaliger Softwarelieferant verkaufte sein Unternehmen an einen Großkonzern. Und dieser Großkonzern änderte schlichtweg die Vertriebsstruktur.

Daraufhin standen an einem Morgen auf einmal zwei Anwälte in meinen Geschäftsräumen und übergaben mir ein Schriftstück, in dem stand, dass unser Softwarehändlervertrag mit sofortiger Wirkung gekündigt wird und wir unsere Kunden schlichtweg nicht mehr betreuen dürfen und auch alle offenen Aufträge nicht mehr ausführen dürfen.

Was machst du, wenn dir von jetzt auf gleich unverschuldet die Grundlage für dein Geschäft entzogen wird? Was machst du, wenn dir von einem Tag auf den anderen ein siebenstelliger Umsatz wegbricht, du aber zehn Gehälter bezahlen musst? Ich kann Dir sagen, was ich gemacht habe bzw. wie es mir gegangen ist: Ich bekam panische Angst, eine Panikattacke nach der nächsten, war zum 2. Mal in meinem Leben hoffnungslos überfordert und meine Emotionen fuhren Achterbahn. Doch dieses Mal hatte ich nicht das Glück, dass mein Unterbewusstsein mich vor den negativen Emotionen schützt. Ganz im Gegenteil: Durch den ähnlich gelagerten Schmerz-Auslöser, wie beim Tod meiner Mutter 13 Jahre vorher, erlebte ich nun gleichzeitig den bis dahin verdrängten Schmerz aus der Vergangenheit im Wechsel mit den Panikattacken aufgrund der aktuellen Situation. Und ich bekam Migräne und zwar chronische Migräne, bei der auch keine Medikamente mehr halfen. Die Ärzte verschrieben mir hierzu unzählige Pillen, die keinerlei Wirkung hatten.

Wie bist Du mit dieser Situation umgegangen? Was hast Du dann gemacht?

Am Ende ist es genau der Teil meiner Geschichte, der mein Leben in den letzten 20 Jahre am meisten geprägt hat. Auf meiner Suche nach Heilmethoden „fand mich ein Buch", in dem in einer wundervollen Geschichte beschrieben wurde, dass wir selbst für unser Glück verantwortlich sind und unsere Realität bewusst gestalten konnten. Das hörte sich für mich zunächst wie ein Traum an. Denn wenn du chronische Schmerzen hast und dein Leben alles andere als glatt läuft und du dazu Glücksgefühle schon seit geraumer Zeit nicht mehr kennst, dann kannst du so etwas im ersten Schritt einfach nicht glauben.

In dem Buch wurde letztendlich eine auf NLP und Aufstellungsarbeit basierende Coaching-Methode beschrieben, mit der wir unsere Gefühle positiv beeinflussen können und es wurden auch Seminare und ein Camp in Spanien angeboten, in dem man die Technik lernen konnte. Von NLP oder anderen Coaching-Methoden hatte ich zu diesem Zeitpunkt jedoch noch nie etwas gehört. Ich gab dem Ganzen jedoch eine Chance und besuchte zuerst das Seminar und flog dann in das Camp nach Spanien. In diesem Camp hatte ich dann einen kompletten Nervenzusammenbruch und konnte mich vor lauter Schmerzen überhaupt nicht mehr bewegen. Und dann durfte ich am eigenen Leib erfahren, wie mächtig alternative Heilmethoden und ein Coaching sein kann. Denn innerhalb von nur wenigen Tagen gehörten meine Schmerzen und auch meine Migräne mit Hilfe von Akupunktur, Massagen und einigen tiefgreifenden Coachinggesprächen der Vergangenheit an.

Und noch mehr: Ich war wieder glücklich! Und ich habe gelernt, wie einfach es im Grunde genommen ist, mit der Kraft seiner eigenen Gedanken jedes Problemgefühl in ein positives Glücksgefühl zu verwandeln, indem man einfach seine Sichtweise ändert. Allerdings wurde mir auch bewusst, dass ich dem emotionalen Stress in meiner Firma damals nicht gewachsen war und ich daher eine für mich sehr schwere Entscheidung treffen musste: Wieder gesund und glücklich sein oder meine Gesundheit aufs Spiel setzen, um meine Firma zu retten. Und so kam es, dass ich den Entschluss fasste, mein Amt als Geschäftsführerin in meiner eigenen Firma, in der mein ganzes Herzblut steckte, niederzulegen und meine Anteile an die anderen Gesellschafter abzutreten. Und dabei war mir total bewusst, dass mich unsere Hausbank nicht aus meiner Privaten Bürgschaft und den anderen Sicherheiten entlassen würde und eine sehr hohe Wahrscheinlichkeit bestand, dass meine damaligen Mitgesellschafter früher oder später Insolvenz anmelden würden.

Ich machte es trotzdem. Meiner Gesundheit zuliebe. Und so gründete ich dann 2002 meine Einzelunternehmung und wurde nun tatsächlich Coach, Beraterin und Trainerin zunächst mit dem Schwerpunkt IT / Software, Unternehmensorganisation und Geschäftsprozessoptimierung.

Wie hat diese Erfahrung Deine Arbeit beeinflusst?

Von da an änderte sich zunächst mein Privatleben gewaltig. Denn nun hatte ich Coaching-Methoden, Persönlichkeitsentwicklung und Spiritualität für mich entdeckt. Ich kann heute gar nicht mehr sagen, wie viele Seminare und Aus- und Weiterbildungen ich in diesem Bereich im Laufe der letzten 18 Jahre besucht habe und wie viele hunderte Bücher ich über Bewusstseinsarbeit, Spiritualität, Persönlichkeitsentwicklungsmethoden gelesen habe. Auch heute lese ich noch jede Woche mindestens ein Sachbuch, manchmal auch zwei aus verschiedenen Fachrichtungen. Doch Bücher zu lesen alleine reicht noch nicht aus, um nachhaltig neues Wissen zu verinnerlichen und dann auch für sich selbst nutzen und anwenden zu können. Dazu braucht es reale Erfahrungen. Meine Erfahrungen als Coach sammelte ich am Anfang zunächst im privaten Umfeld und trainierte und vertiefte meine Wahrnehmungsfähigkeiten und probierte verschiedenen Methoden und Formate aus. Und natürlich war ich selbst immer mein erster „Klient". Die für mich tatsächlich tiefgreifendste Veränderung dabei war jedoch, dass ich es nach all den Jahren geschafft habe, meine emotionalen Erinnerungen an meine Kindheit zurück zu erlangen und mein Trauma aufzuarbeiten.

Nach und nach beeinflusste diese Arbeit natürlich auch zunehmend meine Beratungs- und Trainertätigkeit und immer häufiger wurde ich nicht nur als Beraterin und Trainerin engagiert, sondern auch von anderen Selbständigen und Unternehmensinhabern als Coach gebucht. Aufgrund meiner persönlichen Erfahrungen im Umgang mit Krisensituationen und emotionalen stark belastenden beruflichen Herausforderungen kann ich meine Kunden und Klienten logischerweise auch bei kritischen Themen authentisch sowohl auf der emotionalen als auch auf der sachbezogenen Ebene unterstützen. So entstand im Laufe der Jahre mein ureigener „Werkzeugkoffer", mit den unterschiedlichsten Tools aus der Persönlichkeitsentwicklung, aus dem Projektmanagement und diversen Managementtools und Techniken, dem ich den Namen „AKTIV-Management" gegeben habe.

Nach und nach habe ich meine Erfahrungen, die ich im Laufe der Jahre in den vielen Projekten und unterschiedlichsten Unternehmen gesammelt habe, ausgewertet und systematisiert und daraus standardisierte und erlernbare Strategien und Methoden entwickelt, die ich heute im Rahmen meiner Transformations-Coachings nutze, um meine Klienten und Kunden bei der Erreichung ihrer wirtschaftlichen und auch privaten Ziele zu unterstützen. Auch wenn ich ebenfalls in den letzten 18 Jahren noch einige weitere Auf- und Ab-Phasen erlebt habe und weiß Gott nicht alles rund lief und es noch einige andere Herausforderungen und Themen gab, mit denen ich mich auseinandersetzen musste, kann ich abschließend nur sagen, dass ich meinen Beruf als Beraterin, Trainerin und Coach sehr liebe. Wie ich Eingangs bereits gesagt habe, ist dieser Beruf für mich viel mehr als nur ein Beruf. Denn durch diesen Beruf ergibt meine eigene Lebensgeschichte auf einmal einen Sinn, da ich Menschen bei den unterschiedlichsten beruflichen wie auch emotionalen Herausforderungen zur Seite stehen und sie unterstützen kann. Und das macht mich selbst wirklich glücklich.

Wie wichtig sind für dich Digital-Produkte als Ergänzung in deinem Produktportfolio? Und wie schätzt du deren zukünftige Bedeutung ein?

Kurz gesagt: Unendlich wichtig und ein unbedingtes Muss! Ohne Digital-Produkte kommst du heutzutage nicht mehr klar. Ich muss gestehen, dass ich das Thema, obwohl es mir bereits seit einigen Jahren absolut klar und bewusst ist, leider selbst erst in diesem Jahr sozusagen „in Angriff" genommen habe. Und das kommt garantiert bei mir auf die Liste der unendlich vielen Fehler, die ich im Laufe meiner beruflichen Laufbahn gemacht habe.

Doch wenn ich nicht gelernt hätte, Fehler nicht als Fehler, sondern als Aufforderungen zum Lernen und Wachsen zu betrachten, dann hätte ich vermutlich bereits vor 25 Jahren das Handtuch geschmissen.

Wie würdest du vorgehen, wenn du heute noch einmal bei null starten müsstest? Welche Strategien würdest du den Lesern empfehlen?

Für mich persönlich stellt sich die Frage nicht, auch wenn mir natürlich heute bewusst ist, dass ich alles mögliche hätte besser und anders hätte machen können. **Doch das Leben wird nach vorne gelebt und oft, wenn nicht sogar immer, erst rückwirkend verstanden.** Einmal abgesehen davon bin ich heute unendlich dankbar für jede Erfahrung, die ich gemacht habe, gerade für die schmerzhaften und nicht so positiven. Denn in diesen Zeiten habe ich am meisten über das Leben, die Menschen und vor allem über mich selbst gelernt.

Zum Abschluss möchte ich sagen:

- Sei und bleibe offen, natürlich und authentisch, ganz egal was geschieht
- Sei und bleibe ehrlich, vor allem zu dir selbst und das ist oft der schwierigere Part, weil viele Menschen dazu neigen, sich selbst zu belügen und sich etwas vorzumachen und es sehr viele „blinde Flecken" gibt.
- Lerne dich selbst wirklich kennen und finde heraus, wie du „tickst". Das bedeutet, lerne so früh wie möglich verschiedene Coaching-Tools und Coaching-Methoden kennen und arbeite an deinen blockierenden Glaubenssätzen und Überzeugungen.
- Lerne auf jeden Fall so viel wie möglich über Vertrieb und Marketing kennen wie du kannst. Denn ohne Vertrieb und Marketing wirst du keine Kunden gewinnen und folglich keinen Umsatz machen.
- Und natürlich: Suche dir in jedem Falle einen Mentor, der den Weg schon vor dir gegangen ist und dir die nächsten Schritte zeigen kann.

Habe keine Angst davor, Fehler zu machen, denn Fehler gehören dazu. Aus Fehlern wirst du bzw. kannst du das meiste lernen. Und denke immer daran: Auf Regen folgt immer Sonnenschein. Das heißt, ganz gleich, was passiert, ganz gleich, wie schlecht eine Situation gerade scheinbar auch ist, es gibt immer eine Lösung für jedes Problem! Deshalb: Trau dich einfach!

Und: Keep going! Gib dich selbst und deine Träume niemals auf!

Online findest du mich unter **www.corinna-stark.de** oder schreib mir auch gerne eine Email an **info@corinna-stark.de.**

FUAT & MARTA

Zu wissen wie Geld funktioniert, gehört zum 1x1 des Lebens!

Fuat Akar Marta Akar

18

FMA

Fuat und Marta Akar

Die 4 Schlüssel zur finanziellen Freiheit

Ein Beitrag von Fuat und Marta Akar

DIE SUCHE NACH DEM SINN DES LEBENS

Unsere Eltern sind nach Deutschland gekommen, um uns eine bessere Schulbildung und ein Studium mit Perspektive zu ermöglichen. All das, was ihnen verwehrt blieb. „Sei fleißig in der Schule, damit etwas aus Dir wird und Du nicht in einer Fabrik landest wie wir," sagten sie. Das war der Rat, den wir auf den Weg bekommen haben. Die meisten unter uns kennen diese gut gemeinten Ratschläge der Eltern. Und wie sollte es anders sein, fokussierten wir uns beide auf Abitur, Studium und Karriere. Im Management erfolgreicher Konzerngesellschaften angekommen und mit einem gemeinsamen Jahreseinkommen von über 200.000 Euro merkten wir jedoch: Wir sind nicht frei! Wir sind in einem System gefangen, in dem wir nach den Regeln anderer funktionieren müssen. Wir hatten unter der Woche kaum Zeit für unsere Kinder und die Wochenenden waren dazu da, Energie zu tanken, um ab Montag wieder mit Vollgas durchzustarten. Irgendwann war ein Punkt erreicht, bei dem wir dieses System in Frage gestellt haben. Wer hat das bestimmt? Wir nicht! Und wir erkannten, wir führen kein selbstbestimmtes Leben!

Bis ich ein Rich-Dad Seminar-Angebot in Stuttgart entdeckte und sofort für Marta und mich ein Ticket buchte. Es war unser erstes gemeinsames Seminar, dass wir besuchten und der Beginn unserer persönlichen Weiterentwicklung. Wir haben erkannt, dass es einen Weg in die finanzielle Freiheit gibt. Aber der Zugang fehlte uns. Wir verstanden, dass ein eigenes Business und Investments an der Börse und in Immobilien uns die Möglichkeit schaffen würden, aber wir hatten Angst. Wir haben erkannt: Wenn wir jetzt nach Hause gehen, dann bleibt alles beim Alten. Also haben wir noch vor Ort eine Entscheidung getroffen! Wir gehen diesen Weg und lassen uns begleiten. Wir investieren in uns selbst, was uns niemand mehr nehmen kann. Und wir werden dieses Wissen umsetzen. Dieser Moment ist acht Jahre her und hat unser Leben verändert! Wir haben seither über 350.000 Euro in uns selbst investiert. In Seminare, Coachings und Mentorings. Auf dieser Reise haben wir Höhen und Tiefen, Sackgassen und Umwege erlebt. Gemeinsam haben wir es geschafft, alle Barrieren zu überwinden und ein Millionenbusiness aufzubauen.

Das Wissen, wie Geld funktioniert und wie man es für seine Ziele einsetzen kann, bezeichnen wir als „finanzielle Fitness". Ohne finanzielle Fitness wirst Du niemals in der Lage sein, Deine finanzielle und zeitliche Freiheit zu erreichen. Mit unserer PROZESSREICH GmbH wurden wir 2018 vom Bundespräsidenten a.D. Christian Wulff als TOP CONSULTANT ausgezeichnet und gehörten damit zu den besten Unternehmensberatungen des deutschen Mittelstands. Wir wissen, wie man erfolgreiche Unternehmen aufbaut und wie man Geld für sich arbeiten lässt, um finanzielle Freiheit zu erreichen. Wir haben es vorgemacht und bis heute haben wir hunderte Menschen gecoachet und mit unserer PROZESSREICH Akademie als Mentoren auf dem Weg zur finanziellen Freiheit begleitet. **Nun stellen wir Dir unsere 4 Schlüssel zur finanziellen Freiheit vor und wünschen Dir von Herzen viel Erfolg!**

SCHLÜSSEL NR. 1: DEIN EIGENES BUSINESS

DEIN WARUM

Du brauchst ein eigenes Business! Diese Erkenntnis hat 2012 bei uns eingeschlagen wie eine Bombe. Das war der Schlüssel, um selbst bestimmen zu können, mit wem ich arbeite, wofür ich arbeite und den Preis für den Nutzen den wir erbringen, selbst bestimmen zu können. An dieser Stelle denken viele: Ja, aber sich selbständig machen oder ein eigenes Unternehmen aufzubauen ist nicht einfach und erfordert viel Energie. Ja, das stimmt! Aber Du weißt, wofür Du es tust. Vorausgesetzt Du kennst Dein Warum.

Wenn Dein Warum klar ist und Du Deine Lebensvision vor Augen hast, dann startest Du motiviert und mit hoher Energie in den Tag. Sollte das aktuell bei Dir nicht der Fall sein, dann fehlt Dir der Sinn Deines Tuns. Das solltest Du unbedingt klären. Entweder ist Dein Antrieb Freude, also auf etwas hinzustreben, oder Schmerz, also etwas, dass Du auf keinen Fall weiter oder wieder erleben möchtest – von dem Du weg willst! Vielleicht tust Du es für Dich, für Deine Eltern oder für Deine Kinder. Menschen haben unterschiedliche Motive und daraus resultierende Motivation.

DEINE UNBEWUSSTE KOMPETENZ

Womit solltest Du Dir nun Dein eigenes Business aufbauen? Das ist eine Frage, die viele Menschen sehr lange beschäftigt. Am besten beantwortet sich diese Frage, wenn Du für Dich einmal reflektierst, was Du immer wieder sehr gerne mit Leichtigkeit tust. Gibt es vielleicht ein Thema, womit Du Deinem Umfeld oft kostenlos helfend zur Seite stehst und es Dir große Freude bereitet, dies zu tun? Gibt es ein Themengebiet, wofür Du in Deinem Freundeskreis bekannt bist und oft kostenlos aushilfst?

Wenn Du diese Fragen geklärt hast, geht es im nächsten Schritt darum zu erkennen, was der wirkliche Nutzen und Mehrwert Deiner Fähigkeit ist und ob Du diese noch weiter steigern kannst. Du musst ein Problem lösen, für das Menschen bereit sind zu bezahlen. Schluss mit kostenlos! Ab Jetzt darfst Du Deinen Wert – Deinen Selbstwert – erkennen und Geld für Deine Dienste verlangen. Dies stellt für viele Menschen eine große Herausforderung dar. Der Grund für die Selbständigen, die Selbst-und-ständig am Arbeiten sind und sich irgendwann sogar wünschen, sie wären doch lieber angestellt, ist, dass sie ihren Selbstwert nicht kennen. Sie verkaufen sich entweder unter Wert oder sie lösen beim Kunden kein wahrnehmbares Problem, dass einen höheren Preis rechtfertigen würde.

VERKAUFE ODER VERLIERE

Nicht zu unterschätzen und absolut grundlegend sind die Fähigkeiten des Verkaufens. Du musst lernen zu verkaufen. Punkt! Das ganze Leben ist ein Verkaufsprozess. Wenn Du ein Date hast, verkaufst Du dich und wenn Du Kinder hast, verkaufst Du ihnen Deine Entscheidungen. Verkaufen ist eine andere Art der Überzeugung. Wenn Du also jemanden überzeugen möchtest – wovon auch immer – dann musst Du verkaufen lernen.

DIE BESTE AKTIE DER WELT

Auf dem Weg des unternehmerischen und persönlichen Erfolges solltest Du immer eine Tatsache im Sinn haben: Die beste Aktie bin ICH! Jeder Euro, den Du aktuell für Investitionen zur Verfügung hast, sollte in die Entwicklung Deiner Persönlichkeit und Deines eigenen Business einfließen anstatt in Fonds, Riester-Renten oder Aktien von Unternehmen, deren Management und Philosophie Du nicht wirklich kennst.

Wenn Du nicht bereit bist, fünf- oder sechsstellige Summen in Dich selbst zu investieren, warum sollte es eine Bank oder ein Investor tun? Und merke Dir eins: Man investiert immer in die Menschen hinter dem Business, nie in die Produkte des Unternehmens. Steigere Deinen Marktwert durch Investitionen in Dich selbst und Dein Selbstwert wird ebenfalls steigen. Wir versprechen Dir eins: Wenn Du alle Sparverträge sofort pausierst und mindestens drei Jahre lang jeden Euro in Deine finanzielle Fitness und persönliche Weiterentwicklung investierst, wirst Du in den nächsten drei Jahren weiterkommen als in den letzten zehn Jahren! Und wenn Du die Überholspur möchtest: Dann nimm einen Kredit auf und investiere schon jetzt in Dich selbst und Deine finanzielle Bildung!

SCHLÜSSEL NR. 2: GELD FÜR DICH ARBEITEN LASSEN

Ob Du ein Business hast oder Angestellter bist - in beiden Fällen solltest Du unbedingt lernen, zusätzlich Dein Geld profitabel für Dich arbeiten zu lassen. Du solltest dabei eine ganz wichtige Sache verstehen: Jeder Euro, den Du in der Hand hältst, könnte für Dich arbeiten wie ein Angestellter. Stell Dir vor, Du hast eine Firma mit 500 Angestellten. Würdest Du sie rumsitzen lassen, ohne dass sie für Dich einen Wert schöpfen? Natürlich nicht. Und wenn Du verstanden hast, dass Geld für Dich arbeiten kann, warum lässt Du es schlafen? Du weißt nicht genau wie, stimmts?

DIE BÖRSE UND IHRE RISIKEN

Die einfachste Möglichkeit, sein Geld für sich arbeiten zu lassen, ist: Die Börse. Ja, Du hast Recht. An der Börse verliert man Geld. Wenn man es nicht gelernt hat. Wir wundern uns immer wieder, dass Menschen fünf- bis sechsstellige Beträge an der Börse investieren, weil sie einen Tipp in einem 5-Euro-Magazin gelesen haben. Sie steigen also ein, wissen aber nicht, wie sie unterwegs diese Summe steuern oder ausstoppen sollen, bevor sie gegen die Wand fährt. Würdest Du ohne Führerschein in einen neuen Porsche einsteigen und auf eine Autobahn mit dichtem Verkehr rasen? Ganz sicher nicht! Die Börse ist die Autobahn Deines Geldes. Es gibt Kurven, Turbulenzen, Stop-and-Go und Crashs. Du musst Dir vorab die Fähigkeit aneignen, Dein Geld profitabel und dennoch mit überschaubarem Risiko an der Börse zu bewegen.

Damit meine ich nicht die alte Kostolany-Strategie: Kaufe Aktien, nimm Schlaftabletten und wache in 20 Jahren mit Profit auf! Eine Buy and Hold Strategie setzt nur auf steigende Kurse und beinhaltet selten eine Stop-Loss-Strategie.

DIE BÖRSE UND IHRE CHANCEN

Anders ist das beim Trading, also beim Handel mit Wertpapieren. Das Trading hat uns den Turbo gezündet und unser Geld zusätzlich für uns arbeiten lassen. Dazu haben wir jedoch viele Jahre in Ausbildungen und Lehrgeld gezahlt. Wir wollten nie zu hauptberuflichen

Daytradern mit acht Monitoren im Büro mutieren, aber dennoch effizient Profite erwirtschaften. Das Ergebnis ist, dass wir aus der Summe unserer Erfolge und Fehlschläge eine Strategie entwickelt haben, die uns erlaubt, fünf Prozent Rendite pro Woche zu erzielen und dabei pro Position maximal ein Prozent Risiko einzugehen. Wir haben also einen Airbag eingebaut, der sofort ausgelöst wird, wenn die Kurse ins schleudern geraten. Zusätzlich beinhaltet unsere Strategie ein Assistenzsystem, welches den Kurs einhält, das Risiko sogar auf null herunterfährt und einen Take-Profit aktiviert, sobald sich die Kurse wieder drehen. Du steigst somit mit Gewinnen aus - und das während du bspw. mit Deinem Business beschäftigt bist oder am Strand liegst. Automatisiert. Genau wie bei einem Tesla, der autonom die Lenkung übernimmt und bei Gefahr eine kontrollierte Vollbremsung auslöst. Willkommen im 21. Jahrhundert!

DIE LIZENZ ZUM GELDDRUCKEN

Wir konzentrieren uns hierbei primär auf Devisen, auch unter dem englischen Begriff Forex bekannt. Der Forex Markt ist mit einem täglichen Handelsvolumen von 6.500 Milliarden (6,5 Billionen) US-Dollar der größte Marktplatz der Welt. Der Wechselkurs des "EUR/USD" wird nie auf Null fallen. Selbst bei einem Währungswechsel wie damals von der deutschen Mark zum Euro, wird es einen neuen Wechselkurs geben. Aktien hingegen können massiv an Wert verlieren und deren Unternehmen Insolvenz gehen, was das jüngste Beispiel von Wirecard wieder einmal zeigte. Zusätzlich sind wir an den Rohstoff-Märkten aktiv, denn auch diese haben den Vorteil, dass Silber, Gold und Öl immer einen Substanzwert behalten und nie auf Null fallen werden. Sie schwanken höchstens im Wert.

Spätestens nach diversen Hollywood-Streifen solltest Du verstanden haben, dass man durch Short-Selling auch mit fallenden Kursen an der Börse Gewinne erzielen kann. Und genau das ist der zusätzliche Turbo in unserer Strategie. Stell Dir vor, Du hast alle oben genannten Sicherheitseinstellungen, bei denen Du maximal ein Prozent Risiko eingehst und machst sowohl bei steigenden als auch bei fallenden Kursen Profit! Bei einem Zeiteinsatz von zwei bis drei Stunden pro Woche erzielen unsere Absolventen mindestens zehn Prozent pro Monat. Einige sogar deutlich mehr.

Wenn Du verstanden hast, dass Du für einen Kredit aktuell bspw. zwei bis fünf Prozent pro Jahr an Zinsen zahlen musst und mit Trading pro Monat mindestens zehn Prozent Rendite erzielen kannst, dann bist Du in der Lage Geld zu drucken! So machen es die Banken und Investment-Gesellschaften. Sie geben Dir aber nur 0,001 Prozent pro Jahr auf Dein Guthaben und erzielen monatlich zweistellige Renditen. Selbst wenn Du einen Fonds oder eine Kapitalanlage bei diesen Gesellschaften abschließt, wirst du nichts von dem wahren Profit sehen, sondern immer nur ein Krümel vom gesamten Kuchen abbekommen!

Die Türe zu diesem weltweit größten Marktplatz steht jedem offen.

SCHLÜSSEL NR. 3: IMMOBILIEN-INVESTMENTS

Alle reichen Menschen besitzen neben ihrem eigenen Business ebenfalls Immobilien. Entweder Gewerbeimmobilien oder Wohnimmobilien. Der Grund liegt an wesentlichen Vorteilen, die einen Turbo für den finanziellen Erfolg darstellen. Wir stellen immer wieder fest, dass die Mehrheit der Bevölkerung bei Immobilien nur an das Eigenheim denkt und daran, dass es so schnell wie möglich abbezahlt werden soll. Sie haben also das Ziel, von ihrem Nettoeinkommen aus eigener Kraft ihr Eigenheim abzuzahlen, um irgendwann schuldenfrei (frei von Schuld) in die Rente zu gehen. Wir werden in den nächsten Kapiteln darauf eingehen, woher diese Denkweise stammt und warum sie der Grund für finanziellen Misserfolg ist. Zunächst gehen wir jedoch auf die Vorteile von Immobilien-Investments ein.

DER HEBEL

Einer der wesentlichen Vorteile von Immobilien ist, dass sie Dir die Möglichkeit geben, einen Hebel anzusetzen. Du kennst vielleicht das Hebelgesetz noch von Deiner Schulzeit oder zumindest aus Deiner Lebenserfahrung. Wenn Du beispielsweise einen 100 Kilogramm schweren Steinblock anheben möchtest und dies aus eigener Kraft versuchst, dann könnte Dir das etwas schwerfallen. Leichter wird es jedoch, wenn Du eine zwei Meter lange Stahlstange in Form einer abgewinkelten Brechstange verwendest. Diese Hebelkraft ermöglicht es Dir, mit einem viel kleineren Kraftaufwand das gleiche Gewicht anzuheben. Und genau diese Hebelwirkung gibt es auch in der Finanzwelt! Du hast sie möglicherweise bereits genutzt. Für Dein Eigenheim. Kaum jemand spart zuerst 500.000 Euro mit dem Ziel, sich damit sein Häuschen bar zu kaufen. In der Regel bringt man je nach Bonität zehn bis zwanzig Prozent Eigenkapital mit und der Rest wird finanziert. Ab hier wird dann brav vom Nettolohn das Häuschen abbezahlt und die gesamte „Schuld" beglichen.

Und nun stell Dir vor, du investierst 500.000 Euro in ein Immobilien-Investment. In München bekommst Du eine halbe Wohnung dafür und im Randgebiet von Bielefeld ein Mehrfamilienhaus. Wir nehmen mal eine realistische Rendite von fünf Prozent an, was jährliche Mieteinnahmen von 25.000 Euro bedeuten würde. Wir vereinfachen das Beispiel etwas und lassen hier die Details wie Kaufnebenkosten, Mietsteigerungspotential, Rücklagen, Hausverwaltung, wertsteigernde Maßnahmen etc. aus, um Dir einfach eine Idee vom Prinzip des Hebels zu geben.

Bei der Finanzierung dieses Investments würdest Du üblicherweise zehn Prozent Eigenkapital einbringen, wie auch bei Deinem Eigenheim. Und aktuell würdest Du wahrscheinlich ein Darlehen mit einem Zins von maximal zwei Prozent und eine Tilgung von zwei Prozent abschließen. Also vier Prozent Annuität zu fünf Prozent Mieteinnahmen. Nehmen wir einfach an, dass die übrigen ein Prozent Cashflow nicht entnommen werden und als Kosten ins Objekt einfließen.

Nun hast Du mit 50.000 Euro Eigenkapital ein Objekt im Wert von 500.000 Euro gekauft, welches Dir 25.000 Euro Miete einbringt. Davon fließen zwei Prozent Tilgung, also 10.000 Euro, in Dein Vermögen ein.

Beim genauerem Hinsehen kannst Du nun erkennen, dass Du nicht nur eine Mietrendite von fünf Prozent, sondern eine Eigenkapitalrendite von zwanzig Prozent erzielst (10.000 Euro von 50.000 Euro). Das ist das Geheimnis des Hebels. Das Ziel ist, mit wenig Eigenkapital eine hohe Eigenkapitalrendite zu erzielen!

Vergleich das mal mit einem Rentensparplan, der Dir zwei Prozent Rendite auf Dein Eigenkapital einbringt.

SCHUTZ VOR INFLATION

Die Inflation ist ein von der Regierung bewusst eingesetztes Mittel, um die Wirtschaft am Leben zu erhalten. Mit einer angestrebten Inflation (Teuerungsrate) von zwei Prozent möchte man gezielt, dass sich die Produkte des täglichen Lebens verteuern. Das ist ein schleichender Prozess und man bemerkt nur sehr schwer in einer kurzfristigen Betrachtung, dass sich etwas verändert. Wenn Du jedoch einmal zehn Jahre zurückblickst und die Preise für unterschiedliche Waren oder Dienstleistungen vergleichst, dann erkennst Du ganz klar, dass diese heute mehr kosten. Das bedeutet nicht, dass die Waren im Wert gestiegen sind, sondern dass das für den Eintausch benötigte Geld an Wert verloren hat und Du deshalb mehr davon auf den Tisch legen musst, um ein Kilogramm Tomaten oder Kartoffeln zu kaufen oder eben ein Häuschen.

Wenn Die Inflation also dafür sorgt, dass Geld seinen Wert verliert, dann gilt dies nicht nur für Guthaben, sondern auch für Schulden. Ein 100.000 Euro Kredit für die Wohnung wird in Relation zur finanzierten Wohnung im Wert immer weiter sinken, während der Wert der Wohnung steigt.

Übrigens erkennst Du jetzt vielleicht, dass eine Kapitalanlage oder ein Rentenvertrag mit 2% Rendite bei einer Inflation von 2% ein Nullsummenspiel ist. Die Inflation vernichtet Deine Ersparnisse!

STEUERLICHE VORTEILE

Ein weiterer wesentlicher Vorteil von Immobilien-Investments ist, dass Du Deine Kapitalanlagen nach zehn Jahren verkaufen kannst und der daraus erzielte Gewinn komplett steuerfrei bleibt. Zusätzlich kannst Du während der zehn Jahre wertsteigernde Maßnahmen von Deiner Einkommenssteuer absetzen und senkst somit Deine Steuerlast. Du beteiligst das Finanzamt also an der Finanzierung Deiner Objekte und holst Dir Einkommensteuern zurück, die Du als Angestellter oder Unternehmer bereits gezahlt hast. Dabei sind natürlich Fristen und Wertgrenzen zu beachten, auf die wir hier nicht eingehen können. Nehmen wir aber zur Veranschaulichung das Objekt mit 500.000 Euro als Beispiel. Nach zehn Jahren wird dieses Objekt inflationsbedingt sehr wahrscheinlich einen höheren Preis haben. Du verkaufst dieses Objekt bspw. für 700.000 Euro und erzielst einen Gewinn von 200.000 Euro (vereinfacht dargestellt, ohne Abschreibung). Dieser Gewinn ist für dich komplett steuerfrei. Und wenn Du bei der Bank bspw. noch einen Restkredit von 400.000 Euro offen hast, dann musst Du auch diesen ablösen, wodurch Dir also final vom Verkaufserlös 300.000 Euro cash steuerfrei auf Deinem Konto verbleiben. Dabei solltest Du nicht vergessen, dass damals Dein Eigenkapitaleinsatz nur 50.000 Euro betragen hat. Das entspricht einem Wertzuwachs von 500 Prozent ! Dies ist ein vereinfachtes, aber durchaus realistisches Beispiel.

Nun erkennst Du in Summe sicherlich durch den Finanzierungshebel, die Inflation und die Steuervorteile die enorme Macht der Immobilien-Investments, um Dir ein Vermögen aufzubauen.

SCHLÜSSEL NR. 4: DEIN MINDSET

Dein Mindset ist das Fundament Deines Erfolges. Entweder es ist stabil und trägt Dich oder es lässt Dich samt Deiner Träume und Ziele einstürzen.

DEINE ANGST VERHINDERT DEN ERFOLG

Wir leben im Informationszeitalter. Google, Youtube und viele Facebook-Gruppen dienen dazu, sich Wissen zusätzlich zu Büchern und Seminaren anzueignen. Dennoch kommt es sehr häufig vor, dass Menschen zwar wissen, dass sie investieren müssen, Geld entwertet wird, ihre aktuellen Finanzprodukte in 20 Jahren kaum was Wert sein werden, sie in einem

Hamsterrad stecken usw., aber dennoch nichts unternehmen, um ihre Situation zu ändern. Sie haben Angst!

Der Grund dieses Verhaltensmusters liegt in der menschlichen Evolution. Menschen fühlten sich seit jeher in ihrem gewohnten Umfeld, in ihrem Dorf sicher. In der weiten Ferne jedoch, auf unbekanntem Terrain wissen wir nicht, was uns erwartet. Und unser Umfeld hat ganz viele Gruselgeschichten auf Lager, was in der Ferne alles passieren könnte, ohne selbst das Dorf je verlassen zu haben.

DEIN UMFELD BESTIMMT DEINE ERGEBNISSE

Ein in vielen Kulturen bekanntes Sprichwort lautet: „Zeig mir Deine Freunde und ich sage Dir, wer Du bist". Achte bewusst darauf, wessen Meinung und Rat Du annimmst. Du musst Dir unbedingt angewöhnen, dass Du in Themen zu Erfolg, Mindset und Finanzen nur auf Menschen hörst, die bereits dort stehen, wo Du bald sein möchtest.

Wir erleben immer wieder, wie die alten Glaubenssätze und ein geringer Selbstwert den Erfolg vieler Menschen blockiert. Dabei schlummert in ihnen ein sehr großes Potenzial. Ohne Dich zu kennen sind wir uns sicher, dass auch in Dir ein ungelebtes großes Potenzial steckt, dass in einem Umfeld mit den gleichen Zielen, den richtigen Strategien und manchmal auch mit einem liebevollen Tritt in den Hintern zum Vorschein kommt und Dich Deine Ziele erreichen lässt!

ZEIT IST GELD

Entweder Du hast Zeit oder Du hast Geld. Fehlt Dir beides, dann machst Du in Deinem Leben etwas falsch! **Die einzige Lösung für dieses Problem ist: Deine finanzielle Fitness aufzubauen.** Wenn wir das geschafft haben, dann schaffst Du es auch. Wir wünschen Dir von Herzen viel Erfolg.

JULIA
Bock

Was ist, wenn's richtig geil wird?!

Julia Bock

16
JB
Julia
Bock

Erfolg über Nacht...

Ein Beitrag von Julia Bock

... oder "was ist, wenn's richtig geil wird"?!

Erfolg kommt über Nacht...nicht.

Ja klar wünscht man sich den schnellen Weg zu Ruhm, Geld, Karriere oder schlicht einem erfüllenden, aber lukrativen Business. Sorry but no-Sorry...egal was du dir wünschst, du wirst ein bisschen Arbeit reinstecken müssen. Social Media gaukelt uns gern vor, dass alles ganz leicht ist. Aber auch wenn es heute einfach ist, mit seinem Business erfolgreich durchzustarten, so ist es doch nicht immer leicht. Allein der Fakt, dass wir heute täglich mit bis zu 60 Millionen Messages auf sozialen Plattformen konfrontiert werden, dürfte dir deutlich machen, dass ein wenig mehr zu einem erfolgreichen Business gehört als ein simpler Post auf Facebook oder Instagram. Selbst Justin Bieber hat jahrelang Videos auf YouTube und Co hochgeladen, bevor er „entdeckt" wurde. Tobias Beck ist von Bühne zu Bühne, von Auftritt zu Auftritt gegangen, bis er „über Nacht" erfolgreich wurde. Egal wen du dir ansiehst, nachhaltiger Erfolg kommt nicht über Nacht, sondern immer nur über langfristige Zielsetzung und nachhaltige (ethisch korrekte) Arbeit. Nachdem wir das nun geklärt haben, schauen wir uns doch einmal gemeinsam an, wie die Schritte zu deinem glückseligmachenden Business wirklich aussehen.

Julia Bock begeistert ihre Kunden seit vielen Jahren als BusinessQueen

By the way Darling, noch ein Wort zur Nutzung dieses Kapitels. Du wirst Elemente lesen, bei denen du dir denkst „hab ich schon", „kann ich schon" oder „schon gehört"... Diese Gedanken sollten dir zu denken geben! Denn sie verhindern, dass du deinen status quo überprüfst und vor allem verbessern kannst.

Ich möchte dir kurz eine Geschichte aus China erzählen, von einem Mann, der alles über die Welt und den Sinn des Lebens lernen wollte. Er reiste um die ganze Welt, sammelte alles an Wissen was er konnte, bis zum Schluss nur noch ein Mann übrig blieb, von dem er lernen konnte. Ein Zen-Meister irgendwo hoch in den Bergen. Der Mann bekam auch tatsächlich einen Termin beim Meister – und wie du dir sicher vorstellen kannst – war er wahninnig aufgeregt, als er den Meister traf. Er klagte und erzählte, was er alles bereits wusste und welche Fragen offen geblieben sind. Er erzählte über seine Verzweiflung, dass er nicht alle Fragen des Lebens beantworten konnte. Während der Mann klagte und jammerte, kochte der Meister eine Kanne Tee. Der Mann erzählte weiter und weiter...und währenddessen schenkte der Meister Tee ein. Bis die Tasse irgendwann überlief. Aber der Meister hörte nicht auf, er goss weiter Tee in die Tasse. Der Mann sprang auf und rief entsetzt „Stopp! Die Tasse ist doch voll, das müssen Sie doch sehen!" Der Meister hörte auf, schaute den Mann an und sagte „Mit der Tasse ist es wie mit dir. Du bist voll gefüllt mit Wissen, mit Fragen, mit Vorurteilen. Wie kann ich dir Antworten geben, wenn gar kein Platz mehr ist? Nur wenn du deine Tasse leerst, hast du wieder Platz für Neues, für Einsichten und Ideen."

Schritt 1: Hinterfrage alles!

Egal ob du bereits jahrelang im Business bist oder gerade erst frisch gestartet. Den größten Fehler, den du machen kannst, ist alles für richtig und wahr anzunehmen, was du bisher gemacht hast. Wenn du aktuell noch nicht an dem Punkt bist, wo du hinwillst, wenn du dich weiterentwickeln, wenn du wachsen willst, dann drück den Reset-Knopf. Mach dir die „Mühe" und beantworte zunächst die folgenden Fragen - und denk dabei an die Geschichte über den Tee.

1. Was ist der Kern deines Business? Dein Hauptprodukt?
2. Wie hebt sich dein Business von anderen ab?
3. Welche Probleme löst dein Angebot?
4. Wer sind deine absoluten Lieblingskunden?
5. Was sind die Träume und Wünsche deines Kunden?
6. Welche Hoffnungen deiner Kunden erfüllt dein Angebot?

Sicher wirst du nicht jede Frage sofort oskarreif beantworten, das ist kein Problem – denk heute über die Antwort nach und morgen, übermorgen und die Tage danach!
Ganz ehrlich, ich bin seit 13 Jahren Unternehmerin – erfolgreich bin ich vor allem deshalb, weil ich mir regelmäßig diese Fragen beantworte. Meine KundInnen kommen zu mir, weil sie sich von mir verstanden fühlen...und ja, natürlich auch, weil ich das geilste Angebot habe. Aber was macht denn ein wirklich geiles Angebot aus?

Schritt 2: Kreiere das geilste Angebot auf dem Planeten

Jaha...macht ein bisserl Angst die Vorstellung, oder? Ich meine mal im Ernst: Das geilste Angebot auf dem Planeten? Wie soll denn das gehen? Da gibt es doch noch so viele andere Anbieter... und einige von denen sind wirklich gut... also auch gut, so wie du. Genau das ist das Problem. Schätzelein, das geilste Angebot auf dem Planeten...für deine Traum-Kunden. Beginne immer mit dem kleinstmöglichen Schritt – also auch mit der kleinstmöglichen Zielgruppe. Denn bist du für alle, bist du für keinen. Ist in einer Beziehung genauso wie im Business.

Ich bitte dich, stell dir doch mal vor, dein Partner bzw. deine Partnerin würde ständig mit anderen ins Bett hopsen. Wie ungeil ist das denn bitte? Es sei denn du stehst auf so etwas, dann ist es vermutlich für dich genau das Richtige. Ich glaube, du verstehst, worauf ich hinaus will. Es muss für dich UND deine Kunden passen – und zwar nur für euch beide.

Den Lärm, den deine Konkurrenz (oder besser deine MitBewerber) da draußen machen, ist eh für die Katz, denn deine Kunden lieben dich, weil du nur für sie da bist... exklusiv für sie. Genau darauf baut auch das geilste Angebot auf dem Planeten auf! Schau mal, den Fehler, den die meisten machen, ist (ich habe den übrigens früher auch gemacht), dass sie möglichst viele Kunden „abgreifen" wollen. Das geht aber sowas von in die Hose!

Wir alle wollen zwar gleich sein – gleich reich, gleich gesund, gleich glücklich – aber wir wollen auch ganz zwingend individuell sein. **Einzigartig!** Wir wollen das Gefühl haben, dass sich die Welt vor allem um uns dreht. Wenn du es schaffst, deinen Kunden dieses Gefühl zu vermitteln (und dann auch wirklich lieferst!), dann herzlichen Glückwunsch, du hast das geilste Angebot auf dem Planeten gefunden. Ok fassen wir Schritt 2 mal der Vollständigkeit halber zusammen und schauen es uns am Beispiel eines Rauchentwöhnungstrainers an:

a) Definiere, wer WIRKLICH deine absoluten LieblingsKunden sind – ich meine wirklich, wirklich – die Kunden, denen du auch noch um Mitternacht gern Fragen beantwortest, die Kunden, denen du zu 1000% helfen kannst.

Seien wir ehrlich, die meisten Selbständigen definieren ihre Kunden als männlich oder weiblich, Alter: 25 bis 55 Jahre, Interessen: Rauchen. Buh! Viel zu oberflächlich! Dein Kunde hat ein Leben! Was tut er in diesem Leben? Welche Werte hat er?

b) Welches Problem löst du für sie? Beschreibe das Problem so spezifisch wie möglich! Wenn du das Gefühl hast, dass es davon maximal 10 Leute auf dem Planeten gibt, bist du auf dem richtigen Weg! Denken wir mal an den Raucher als deinen LieblingsKunden... Ich meine jetzt nicht so etwas oberflächliches wie „sie sind rauchfrei" oder „sie werden schlank" oder „sie sind raus aus dem Burnout". Ich meine das, was dahinter steht. Stell dir am Besten 3 mal die Frage WARUM brauchen bzw. wollen sie es. Also warum will jemand rauchfrei werden? Weil sie nicht mehr in jeder Pause aus dem Zimmer hetzen. Warum will sie nicht mehr raus? Weil sie es nicht leiden kann, bei Wind und Wetter draußen zu stehen und abhängig von ihrer Zigarette zu sein? Warum kann sie es nicht leiden? Weil es ihr wertvolle Lebenszeit stiehlt und sie nachher stinkt wie ein Aschenbecher. Hier liegt die eigentliche Motivation ein Angebot von dir als Rauchentwöhnungstrainer zu kaufen... Falls du einer bist. Die Angst Lebenszeit zu verlieren...wir könnten noch tiefer gehen und analysieren, dass das „Stinken" verhindert, dass ihre heimliche Liebe am Arbeitsplatz Notiz von ihr nimmt, weil er Nichtraucher ist. Oder weil sie bereits die ersten Schritte ihres Babys verpasst hat, weil sie genau in dem Moment auf dem Balkon stand und rauchte

Du siehst, es gibt verschiedene Gründe, warum jemand seine Lebenszeit bewahren will. Dein geilstes Angebot resultiert also aus den Eigenheiten deines LieblingsKunden und aus seinen ganz individuellen Problemen. Wenn es dir gelingt, das zu kommunizieren – sprich den Mehrwert deines Angebotes – richtig herauszustellen, hast du das geilste Angebot des Planeten! **Wichtig! Beschreibe im Angebot die Transformation, die dein Kunde macht. Nicht WIE es gehen soll. Denn das WIE interessiert den Kunden häufig am Wenigsten.**

Schritt 3: Finde die richtigen Kunden

Und jaaaa – das ist der Teil an dem es spannend wird! Ich für meinen Teil LIEBE Facebook! Es gibt meiner Erfahrung nach keine bessere Plattform, um deine Kunden zu erreichen. Letztlich hast du hier zwei Varianten.

Variante 1 – du baust dir organisch Reichweite auf, indem du täglich aktiv auf Facebook bist.

Zum Beispiel, indem du live gehst auf deiner FacebookSeite und indem du aktiv bist in fremden Gruppen. **Aber Achtung:** In meiner FacebookGruppe **„Become a BusinessQueen"** dulde ich z.B. keine Werbung, da liefere ich nämlich jede Menge Business- und Mindset Inputs für BusinessQueens (und natürlich auch ausgewählte BusinessKings) und will nicht, dass die Mitglieder mit Werbung überschüttet werden.

Da bin ich auch kein Einzelfall. Das heißt, wenn du in fremden Gruppen aktiv sein willst, dann stifte dort einfach nachhaltig Mehrwert und schreib nicht wild Gruppenmitglieder an. Das mögen nämlich die wenigsten und ist auch nicht wirklich gut fürs Karma. Das Gleiche gilt übrigens für Instagram – auch dort geht es nicht vordergründig darum ständig deine Dienstleistungen in den Vordergrund zu stellen, sondern Wert für die Nutzer zu stiften. Du merkst schon, ich bin keine wirkliche Freundin davon, Kunden rein organisch zu gewinnen. Fakt ist aber, dass sowohl Insta als auch FB perfekt geeignet sind, um deine Expertise zu zeigen, einen Blick hinter die Kulissen deines Business zu gewähren und so Vertrauen zu schaffen. Organisches Wachstum ist also ohne Frage wichtig, aber es erfordert halt auch viel Zeit. Wenn du ein paar Jahre Zeit hast, perfekt! Ansonsten empfehle ich dir vor allem am Anfang eher auf Variante 2 zu setzen!

Variante 2 – bezahlte Reichweite

Du ahnst es schon, es geht um FacebookAds... Und ja, Facebook verhält sich manchmal wie eine Diva, aber sie bietet dir auch die genialsten Möglichkeiten, dein Angebot genau vor deinen LieblingsKunden zu präsentieren! Ehrlich, Facebook kennt deine Kunden so gut wie kaum eine andere SocialMedia-Plattform! Sie weiß alles über sie. Facebook kennt die Interessen deiner Kunden, wann sie online sind, was sie nicht mögen und wann sie am kaufbereitesten sind. Klingt perfekt...ist es auch – fast. Die Herausforderung liegt natürlich darin, Facebook zumindest soweit zu verstehen, dass du Werbeanzeigen schalten kannst, ohne Geld zu verbrennen. Schau dir dafür gern mein kostenfreies OnlineTraining an: **https://businessqueen.com/fb-kundengewinnung**

Schritt 4: Verkaufen

Wohoo! Ich liebe Verkaufen! Im Ernst! Ich! Liebe! Verkaufen! Aber es gibt viele, die vorm Verkaufen regelrecht Angst haben... Weil sie denken, sie können es nicht und ihre Interessenten kaufen sowieso nicht von ihnen. Das liegt selten an den potentiellen Kunden, aber viel öfter an den Verkäufern Letztlich braucht es 3 wichtige Dinge, damit du erfolgreich verkaufst.

1. Vertrauen
2. Relevanz
3. Selbstwert

Lass uns diese 3 Punkte etwas genauer ansehen bevor wir in die Details des erfolgreichen Verkaufes einsteigen. Dein Kunde muss dir Vertrauen, deinem Unternehmen vertrauen und deinem Produkt vertrauen. Ist nur eines dieser 3 Vertrauensverhältnisse gestört, dann wird kein Verkauf zustande kommen. Und Recht hat dein Kunde. Denn gerade wenn du in der Beratungs- oder Coaching-Branche aktiv bist, steht und fällt der Verkauf mit dem Vertrauen deines Kunden. Der zweite Punkt ist äußerst wichtig für die Kaufentscheidung deines Kunden. Wenn dein Angebot keine Relevanz für ihn hat, wird er nicht kaufen. Warum auch? Hör deinem Kunden also ganz genau zu, was er braucht und was er möchte. Nur wenn beides zu dir und deinem Angebot passt, mach ihm ein Angebot. Selbstwert – Punkt 3 – ist für viele eine knifflige Sache. Egal wie selbstbewusst oder angebunden ein Mensch ist, für viele stellt es eine Herausforderung dar, an sich und ihr Können zu glauben. Dabei ist gerade dieser Punkt extrem wichtig, damit du verkaufen kannst. Nur wenn du von dir überzeugt bist, dass du wirklich helfen kannst mit deinem Angebot, strahlst du das auch aus! Ein Verkaufsgespräch dient dazu herauszufinden, ob Anbieter und Käufer zueinander passen. Ob das Produkt einen wirklichen Mehrwert für den Käufer liefert.

Ich gebe dir ein Beispiel: In einem Verkaufsgespräch biete ich dem Kunden nicht einfach eines meiner hochpreisigen Coachings an. Ich prüfe im Interesse des Kunden im Gespräch folgende Punkte:

1. Kann ich ihm bzw. ihr wirklich helfen?
2. Will sich der Kunde wirklich helfen lassen und ist er coachbar?
3. Will ich dem Kunden helfen?

Punkt 1 ist extrem wichtig, denn nur wenn du dem Kunden einen wirklichen Mehrwert liefern kannst, wenn du ihm bei der Lösung eines Problems helfen kannst, solltest du ihm ein Angebot machen. Punkt 2 ist besonders wichtig für alle Coaches, Berater und Trainer! Denn wenn dein Kunde nicht bereit ist, Dinge zu hinterfragen und sich beraten bzw. coachen zu lassen, dann nutzt ihm das beste Angebot von dir nichts. Es wird sich in seinem Leben nichts verändern! Du kannst Menschen zu nichts zwingen. Weder zu dem Kauf einer wirklichen Lösung für ihr Problem noch zur Veränderung bestimmter Verhaltensmuster. Doch gerade im Coaching spielt die Veränderung von Verhaltensmustern häufig eine wesentliche Rolle. Ist der Kunde dazu nicht bereit, dann kannst du ihm nicht helfen. Das frustriert dann deinen Kunden und schadet deiner Reputation.

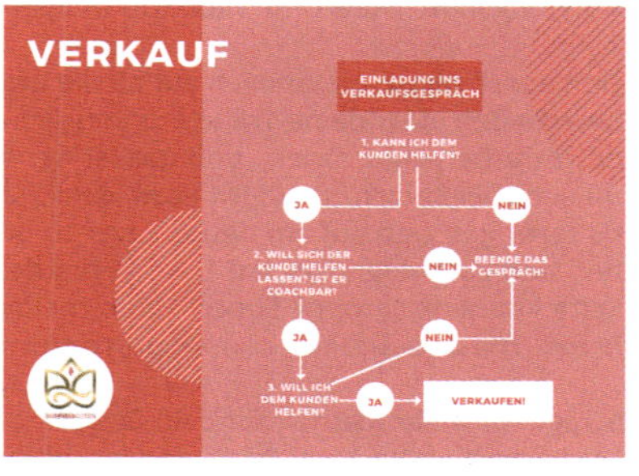

Punkt 3 mag eigenwillig klingen – vor allem, wenn man am Anfang steht und froh ist über jeden Kunden, der kaufen will. **Aber ehrlich:** Stell dir jetzt mal einen Menschen vor, den du überhaupt nicht leiden kannst. Der vielleicht ein Verhalten zeigt, das völlig deinem Wertesystem widerspricht. Und nun stell dir vor, du musst jede Woche 1 bis 2 Stunden mit ihm zusammenarbeiten. Intensiv. Sollst ihm helfen. Obwohl du ihn vielleicht nicht wirklich gut leiden kannst. Was glaubst du bitte, wie effektiv deine Hilfe dann ist? Mach es dir zur eigenen Regel, nur mit Menschen zu arbeiten, die dir sympathisch sind. Das ist nicht böse, das ist der einzige richtige Weg und nur fair deinem Kunden gegenüber! Übrigens, wenn du mehr darüber wissen willst, wie du entspannt deinen ersten Hochpreis-Kunden gewinnst, dann lade dir hier gern meinen Guide kostenfrei herunter: **https://businessqueen.com/hochpreiskunde**

Schritt 5: Dranbleiben!

Vielleicht wunderst du dich, wenn ich sage „Es geht nicht darum, WIE du etwas erreichst, sondern WAS du erreichen willst." Seien wir ehrlich zueinander: Wie oft hast du dich schon davon abhalten lassen, etwas zu tun, weil du nicht wusstest wie?! Du bist absolut nicht die Einzige, die jetzt sagt „ab und zu"... meist gefolgt von einem Gedanken, der in etwas so klingt „ich muss ja aber auch wissen, wie ich etwas mache, bevor ich es mache". Das Problem bei dieser Sache ist folgendes: **Das Universum kennt keine Bedingungen. Dein Gehirn kennt keine Bedingungen. Außer absoluten Excel-Freaks liebt keiner wenn-dann-Funktionen!** Wenn ich erst weiß, wie ich Kunden finde, dann werde ich mich selbständig machen. Wenn ich erst genug Geld habe, dann werde ich mir ein Coaching gönnen, um mein Business aufzubauen. Seien wir ehrlich! Das ist der letzte Bullshit. Das ist die perfekte Ausrede, um nicht tätig zu werden. Du willst bleiben, wo du bist? Dann beginne deine Sätze mit „wenn ich erst... dann...". Mindestens genauso tödlich sind übrigens Sätze, die beginnen mit „Was ist, wenn..." Was ist, wenn ich scheitere? Was ist, wenn ich doch keine Kunden finde?

Was ist, wenn ich doch nicht so gut bin? Der einzig zulässige Was-ist-wenn-Satz ist meiner: Was ist, wenn's richtig geil wird?! Warum bin ich bei diesen Sätzen so militant? Sie töten deine Kreativität, sie töten deine Entwicklung, sie töten alles, was du sein kannst, aber noch nicht bist! Sie sind die perfekte Ausrede, um nichts zu tun und sich zu beklagen, dass im eigenen Leben nichts so klappt, wie man es sich wünscht. Die Frage ist, würdest du dich auf eine Bühne vor 1000 Menschen stellen und etwas tun, von dem du überzeugt bist, dass du es nicht kannst? Nein? Ok, du bist wahrscheinlich nicht die Einzige.

Wie aber schaffen es einige Menschen, etwas zu tun, wovor andere schreiend davonrennen würden oder alle einfach schlicht und ergreifend der Auffassung sind, dass es nicht möglich ist, das zu tun? Sie schaffen es dank ihrer Vorstellungskraft. Ihre Gedanken ermöglichen ihnen, das Unmögliche zu erreichen! Erinnerst du dich an Felix Baumgartner? Den Verrückten, der aus 10.000 Meter Höhe gesprungen ist? Was denkst du wohl, wie viele ihm gesagt haben, es geht nicht? Er kann unmöglich aus dieser Höhe springen und überleben! Er wird ins Trudeln kommen und abstürzen! Er wird zerschmettert unten aufkommen und nichts erreicht haben! Die Geschichte ging anders aus...trotz gegenteiliger Prognosen. Ist er ins Trudeln gekommen? Ja! Aber er hat sich gefangen. Hätte er auf all die Zweifler und Nörgler gehört, wären ihm viele Erfahrungen entgangen. Merkst du, was ich dir sagen will?

Du kannst selbstverständlich auf all die Zweifler und Nörgler hören. Du kannst einfach beschließen, dass deine Träume unmöglich zu erreichen sind. Und glaub mir, dann wirst du recht behalten. Oder - und das ist der Weg, den meine KundInnen mit mir gehen - du entschließt dich zu 1000% dazu, dein Ziel zu erreichen. Lust darauf, dein Business zu hinterfragen und auf ein neues Level zu bringen? Dein Business mal so richtig zu pushen und zu energetisieren? Lust, Verkaufen und Facebook mal von einer völlig neuen Seite kennenzulernen? Super! Dann melde dich jetzt an zu meiner BQ-Projektwoche! **https://businessqueen.com/expertenformel**

5 Tage für mehr Klarheit für dein Business, eine zielführende ErfolgsStrategie und mehr Leichtigkeit im Verkauf! Egal übrigens, ob du Produkte oder Dienstleistungen verkaufst, Hochpreis-Coach, Trainer oder Berater bist, ob dein Angebot bereits fix und fertig ist oder ob du noch ganz am Anfang stehst. Du bekommst klare Inputs für dich und dein Business, MindsetImpulse, um entspannter erfolgreich zu werden und natürlich jede Menge wertvoller Impulse, wie du Facebook für dich und dein Business nutzen kannst und leichter dein Angebot verkaufst – auch wenn du bisher noch keine genaue Vorstellung davon hast, wie

das funktionieren soll. Und natürlich ist die Projektwoche sowohl für BusinessQueens als auch für BusinessKings!

Also, wie sieht es aus Darling? Wirklich bereit für eine Veränderung? Dann ist die BusinessQueen-Projektwoche genau das Richtige für dich! Melde dich jetzt gleich an: **https://businessqueen.com/expertenformel**

Ich freu mich auf dich!

Deine Julia Bock aka BusinessQueen

Online findest du sie hier:

Facebook: **https://www.facebook.com/groups/becomeabusinessqueen**

Instagram: **https://www.instagram.com/businessqueen.julia/**

OnlineTraining: **https://businessqueen.com/fb-kundengewinnung**

Freebie: **https://businessqueen.com/expertenformel**

Du willst intensiver mit ihr arbeiten? Dann sicher dir hier einen Platz in ihrer Projektwoche: **https://businessqueen.com/expertenformel**

© Ecki Raff

KATRIN Hill

Greif nach den Sternen, um den Himmel zu erreichen!

Katrin Hill

23

KH

Katrin
Hill

#UnperfektPerfekt und #EinfachMachen bringen dich in die Umsetzung

Ein Beitrag von Katrin Hill

Vom Tellerwäscher zum Millionär? Klingt ein bisschen nach Klischee, aber so war es tatsächlich auch bei mir. Ich möchte dir deshalb meine Erfolgsgeschichte auf Umwegen erzählen und dich damit dazu inspirieren, deine eigene zu schreiben Denn alles ist möglich und genau das soll dir mein Beispiel zeigen. Ich verrate dir, wie ich damals sofort mit meiner Selbständigkeit Geld verdiente und wie meine Vision und das Wachstum meines Business auf dem Weg immer größer wurden.

WIE ALLES BEGANN

Ich bin Katrin Hill und heute führende Facebook Marketing Expertin im deutschsprachigen Raum mit 24.000 Abonnenten, aber das war natürlich nicht immer so. Ursprünglich studiert habe ich internationales Tourismusmanagement mit Schwerpunkt Marketing. Tourismus wurde es wohl damals, weil ich einfach so unglaublich gerne reise. Ja, man kann sagen, ich liebe es zu reisen und die Welt und ihre Menschen zu entdecken! Bereits mit 16 Jahren war ich das erste Mal ganz alleine in den USA für ein Jahr bei einer ganz tollen Gastfamilie, mit der ich noch heute einen guten Kontakt habe. Mein Auslandssemester während des Studiums verbrachte ich zudem in Südafrika und nach meinem Abschluss ging ich zuerst nach Hamburg. Danach reiste ich weiter nach Chile, um dort im Tourismus zu arbeiten.

2011 gingen mein heutiger Ehemann und ich dann nach Neuseeland. Wir wollten drei Jahre in diesem wunderbaren Land bleiben und uns auch feste Arbeitsplätze suchen, anstatt auf Dauer immer nur Kiwis zu pflücken. Er fand schon nach kurzer Zeit direkt einen Job als Zahntechniker und ich wollte im Marketingbereich tätig werden. Währenddessen lebten wir in Nelson im Norden der Südinsel und genossen es sehr, von unserer Haustür aus in 15 Minuten am Strand und in den Bergen sein zu können.

Kurz darauf startete ich schließlich mit einem Zeitarbeitsjob. Und so arbeitete ich drei Wochen als Tellerwäscherin in einem Krankenhaus, als Putzfrau und auch als Kellnerin in Restaurants. Bis ich dann endlich einen Job bei einem Marketingberater bekam, was wirklich ein absoluter Glücksfall war. Mein Arbeitgeber spezialisierte sich damals auf Print und Radiowerbung, doch seine Kunden wollten eine eigene Website, Newsletter und Social Media Marketing. Weil der Bedarf da war, gründete er für mich die Firma "Web Angels". So wurde ich also vom Tellerwäscher zum Webengel und hatte von Anfang an volle Auftragsbücher! Alles, was ich im Tourismusstudium damals über das Online-Marketing nicht gelernt hatte, brachte ich mir in dieser Phase einfach selbst bei.

In Neuseeland war es einfacher

Nach nur einem Jahr in Neuseeland gingen wir frühzeitig zurück nach Deutschland und meine Kunden gingen mit mir. Das erleichterte mir den Start in Deutschland sehr. Und dennoch schaffte ich es nicht, ein wirklich profitables Unternehmen aufzubauen. Die ersten drei Jahre zahlte ich keine Steuern, weil der Gewinn so niedrig blieb. Dabei tauschte ich Zeit gegen Geld und mein Stundenlohn war natürlich viel zu niedrig. Ich hatte ihn in einem Existenzgründerkurs der IHK errechnet und kam damals auch gar nicht auf die Idee, dass 35 Euro pro Stunde niemals reichen könnten, um aus dem Hamsterrad auszusteigen. Auch die Kundenakquise stellte sich hier als wesentlich komplizierter dar. In Neuseeland war die Nachfrage so groß und das Angebot winzig klein. Auch in Deutschland war die Nachfrage groß, jedoch auch das Angebot. Mit meinen geringen Erfahrungen konnte ich mich also nur über den Preis verkaufen. Das Netzwerken vor Ort war auch sehr viel schwieriger als in Neuseeland. Zusammenfassend war es wirklich ernüchternd und überhaupt nichts so leicht, wie ich es mir gewünscht hatte.

Mein großer Wendepunkt

So konnte es auf jeden Fall nicht langfristig weitergehen. In dieser Zeit wurde ich zudem schwanger mit meiner Tochter und ich rechnete mir also aus, was es bedeutet, mit Kind vielleicht nur noch die Hälfte der Zeit arbeiten zu können. Damals war ich wirklich kurz davor aufzugeben und mich doch einfach wieder fest anstellen zu lassen. Ich entschied mich dann zwar aus irgendeinem inneren Antrieb für die Selbständigkeit, doch ich wusste, dass ich etwas ändern musste. Noch immer bin ich meiner Tochter sehr dankbar, denn erst durch die Schwangerschaft erkannte ich, wie unprofitabel und anstrengend mein Business war. Viel Zeiteinsatz für wenig Output.

Die beste Entscheidung: Positionierung

Die ersten Jahre meiner Selbständigkeit nannte ich mich "Online Marketing Beraterin" war quasi das Online-Mädchen für alles. Meine Firma hieß Line Marketing und eigentlich war ich Dienstleister für Kleinunternehmer in Neuseeland und in Mecklenburg-Vorpommern, wo ich lebe und auch geboren bin. Ich konnte alles, wenn auch nichts so richtig. Ich erstellte Webseiten, Newsletter, schaltete Werbeanzeigen auf Facebook und Google. Hinzu kamen noch Pinterest-Beiträge sowie YouTube- und Facebook-Beiträge für meine Kunden. Außerdem bloggte ich fleißig über all diese Firmen, aber eine Reichweitensteigerung blieb bei mir aus. Trotzdem wollte ich endlich meine Preise anheben und sah die beste Möglichkeit dafür in einer klaren Positionierung auf ein ganz konkretes Thema: Ich entschied mich für Facebook. Warum habe ich damals Facebook gewählt? Ganz einfach, die Nachfrage war sehr groß. Denn ich hatte die Auswahl zwischen Suchmaschinenoptimierung und Facebook Marketing. Und merkte schnell, dass meine Kunden viel mehr Interesse an Facebook hatten. Die meisten Kommentare und Nachfragen hatte ich beim Thema "Facebook". Die Entscheidung ist mir nicht leicht gefallen, denn Facebook verändert sich so schnell, dass es sehr schwer ist, hier Online-Kurse aktuell zu halten. Aber dieses Risiko ging ich ein, denn die Nachfrage war enorm und das Angebot sehr klein. Es gab praktisch kaum jemanden, der Facebook Marketing mit Leichtigkeit erklärte.

Ein ganzes Jahr Reichweitenaufbau

Damit hatte ich endlich eine Entscheidung getroffen und konnte loslegen. Mein Expertenstatus sollte aufgebaut werden und der Plan war, einen eigenen Online-Kurs zu erstellen. Im Jahr 2015, während meines ersten Babyjahres, hatte ich nur zwei Ziele: Ich wollte meine Sichtbarkeit steigern und mich als Facebook Expertin etablieren. Außerdem wollte ich zum Ende des Jahres alle meine bisherigen Kunden an Kollegen übergeben. Nach einem Jahr hatte ich dann fast 5.000 Fans auf Facebook sowie 1.300 E-Mail-Adressen und startete im Januar 2016 mit meinem allerersten Launch. Mein Ziel war es, den Beta Kurs von meinem Facebook Masterkurs für 1.000 € zu verkaufen. Dabei gab es 15 Plätze und am Ende waren sogar 18 belegt. In dieser einen Woche im Januar 2016 habe ich genauso viel verdient, wie sonst in einem gesamten Jahr. Und hier begann meine Online Marketing Liebesgeschichte.

Meine Reichweitenstrategie

In meinem "Reichweitenaufbau-Jahr" hatte ich mit kleinem Baby nicht viel Zeit und musste effektiv an meiner Reichweite arbeiten. Ich verfolgte eine ganz konkrete Strategie, die mir nicht nur viele Fans, sondern auch sehr viele Webseitenbesucher brachte. Ich war besonders aktiv in fremden Facebook-Gruppen, denn eine eigene Gruppe hatte ich zu diesem Zeitpunkt noch nicht. Ich recherchierte zehn Gruppen, in denen immer wieder Fragen zu meinem Thema gestellt wurden: Facebook. Einmal am Tag durchsuchte ich die Gruppen nach dem Wort und beantwortete kostenlos die gestellten Fragen der Mitglieder. Das machte ich zum Teil direkt im Kommentar, aber auch mithilfe von meinem Blog. Gleichzeitig suchte ich nach den Fragen der Gruppenmitglieder auf Google. Wenn ich dort auf Deutsch keine Antwort fand, startete ich die Suche auf Englisch. Sobald ich eine Lösung gefunden hatte, schrieb ich selbst einen Beitrag mit der Lösung in meinem Blog. So wurde ich bzw. meine Beiträge bei vielen Anfragen rund um Facebook das erste Suchergebnis auf Google. Wenn der Blogbeitrag fertig war, postete ich ihn zudem direkt unter der Frage in der Gruppe. Schon nach kurzer Zeit musste ich die Gruppensuche nicht mehr nutzen, denn ich wurde bei den Fragen direkt markiert. Einen Expertenstatus hatte ich mir damit sehr schnell aufgebaut.

Erst die Reichweite, dann die Einnahmen

Damals habe ich ganz intensiv "NUR" an meiner Reichweite gearbeitet. Das hatte den großen Vorteil, dass ich ausschließlich im Geber-Modus sein konnte. Ich nenne es auch gerne das Facebook-Karma, denn ich tat viel für andere und forderte aber nichts zurück. Damit war ich einfach da und half, wo ich konnte. Je mehr wir verkaufen wollen, desto verkrampfter werden wir ja oft in den sozialen Medien und das merken unsere Fans natürlich sofort. Nichtsdestotrotz empfehle ich meinen Kunden neben dem Reichweitenaufbau auch direkt eine Verkaufsstrategie, die sich aber mit Leichtigkeit umsetzen lässt.

Verkaufen ohne zu verkaufen

Wenn ich etwas verkaufen möchte, gehe ich in drei Phasen vor und für jede der Phasen brauchen wir eine Strategie. Wir starten mit der Anziehung. Denn wir müssen ja überhaupt erst einmal sichtbar werden und von unseren potenziellen Kunden wahrgenommen werden. Strategien wären hier z.B. Werbeanzeigen, virale Inhalte produzieren, Kooperationen, Suchmaschinenoptimierung und vieles mehr.

Wenn uns die Kunden gefunden haben, folgt der Beziehungsaufbau. Vielleicht kennst Du es noch von früher, dass gesagt wurde, man braucht sieben Kontakte im Marketing, um ein Angebot in Anspruch zu nehmen. Mittlerweile sind wir bei über 30 Kontakten! Das bedeutet also, dass jemand der dich kennenlernt, nicht sofort bei dir kauft. Für den Beziehungsaufbau nutze ich unter anderem Facebook-Beiträge, aber davon erzähle ich dir noch später. Erst dann ist ein potenzieller Kunde bereit, bei uns zu kaufen. Dabei gibt es viele Verkaufsstrategien, die online sehr gut funktionieren. Ich persönlich bin ein totaler Fan vom Launchen. Mit Hilfe von einem Webinar und/oder einer Challenge geben wir dabei unseren Teilnehmern eine Kostprobe unseres Könnens. Natürlich ist ein Launch mit einem gewissen Aufwand verbunden und es gehört viel Strategie sowie technisches Verständnis dazu, aber es lohnt sich so sehr es durchzuziehen, wenn man online erfolgreich sein möchte.

Mein Erfolgsrezept

Außerdem gebe ich insgesamt sehr viel von meinem Wissen kostenlos an meine Community weiter. Es gibt viele Wege zum Erfolg und hier erzähle ich dir meinen. Denn ich bin ein totaler Fan davon, mein Wissen nicht zurückzuhalten. Und vielleicht kennst du den Gedanken auch, dass du meinst, damit keine Kunden bekommen zu können. Doch das Gegenteil ist der Fall.

Fast all mein Wissen ist irgendwo im Internet zu finden. Du kannst dir jetzt die Mühe machen und dir alles selbst zusammensuchen, damit habe ich wirklich überhaupt kein Problem. Wenn du es allerdings leicht haben willst und schneller wachsen möchtest mit einem klaren Fahrplan, dann kommst du in einen meiner Onlinekurse. Es geht also nicht darum Wissen zurückzuhalten, sondern mit den kostenlosen Inhalten die richtigen Menschen anzuziehen. Und was macht mich noch erfolgreich? Es ist ein Zusammenspiel von mehreren Faktoren, ich versuche dir hier die wichtigsten aufzuzählen.

Von der Positionierung habe ich dir bereits erzählt und auch das Dranbleiben werde ich nicht noch einmal erwähnen, denn das ist der Schlüssel für Erfolg. Es gibt immer schwierige Phasen, daran wachsen wir, wenn wir nicht sofort aufgeben. Bei mir hat es fünf Jahre gedauert, bis der Durchbruch kam.

Finde deinen Mentor

Jim Rohn's Zitat finde ich sehr treffend. "Du bist der Durchschnitt aus den 5 Menschen, mit denen du die meiste Zeit verbringst." Denn ich hatte von Anfang an in meiner Selbstständigkeit immer einen Mentor oder Coach an meiner Seite und dabei habe ich einiges gelernt. Meine erste Unternehmensberaterin verdiente damals 120 Euro pro Stunde und ich habe voller Bewunderung ihren Worten gelauscht. Mit meinen 35 Euro die Stunde Verdienst war ich davon noch weit entfernt. Als ich mich langsam veränderte, meine Positionierung anpasste und online immer sichtbarer wurde, hielt sie mich aber zurück. Sie wusste nicht, wie man ein Online-Business aufbaut und ich habe damals erst sehr spät verstanden, wie wichtig der richtige Mentor wirklich ist. Somit hätte ich mir schon viel früher einen neuen Coach suchen müssen.

Mein Tipp deshalb: Suche dir einen Mentor, der bereits jetzt genau dort ist, wo du hin willst.

Ich habe die Erkenntnis zwar zwei Jahre zu spät gehabt, aber nach meinem ersten eigenen erfolgreichen Launch war mir klar, welche unendlichen Möglichkeiten ich hatte und dass ich diesen Weg nicht alleine gehen möchte. Ich suchte mir also einen Coach im englischsprachigen Bereich und ab dem Moment begann mein exponentielles Wachstum. Mit wem ich dabei zusammen gearbeitet habe, erzähle ich unter anderem in meinem Podcast 'Facebook-Marketing leicht gemacht'.

Mach es nicht allein!

Noch bevor ich meinen Mentor damals fand, holte ich mir meine erste virtuelle Assistentin, um mich zu unterstützen. Der Arbeitsaufwand wurde nämlich sehr schnell auch sehr groß und mir war klar, dass ich das nicht alleine schaffen würde. Wenige Monate später kam die zweite Assistentin dazu, die dann zwei Jahre später zu meiner ersten festangestellten Mitarbeiterin wurde. Nur vier Jahre nach meinem ersten erfolgreichen Launch habe ich nun ein Team aus vier Festangestellten und sieben Freelancern komplett virtuell und in ganz Europa verstreut.

Zwei Dinge habe ich gelernt beim Teamaufbau: Ich hätte viel früher damit starten sollen. Die Einarbeitung von einem neuen Teammitglied dauert immer länger als erwartet und du solltest dich entlasten, bevor du selbst überlastet bist, damit du dich um die wesentlichen Aufgaben kümmern kannst. Außerdem habe ich mittlerweile verstanden, wie wichtig Prozesse sind. Starte deshalb früh damit, deine Aufgaben gut zu dokumentieren, um den Einarbeitungsprozess zu optimieren.Wenn du dich überarbeitet fühlst, dann ist jetzt vielleicht der nächste Schritt, eine virtuelle Assistentin ins Team zu holen.

Fokus, Baby!

Jedes Jahr nehme ich mir mit meinem Team ein Motto vor. 2020 war es "Leichtigkeit". Mir das Leben leicht zu machen, fällt mir definitiv schwer. Mit einem Jahresmotto kann ich daher immer wieder den Fokus darauf legen. Genau aus diesem Grund war 2020 auch mein bisher erfolgreichstes Jahr. Aus fünf Produkten in 2019 wurden zwei: Mein Masterkurs, in dem man lernt zu launchen. Und mein Mitgliederbereich, in dem man seine Facebook Reichweite und Sichtbarkeit erhöht.

Nicht nur bei mir sehe ich ein extremes Umsatzwachstum, sondern auch bei meinen Kunden, die sich auf wenige Angebote konzentrieren. Es ist so viel einfacher, ein und dasselbe Angebot immer wieder zu verkaufen - auch mit den gleichen Verkaufstexten - als immer wieder bei Null zu starten. Erst wenn sich das erste Produkt fast wie von selbst verkauft, kommt das nächste dazu.

Auch bei meinen Launches nehme ich das, was gut war und wiederhole es! Ich erfinde das Rad nicht jedes Mal neu, sondern konzentriere mich auf das Wesentliche.

Das Social in Social Media

Wenn ich nur eine Sache nennen würde, die mich erfolgreich gemacht hat, dann ist es definitiv der Beziehungsaufbau. Ich hatte auf meinem Weg nicht diesen einen berühmten Moment des Durchbruchs oder die eine lebensverändernde Begegnung mit einer anderen bekannten Person bzw. Plattform, die mich promotet hat. Vielmehr bin ich davon überzeugt, dass ich so erfolgreich bin, weil ich besonders das "Social" im Wort Social Media beherrsche und es mir wirklich am Herzen liegt, andere zu unterstützen. Ich nutze Facebook nicht nur, um präsent zu sein, regelmäßig zu posten und Beiträge zu erstellen, die viele Kommentare auslösen. Damit geht es zwar los, aber dann ist es noch lange nicht vorbei. Ich gehe viel tiefer, schreibe persönlich mit meinen Fans, reagiere auf jeden Kommentar, stelle Rückfragen, zeige echtes Interesse und meine es ehrlich.

Seit 2015 gibt es zudem Live-Videos auf Facebook und seitdem nutze ich sie regelmäßig. Ich liebe das Format, weil es mir ermöglicht, direkt in den Austausch zu gehen, Fragen zu stellen und auf Fragen zu reagieren. Ich höre immer wieder auf Live-Events, wenn ich auf der Bühne stehe, dass die Teilnehmer das Gefühl haben, mich bereits zu kennen. Das ist die Macht von Social Media, man muss nur verstehen, wie sie funktioniert. Es ist wie ein großes Netzwerktreffen, wo du ja auch nicht mit der Visitenkarte in der Hand die nächstbeste Person ansteuerst und sie ihr einfach ungefragt in die Hosentasche steckst. Vertrauen spielt eine große Rolle. Hinzu kommen Authentizität und echte Leidenschaft für das, was du tust. Und vor allem für die Menschen, mit denen du arbeitest.

Katrin Hill begeistert die Zuhörer mit einem Vortrag über Facebook Marketing

Ich werde oft gefragt, was ich denn tun würde, wenn es Facebook einmal nicht mehr gibt, als ob ich von dieser Plattform abhängig bin. Doch das bin ich keineswegs, denn ich könnte jederzeit Expertin für eine andere Social Media Plattform werden. Ob YouTube, Instagram, TikTok - letztendlich funktionieren sie alle sehr ähnlich.

Durch meine Strategie, das strategische organische Wachstum und Beziehungsaufbau habe ich mir eine loyale Community aufgebaut, die mir überall hin folgen würde und das ist das Wichtigste. Die Beziehung ist der Mittelpunkt.

Meine Vision

Wir geben deiner Idee die Chance, die Welt zu verändern.

Das ist meine große Vision, ganz unabhängig von Facebook. Ich sitze hier in einem kleinen Dorf in Mecklenburg und ich weiß, dass ich die Welt verändern werde und dass ich anderen dabei helfe, das ebenfalls zu tun: Träume zu leben und dabei zu helfen, Ideen sichtbar zu machen. Meine Kunden und Follower nehme ich mit auf diese Reise. Dabei motiviere und inspiriere ich, in den wenigsten Fällen geht es um die Technik. Diese Unternehmenswerte helfen uns dabei:

- Think big
- Gemeinsam stark
- Engagiert sein

Groß denken, weil ich es selbst am Anfang nicht konnte. Weil ich merke, wie viele - vor allem Frauen - sich völlig unter Wert verkaufen. Weil groß nicht für jeden gleich sein muss und vor allem Freiheit sowie Unabhängigkeit bedeutet.

Gemeinsam stark, weil ich auf meinem gesamten Weg nie allein war. Weil ein Wachstum gemeinsam so viel schneller ist. Weil es keine Konkurrenz gibt und wir nur voneinander profitieren können.

Engagiert sein, weil wir selbst in die Umsetzung gehen müssen statt nur zu konsumieren. Weil wir auch nicht nur an uns denken müssen, sondern auch an die, die es wirklich nötig haben.

Ich wünsche mir, dass auch du mutig bist, an dich selbst glaubst und dich traust, es zu zeigen! So geht es los! Das ist es, was ich in meinen kostenlosen und kostenpflichtigen Kursen zeige. Es geht nicht nur um die Technik, sondern vielmehr darum, einen Fahrplan zu bekommen und einfach zu starten!

#UnperfektPerfekt und #EinfachMachen bringen dich in die Umsetzung, denn mein Erfolgsrezept ist es, meine Teilnehmer erfolgreich zu machen!

© PYKADO: Paul Kuchel

MATTHIAS
Wolf

Wissen ist das Gold unserer Zeit.

Dein einfachster Weg zu mehr Vermögen

Ein Beitrag von Matthias Wolf

Finanziell frei sein. Wer möchte das nicht? Das ist ein großes Thema. Gerade für Unternehmer ist finanzielle Freiheit oftmals eine der wichtigsten Motive für die Selbständigkeit. Es gibt dazu eine Unmenge mit tollem Content in Form von Büchern, Podcasts oder Videos von herausragenden Coaches wie z.B. Bodo Schäfer.

Also warum dazu noch ein Beitrag? Ganz einfach, ich zeige Dir die 3 wichtigsten Punkte, die Du gerade als Unternehmer beachten solltest. Denn für Privatanleger lässt sich Vermögensaufbau mittlerweile sehr einfach umsetzen. Als Unternehmer und Geschäftsführer musst Du dabei zwar weitere Herausforderungen bewältigen, bekommst aber dafür noch mehr Möglichkeiten und Chancen. Du kannst das Beste aus 2 Welten nutzen.

Das bedeutet, Du kannst mehr erreichen, wenn Du geschickt die Vorteile des Unternehmens mit den Möglichkeiten einer Privatperson verknüpfst. Kennst du die Spielregeln dafür, baust du noch einfacher mehr Vermögen auf. Seit einem Vierteljahrhundert berate ich Menschen rund um den Vermögensaufbau. Und davon die letzten 16 Jahre Geschäftsführer und Vorstände. Ziel dieses Beitrags ist es nicht, Dir zu zeigen, wie Du den Turbo anschaltest und z.B. in sieben Jahren vielleicht finanziell frei werden kannst. Ein Haus wird schließlich auch von Grund auf errichtet. Wir richten also gemeinsam den Blick auf Dein solides Fundament. Insbesondere auf den Zeitraum, in dem Du Dich im Ruhestand befinden wirst. Immerhin - rund drei Millionen Selbstständige in Deutschland sollen später von Altersarmut betroffen sein.[1] Also höchste Zeit, sich mit den 3 wichtigsten Punkten zu beschäftigen, wie Du als Unternehmer richtig Vermögen aufbaust. Dann brauchst Du Dir über Altersarmut keine Sorgen zu machen. Wenn Du diese Punkte erfolgreich umgesetzt hast, bleibt immer noch genügend Zeit für den Rest des Hauses und den Turbo.

Was ist die große Herausforderung für Unternehmer?

Betrachten wir Deine prognostizierte Lebenszeit, verbringst du diese über die Hälfte davon in Kita, Schule, Uni oder im Ruhestand. Es muss Dir also gelingen, in der verbleibenden Zeit so viel Vermögen aufzubauen, dass Du davon im Ruhestand sicher leben kannst. Vermutlich bist Du jetzt in diesem Moment keine 25 mehr sondern älter und Du realisierst gerade, dass Dir vielleicht nur noch 20 bis 25 Jahre bleiben. In diesem Zeitraum sollte es Dir gelingen, so viel Vermögen anzusammeln, dass Du für 25 bis 31 Jahre davon sehr gut leben kannst. Dein Ziel ist ein sehr guter Lebensstandard mit Inflationsausgleich. Zum Vergleich, ein Durchschnitts-Arbeitnehmer verdient im Monat ca. 3.380 EUR brutto.[2] Die meisten meiner Kunden möchten nicht bis 67 arbeiten, sondern früher den Ruhestand genießen. Mal angenommen, Du bist heute 40 Jahre alt und möchtest mit 65, d.h. 2 Jahre früher in Rente gehen als ein Arbeitnehmer. Gleichzeitig möchtest Du mehr Einkommen zur Verfügung haben als der Durchschnitts-Arbeitnehmer.

Mal angenommen, Du möchtest nach heutiger Kaufkraft (mit Inflationsausgleich) im Monat 5.000 EUR brutto ausgezahlt bekommen. Von diesen 5.000 EUR musst Du dann noch Steuern und Krankenversicherungsbeiträge bezahlen. Welches Startkapital benötigst Du mit 65, um dieses Vorhaben zu realisieren? Die Antwort: Dafür benötigst Du ca. 2.400.000 EUR! Das ist die brutal ehrliche Seite der Finanzmathematik. Hättest Du das gedacht?

Es gibt in Deutschland einen ganzen Dschungel an Lösungsmöglichkeiten zum Vermögensaufbau und zur Erzielung von passivem Einkommen im Alter. Da die Handlungsalternativen komplex sind und jedes Instrument eigene Chancen und Risiken beinhaltet, benötigst Du Beratung. Hinzu kommt, dass im Regelfall jedes Instrument unterschiedlich steuerlich behandelt wird. Doch wen könntest Du fragen, damit Du die optimale Beratung bekommst?? Das Problem: Fragst Du Deinen Immobilienmakler, wird er Dir empfehlen, Deine Altersvorsorge mit Immobilien abzusichern. Fragst Du Deinen Banker, wird er Dir wahrscheinlich zu Investmentvermögen im Bankdepot raten. Fragst Du hingegeneinen Versicherungsvertreter, rät er Dir zu einer Versicherung, die er vertritt. Und mit Glück vertritt er die richtige Versicherung. Dann kommen noch freie Vermögensberater, Edelmetallhändler, Steuerberater, Freunde, Interessenverbände sowie tausende Beiträge im Internet etc. in Frage. Jeder Ratgeber ist bestenfalls Fachexperte auf seinem Gebiet, doch keiner sieht das Große und Ganze. Am Ende könnte bei Dir ein Gefühl der Unsicherheit entstehen, ob Du mit Deinen Entscheidungen wirklich alles bedacht hast. Ob Deine Entscheidung eine gute war. Um Sicherheit zu gewinnen, beachte bitte die folgenden drei Punkte:

1. Entwickle eine für Dich passende Strategie

Eine Vermögensaufbaustrategie

Mit einer Strategie legst Du fest, wie Du langfristig Deine definierten Ziele erreichen möchtest. Es geht bei einer Strategie also um die Beantwortung der Fragen des WIE, der Festlegung von persönlichen ZIELEN und um das ERREICHEN der Ziele.

Das WIE

Es ist beim Vermögensaufbau sinnvoll, sich grundsätzlich vor Augen zu führen, welche Faktoren dafür verantwortlich sind, dass Du auch tatsächlich vermögend wirst. Dabei hilft Dir die Formel für Vermögensaufbau. Sie dient der Veranschaulichung der Zusammenhänge und ist mathematisch nicht exakt dargestellt.

1. Süddeutsche Zeitung, v. 07.04.2019 in „Rentenpflicht für Selbständige
2. Vorläufiges Durchschn. Jahresarbeitsentgelt 2020/West: 40.551 EUR (§1 SVBezGrV 2020)

$$\text{Vermögen}_{(real)} = \frac{\text{Geld x Rendite}^{\text{Zeit}}}{\text{Abzgl. (Steuern, Kosten, Inflation)}}$$

Quelle: eigene Darstellung

Um Vermögen aufbauen zu können, benötigst Du

1. freies Vermögen, das Du auch tatsächlich für Deinen Vermögensaufbau einsetzt. Wenn Du keine freien Überschüsse hast, kannst Du kein Vermögen aufbauen.
   Ein wichtiger Hinweis: Bevor Du auch nur daran denken kannst, einen Euro für Deinen Vermögensaufbau einzusetzen, solltest Du gedanklich einen Haken an das wichtigste Ziel eines Unternehmers überhaupt gemacht haben – Sei jederzeit liquide! Denn fehlende Liquidität ist die häufigste Ursache für Unternehmenspleiten.[3] Also bilde bitte vor Deinem Start mit dem Vermögensaufbau ausreichend Liquiditätsreserven.
   Mit dem Geld, das Du einsetzen kannst, musst Du
2. einen positiven Ertrag erzielen. Dieser muss größer sein als die anfallenden Steuern, Kosten und die Inflation. Nur so kannst Du einen realen Vermögensaufbau erreichen. Real bedeutet, dass die Kaufkraft Deines Vermögens erhalten bleibt. Einer der wichtigsten Faktoren in der gesamten Formel ist
3. der Faktor ZEIT.
   Du kannst nicht über Nacht reich werden. Dafür braucht es Zeit. Außer Du gewinnst im Lotto, machst eine große Erbschaft oder hast Glück. Je mehr Zeit Du einsetzt, je länger Du also Dein Vermögen für Dich arbeiten lässt, umso schneller wirst Du reich. Ein Widerspruch? Der Faktor Zeit steigert Deinen Vermögenszuwachs exponentiell! Ich nenne das die „Rendite-Potenz". Da Zinsen für längere Zeit abgeschafft sind, können wir den Zinses-Zins-Effekt für tot erklären.

   Darüber hinaus macht es Sinn, bei der Entwicklung Deiner Strategie nach Lösungen zu suchen, bei denen Du möglichst viel Steuern und Kosten sparen kannst. Worauf wir keinen Einfluss haben, ist die Inflation. Wir benötigen jedoch Anlagen, die einen gewissen Inflationsausgleich bieten.

Zum WIE gehört weiterhin die Auswahl der geeigneten Instrumente. Wie wir gerade gelernt haben, sollten in erster Linie Anlagen zur Auswahl kommen, die einen Inflationsausgleich bieten. Das sind vor allem Sachwertanlagen wie Aktien, Immobilien, Edelmetalle, Edelsteine oder inflationsgeschützte Anleihen bzw. Anleihen mit einem Coupon, der größer ist als die Inflationsrate.

Einfluss auf die Rendite hat das Risiko der Anlage. Frage Dich daher, welches Risiko Du bereit bist, tatsächlich zu tragen. Risikokennzahlen helfen dir, das Risiko einer Anlage zu erkennen und zu bewerten. Häufig liest man von der „Volatilität" als Risikokennzahl. Diese Kennzahl gibt die Schwankungsbreite einer Anlage in einem definierten Zeitraum an. Je höher die Wertschwankung, umso risikoreicher. Doch Achtung: Verlasse Dich nicht nur auf diese Kennzahl. Auch eine Anlage mit einer niedrigen Volatilität kann schlecht für Dich sein. Und zwar dann, wenn sie sich mit einer sehr niedrigen Schwankungsbreite gleichzeitig

3. Lt. KfW-Mittelstandsbank

in einem Abwärtstrend befindet (siehe Grafik unten). Dann liefert die Kennzahl Volatilität ein Fehlsignal.

Daher ist auch das historisch maximale Verlustrisiko (Maximum Drawdown) eine Kennzahl, die Du unbedingt mit beachten solltest. Sie gibt den historisch maximalen Verlust innerhalb einer Periode an. Der Grundgedanke ist hierbei, wenn eine Anlage in der Vergangenheit in Periode X 80 Prozent an Wert verlieren konnte, kann sich dieses Ereignis auch in Zukunft wiederholen. Ein gutes Beispiel für wiederholt sehr hohe Wertverluste sind Kryptowährungen. Stelle Dir daher vor der Anlageentscheidung wichtige Fragen zu deiner Risikotragfähigkeit und -bereitschaft. Was macht es mit mir, wenn z.B. aus meinen 200.000 EUR aufgrund von Wertschwankungen nur noch 150.000 EUR auf dem Kontoauszug stehen? Bleibe ich ruhig und besonnen? Löst das Unruhe oder Angst in mir aus?

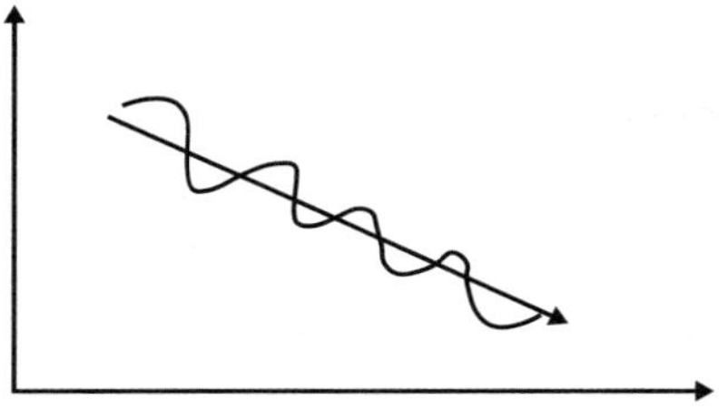

Quelle: eigene Darstellung, Bsp. Niedrige Volatilität mit Abwärtstrend

Um Risiken zu reduzieren, hat sich die Methode der Diversifikation bewährt. Ich meine echte Diversifikation. Das bedeutet, Du verteilst Dein Vermögen auf Anlageinstrumente, die möglichst nicht miteinander in Beziehung stehen und diese entwickeln sich im Idealfall unabhängig voneinander. Denn die Preisbildung wird durch verschiedene oder andere Faktoren beeinflusst. Jedoch ist dabei die Frage, an welche Berater Du gerätst.

Sehr beliebt sind z.B. Immobilien als Altersvorsorge zur Erzielung von passivem Einkommen. Ist es eine echte Diversifikation, wenn Du den überwiegenden Teil Deines Vermögens in Immobilien und folglich in eine Anlageklasse investierst? Damit kein falscher Eindruck entsteht: Eine vermietete Immobilie ist grundsätzlich ein gutes Instrument für passives Einkommen. Voraussetzung hierfür: Sie ist abbezahlt, laufend modernisiert, technisch in Schuss und wird gut verwaltet. Doch mache Dir bitte bewusst, dass sich jeder und ich meine wirklich jeder Markt langfristig in Zyklen entwickelt. Menschen neigen dazu, Ergebnisse der Vergangenheit einfach in die Zukunft fortzuschreiben. So können Krisen wie die Corona-Krise auch den Immobilienmarkt grundlegend verändern. Damit erhöht eine Verlagerung von Arbeitsplätzen ins Homeoffice den Leerstand bei Büroimmobilien. Und dadurch sinken wiederum die Mieteinnahmen, die Ertragswerte und letztendlich die Immobilienpreise.

Ich habe aus einer anderen Perspektive erfahren, dass eine Immobilie als Altersvorsorge nicht für jeden geeignet sein kann. Meine Familie und ich haben in einem wunderschönen Altbau in einer Dachgeschosswohnung mit fantastischem Blick über Dresden gewohnt. Allerdings war ein Dachfenster undicht. Gleichzeitig wollten wir gern auf eigene Kosten (!) eine Klimaanlage einbauen lassen. Die Eigentümerin war über 75 Jahre alt und der Hausverwaltung die Hände gebunden. Außerdem war die Eigentümerin leider nicht mehr in der Lage oder gewillt, zeitnah für uns wichtige Entscheidungen zu treffen. Nach Monaten des Erinnerns und Wartens sind wir schlussendlich ausgezogen.

Meine Erkenntnis aus dieser Zeit: Eigentum verpflichtet. Heute bist Du jung. Aber kannst Du Dir vorstellen, dich auch noch mit 80 Jahren um die Wünsche Deiner Mieter kümmern zu wollen? Wer fast sein gesamtes Vermögen in Immobilien hält, muss auch im hohen Alter permanent Entscheidungen treffen. Den einen hält es jung, der andere möchte vielleicht seine Ruhe haben. Diesen Aspekt solltest du bei deinen Überlegungen mit einfließen lassen.

Lass Dich zudem nicht von den Verlockungen der Beraterschaft verführen, vermeide Klumpenrisiken, bleibe standhaft und achte auf eine wirkliche Diversifikation in Deinem Vermögensaufbau. Vergiss bei Deiner Planung auch Deine Familie nicht. Wie Entscheidungen getroffen werden, sollte jede Familie für sich herausfinden. Manche entscheiden alles gemeinsam, andere haben untereinander Kompetenzfelder definiert und verlassen sich auf die Entscheidungskompetenz des anderen. Maßgeblich ist, dass auch die Interessen Deiner Familie mit in die Strategie einfließen sollten.

Das ZIEL

Definiere für Dich Dein Ziel-Einkommen, dass Du nachhaltig monatlich beziehen willst. Vergiss dabei die Inflation nicht. Angenommen Du bist heute 40 Jahre alt und willst nachhaltig 5.000 EUR pro Monat passives Einkommen erzielen. Bei einer Inflationsrate von 2% pro Jahr muss Dein Vermögen zum 65. Lebensjahr bereits 8.203 EUR pro Monat abwerfen - an Deinem 75. Geburtstag 9.999 EUR pro Monat!

Die Frage ist nicht, ob Du einmal doppelt so viel Einkommen wie heute benötigst, sondern lediglich wie schnell. Du erinnerst Dich an die 2,4 Mio. EUR in unserem Beispiel? Also schreibe bitte Dein Ziel auf Dein Strategiepapier. Das Ziel sollte realistisch und anspruchsvoll sein. Nur so bist Du auch motiviert, es zu erreichen.

Das ERREICHEN

Die gewählten Instrumente sollten zu Dir passen. Du solltest Dich mit ihnen identifizieren können. So hast Du Spaß daran, sie umzusetzen. Denn so kannst Du es kaum erwarten, endlich anzufangen und bleibst motiviert. Es ist schließlich Deine Strategie zur Erreichung Deiner Ziele und nicht die Deines Beraters, Bankers oder Maklers. Es ist ein schönes Gefühl, eine klare Strategie zu haben und das gibt Dir Sicherheit und Selbstvertrauen.

Zudem muss man manchmal eine Strategie auch aushalten können. Gerade am Kapitalmarkt kommt es immer wieder zu Entwicklungen, die unlogisch erscheinen und es Sinn macht, einen kühlen Kopf zu bewahren. Was ist, wenn z.B. der Tagesumsatz an der Börse von Tesla das 20-fache des gesamten Umsatzes im DAX-30 ausmacht? Was ist, wenn einzelne Aktien Bewertungen erreichen, die von der tatsächlichen Wirtschaftsleistung abgekoppelt erscheinen? Ich habe derzeit manchmal ein Déjà-Vu zu den späten 90ern und der Dot. com- Blase. Damals stiegen Internetaktien in astronomische Höhen. Deren Kursentwicklung war geprägt von Euphorie, Phantasie und hatte mit der tatsächlichen wirtschaftlichen Leistung nichts zu tun. Wenige Jahre später platzte die Blase. Ein Großteil der Aktien ist heute vom Kurszettel verschwunden. Natürlich wäre es auch heute wieder schön, wenn diese Entwicklungen so unendlich weiter gehen würden. Doch das tun sie nicht. Hier ist es gut, an seiner Strategie festzuhalten und sich manchmal nicht verrückt machen zu lassen. Gleichzeitig gilt, eine Strategie wird in regelmäßigen Abständen auf Aktualität überprüft. Das heißt, wenn sich grundlegende Dinge im Umfeld verändern, sollte sie nachjustiert werden.

Die Wahl der Rechtsform

Weshalb ist die Rechtsform für Dich von Bedeutung? Im Zentrum Deines Strebens steht die Optimierung des Nutzens Deiner eingesetzten Mittel. Als Unternehmer sitzt Du gedanklich auf zwei Stühlen. Auf Stuhl eins als Privatperson und auf Stuhl zwei für das Unternehmen. Es fällt manchmal schwer, diese Unterscheidung vorzunehmen. Gerade dann, wenn man Herz und Seele des Unternehmens ist. Dennoch bleiben wir bei diesem Modell. Wäre es nicht großartig, wenn Du einen Teil Deiner privaten Ausgaben in Betriebsausgaben umwandeln könntest? Denn alle Ausgaben, die von Deinem Privatkonto bezahlt werden, zahlst Du nach Steuern. Wäre es nicht toll, wenn Du einen Teil Deiner Ausgaben vor Steuern bezahlen könntest? Mit diesem Kniff hättest Du zusätzliche Liquidität gewonnen, um Dich Deinem Ziel noch schneller näher zu bringen.

Matthias Wolf im Strategiegespräch mit einem Unternehmer zum optimalen Vermögensaufbau

Die Wahl der Rechtsform ist von vielen Faktoren abhängig, wie der Haftungsbegrenzung oder der Anerkennung bei Gläubigern. Doch wenn es darum geht, die oben genannte Optimierung umsetzen zu können, führt kein Weg an der Kapitalgesellschaft vorbei. Die etablierteste Form ist dabei die GmbH. Hier sitzt Du auf besagten zwei Stühlen und kannst im Rahmen der gesetzlichen Möglichkeiten aus dem Vollen schöpfen. Die Liste ist dabei lang, denn die GmbH kann dich zum Beispiel als Geschäftsführer anstellen. Dadurch eröffnen sich Dir Möglichkeiten in Deiner Rolle als Arbeitnehmer, welche Dir z.B. als Einzelunternehmer oder Gesellschafter einer Personengesellschaft verwehrt bleiben.

Ein weiterer Bonus: Der Kapitalgesellschaft stehen im Fondsdepot höhere steuerliche Teilfreistellungssätze zur Verfügung als einer Personengesellschaft. Ergebnis: Nur ein geringerer Teil der Erträge sind steuerpflichtig.

2. Kenne die Spielregeln und wende sie konsequent an

Wer erfolgreich sein möchte, sollte die Spielregeln für Vermögensaufbau kennen und beherrschen. Für Dich als Unternehmer sind die nachfolgenden Regeln besonders wichtig.

Die Spielregeln des Finanzamtes kennen und beherrschen

Bei allen Gestaltungsoptionen mit deiner Kapitalgesellschaft ist die Voraussetzung, dass Deine Ausgaben als Betriebsausgaben anerkannt werden. Eine Betriebsausgabe liegt immer dann vor, wenn die Aufwendungen betrieblich veranlasst sind. Im Gegensatz dazu sind Aufwendungen, die gesellschaftlich veranlasst sind, keine Betriebsausgaben. Als Gesellschafter bist Du mittels der Geschäftsanteile an der GmbH beteiligt und Eigentümer an Deiner Kapitalgesellschaft. Du übst als Eigentümer Macht auf das Unternehmen aus (Stuhl eins). Als Vertreter Deiner GmbH, in der Rolle als Geschäftsführer, handelst Du im Interesse der Gesellschaft (Stuhl zwei). Damit bist Du beides, Du bist Gesellschafter Geschäftsführer (GGF). Um herauszufinden, ob eine Ausgabe gesellschaftlich oder betrieblich veranlasst ist, führt das Finanzamt einen sogenannten „Fremdvergleich" durch. Das bedeutet, es wird geprüft, ob Du auf Stuhl eins sitzend einem fremden Geschäftsführer auf Stuhl zwei die gleichen Leistungen zusagen würdest wie Dir. Es wird also geprüft, ob die Zusage üblich und angemessen ist. Kann man in dem Fremdvergleich annehmen, dass Deine zugesagte Betriebsrente z.B. viel höher dotiert ist, als Du sie einem Fremdgeschäftsführer zusagen würdest, geht das Finanzamt von einer gesellschaftlichen Veranlassung aus. Dann würden sämtliche Ausgaben für die Zusage auf eine betriebliche Altersvorsorge (bAV) keine Betriebsausgabe darstellen. Das wiederum würde zu einer verdeckten Gewinnausschüttung führen.

Gerade beim steuerlich begünstigten Vermögensaufbau von Altersvorsorgevermögen für GGF wurden in den letzten Jahren und Jahrzehnten eine Unmenge an Gesetzen, Richtlinien, BMF-Rundschreiben und Urteilen des Bundesfinanzhofes und der Landesfinanzgerichte erlassen. Doch es lohnt sich, die Spielregeln zu kennen, denn die Möglichkeiten für den Vermögensaufbau von Vorsorgevermögen kennen kaum Grenzen. Wer möchte nicht nahezu unbegrenzt steuerfreie Einzahlungen in einen Sparplan bei den besten Versicherungen oder 100% in seine Lieblings-Fonds einzahlen? Oder wie wäre es mit einem Sparplan in physisches Gold bzw. Silber oder einer Rückdeckung mit Immobilien?

Die bAV kennt dabei fünf Durchführungswege. Die wesentliche Rechtsprechung für den GGF beschäftigt sich mit der Pensionszusage oder auch Direktzusage. Und, um es einfach zu machen, können grundsätzlich diese Regelungen auch auf die anderen Durchführungswege, wie z.B. die Unterstützungskasse, angewendet werden.

In 3 Schritten zur sicheren Zusage

Um die Anerkennung einer Zusage auf Altersvorsorgevermögen ermitteln zu können, sind drei Schritte zu prüfen. Werden alle drei Schritte erfolgreich umgesetzt, bist Du auf der sicheren Seite.

Schritt 1: zivilrechtliche Wirksamkeit
Schritt 2: steuerliche Anerkennung
Schritt 3: gesellschaftliche Veranlassung

Wenn Deine Verträge zivilrechtlich schon gar nicht wirksam sind, brauchst Du Dir über die weiteren Schritte gar keine Gedanken mehr zu machen. Bist Du vom Selbstkontrahierungsverbot (§181 BGB) befreit? Ist Deine GmbH im Handelsregister eingetragen und hast Du einen Gesellschafterbeschluss gefasst? Prima, weiter zum nächsten Schritt. Schritt 2 und 3 schaffen wir natürlich in diesem kurzen Beitrag nicht vollständig. Daher zwei der wichtigsten Regeln:

Regel Nummer 1: Du darfst Dich nicht überversorgen. Das bedeutet, dass zwischen Deinen Aktivbezügen und Deinen Versorgungsleistungen ein angemessenes Verhältnis bestehen muss. Von diesem ist auszugehen, wenn die Versorgungsleistungen nicht mehr als 75% der letzten Aktivbezüge (Deinem Bruttoeinkommen) betragen. Und das ist sehr viel. Zum Vergleich: das gesetzliche Rentenniveau eines Arbeitnehmers mit 45 Beitragsjahren beträgt ca. 44% des Nettoeinkommens.

Regel Nummer 2: das Nachzahlungs- und Rückwirkungsverbot. Denn du darfst immer nur zukünftig anstehende Gelder steuerfrei umwandeln. Rückwirkende Zahlungen sind nicht möglich. In Summe gibt es natürlich mehrere Punkte. Frage deshalb hier einen Experten, wie Deinen Steuerberater. Voraussetzung ist dabei, dass er bzw. sie auf dieses Thema spezialisiert ist. Doch es lohnt sich!

Im Ergebnis der Prüfung auf Überversorgung kann es durchaus möglich sein, dass Du als GGF z.B. 5.000 EUR pro Monat steuerfrei für Deinen Vermögensaufbau investieren kannst. Interessant? Natürlich gilt der Grundsatz: Was während der Ansparphase steuerfrei gestellt ist, wird in der Leistungsphase steuerpflichtig. Doch auch hier gibt es Gestaltungsmöglichkeiten, die Dir helfen, im Ruhestand als Pensionär von erneuten Steuervorteilen profitieren zu können. Der richtige Experte hilft Dir weiter.

3. Schütze Dein Vermögen

Schutz vor Angriffen von außen

Im Leben verläuft selten etwas nach Plan. Neben dem Management Deiner betrieblichen Risiken ist es für Dich daher wichtig, gerade auch Dein Vorsorgevermögen vor Angriffen von außen zu schützen. Damit meine ich Einflüsse oder Ereignisse, die den Fortbestand Deines Vermögens gefährden. Ein dauernder Angreifer ist die Inflation. Darauf bin ich bereits eingegangen. Was zudem hoffentlich nie eintreffen sollte, ist eine Insolvenz. In diesem Fall solltest Du von Anfang an berücksichtigt haben, den wesentlichen Teil Deines Vermögens vor dem Zugriff eines Insolvenzverwalters zu schützen. Hierfür gibt es geeignete Instrumente, denn du darfst bei der Einrichtung des Insolvenzschutzes keinen Fehler machen. In meiner langjährigen Beratungspraxis haben wir oft feststellen müssen, dass Mandanten sich in falscher Sicherheit glaubten. Das konnte beispielsweise daran liegen, dass Standardformulare von Versicherungen fehlerhaft waren oder wichtige Unterschriften fehlten. Und nur, weil man beispielsweise eine Verpfändungserklärung abschickt, bedeutet es noch lange nicht, dass sie auch angekommen ist. Aber auch selbst wenn sie zugestellt worden ist, können noch Fehler in der Bearbeitung passieren. Wir haben deshalb für Dich eine Checkliste mit über 54 Punkten entwickelt, die für Dich von Bedeutung sein können. Du erfährst am Ende des Artikels, wie Du sie erhalten kannst.

Weiterhin verändern sich Märkte fortlaufend. Deshalb entstehen auch die Fragen: Welche neuen Risiken ergeben sich daraus für Dein Vermögen? Hast Du diese bereits abgesichert? Bieten sich neue Chancen für Deine Investments?

Schutz vor Dir selbst

Gehen wir gedanklich in die Zukunft. Dein Vermögensaufbau läuft erfolgreich, denn Deine Strategie war klug gewählt. Du wirst immer reicher und kommst Deinem Ziel immer näher. Und Dank der Renditepotenz schreitet Dein Vermögensaufbau immer schneller voran. Dabei ist eines der größten Risiken, dass Du jetzt Dein Ziel aus den Augen verlierst und schwach wirst. Natürlich ist es ist ein verdammt gutes Gefühl, auf dem Kontoauszug z.B. 800.000 EUR stehen zu haben. Vielleicht hast Du auch bereits die Million geknackt und möchtest Dich dafür belohnen. Auch das ist menschlich und nachvollziehbar. Und natürlich hat man für eine tolle Leistung auch eine Belohnung verdient. Doch bitte jetzt nicht z.B. den Sportwagen für 200.000 EUR bestellen. Denn hast Du z.B. immer noch 15 Jahre bis zum Versorgungsziel, reißt Dir diese Ausgabe ein Loch in Höhe von 479.000 EUR in Dein Vermögen (Rendite 6% p.a.). Das gilt nicht nur für den Sportwagen. Jeden Euro, den Du heute ausgibst, führt zu einer Finanzierungslücke von 2,40 EUR in 15 Jahren (Rendite 6% p.a.). Hättest Du das gedacht? Daher schütze Dich vor voreiligem und unnötigem Konsum.

Das ist wahrscheinlich eine der wichtigsten Voraussetzungen, Deine Ziele sicher zu erreichen. Und nun schließen wir den Kreis, verankere Deinen Schutz als festen Bestandteil in Deiner Strategie.

Das Beste kommt zum Schluss

Die wichtigsten Regeln für Dich kurz zusammengefasst. Um als Unternehmer erfolgreich und clever Vermögen aufbauen zu können, brauchst Du vor allem eine für Dich geeignete Strategie. Konzentriere Dich auf Deine Ziele und die Umsetzung Deiner Strategie. Konzentriere Dein Vermögen dabei nicht in einzelnen Anlageklassen. Und vergiss nicht den Schutz Deines Vermögens mit einer Wertsicherungsstrategie. Außerdem kannst du mit der richtigen Rechtsform mehrfach bei Deinem Vermögensaufbau punkten. Wir haben im Durchschnitt für unsere Kunden 140.000 EUR Beiträge eingespart. Durchschnitt bedeutet, dass es im Einzelfall auch über 250.000 EUR waren. Wenn auch Du vergleichbare Ergebnisse erzielen möchtest, solltest Du somit die Spielregeln kennen und beherrschen. Oder Du hast einen Berater und Coach, der Dich zum Ziel führt. Denn dann kannst Du das Optimum für Dich herausholen.

Du kannst es jetzt kaum erwarten und möchtest mehr zu diesem spannenden Thema wissen?
Dann schau gern auf **www.bvsexpert.de/expertenformel**. Hier findest Du ein kostenloses Whitepaper mit einer vollständigen Auflistung aller einzelnen Prüfpunkte der „3 Schritte für eine sichere Zusage". Als Extras sind zwei Checklisten mit dabei. So kannst Du einfach überprüfen, ob eine mögliche Überversorgung vorliegt und ob alle wichtigen Voraussetzungen für den Insolvenzschutz erfüllt sind.

Wichtiger Hinweis: In diesem Artikel wurde keine Rechts- oder Steuerberatung erbracht. Wir arbeiten in einem Netzwerk mit den besten Experten auf jedem relevanten Rechtsgebiet und bieten eine Gesamtlösung aus einer Hand.

© Denise Kuchta

MEIKE Hohenwarter

Live your full potential!

Meike Hohenwarter

24

MH

Meike Hohenwarter

„Du brauchst einen Online Kurs!"

Ein Beitrag von Meike Hohenwarter

Unsere Welt braucht viel mehr HeldInnen!

Wenn man sich so auf der Welt umschaut und sieht, was da los ist, kommt einem schon öfters der blanke Schrecken: Alte, weiße Männer mit der Intelligenz und dem Ego von Dreijährigen bauen Mauern, verwüsten die Umwelt und finanzieren Kriege. Auf der anderen Seite gibt es jede Menge Menschen, die wissen, wie man die Welt zu einem besseren Ort macht, wie man wertschätzend kommuniziert und positiv denkt: Wir Coaches, TrainerInnen und Speaker wollen nichts sehnlicher, als die Welt zu retten! Und wir haben einen Koffer voller Methoden, die tatsächlich wirken!

Doch leider haben die meisten von uns kaum Kunden. Der Wunsch zu helfen ist riesengroß, doch die Wartezimmer und Kalender sind meist mehr oder weniger leer. Denn eines haben die meisten in ihren allumfassenden Ausbildungen nicht gelernt: Wie man sich und seine Services bewirbt und verkauft. Ich weiß das alles deswegen so gut, weil ich einst auch so eine verzweifelte Seele war. Heute ist es meine Mission, möglichst vielen Menschen dabei zu helfen, dass sie wiederum Menschen helfen – und gleichzeitig gut davon leben können. Und so unterstütze ich heute Selbständige dabei, sich online sichtbar zu machen und ihre Expertise durch einen Online Kurs oder ein Online Abonnement für möglichst viele Menschen zugänglich zu machen.

Wenn du Coach, Trainerin, Speaker oder ein anderer Wissens-Dienstleister bist und wirklich vielen Menschen helfen willst, kann ich dir daher jetzt schon sagen: „Du brauchst einen Online Kurs!"

Von der alleinerziehenden Mutter mit jeder Menge Schulden zur Online Kurs Queen

Nach einer frühen Karriere im Tourismus-Management in Wien habe ich mich 2003 mit einem Lerncoaching-Institut selbständig gemacht. Das lief auch von Anfang an ganz gut, waren doch auch meine Maßstäbe nicht all zu hoch: Mein früheres Angestellten-Gehalt zu ersetzen war mir damals schon genug. Größere Ambitionen hatte ich zu dieser Zeit nicht. Das ging auch lange gut, bis die Stadt Wien Aktionen setzte, um den Markt des außerschulischen Lernens zu regulieren. Das fegte wie ein Flächenbrand und ließ viele

Nachhilfe-Institute pleite gehen. Ich konnte mich zwar halten, aber hatte plötzlich große Probleme, genügend Kunden zu finden – ein Phänomen, das ich bis dahin noch gar nicht gekannt hatte. Dies traf mich besonders hart, weil ich mich zu diesem Zeitpunkt scheiden ließ und nun alleine verantwortlich war für meine beiden Kinder, Niklas (damals 11) und Nina (damals 9) und zudem einen großen Berg Schulden ganz alleine zu schultern hatte.

Plötzlich musste ich das erste Mal über Werbung nachdenken und machte damals natürlich alle Fehler auf Gottes Erdboden! Ich investierte viel Geld, das ich mir bei Freunden und Verwandten borgen musste, in Berater, die mich dann noch in unnötige Investitionen drängten. Meine Kunden-Akquise-Versuche reichten von Gutschein-Heften über Zeitungsinserate bis hin zu Leuchtboards an Bahnhöfen. Das alles half praktisch gar nichts. Nochmals danke an die Berater von einst! Ich war echt verzweifelt, zumal ich immer mehr in die Zinses-Zins-Falle geriet. Ehrlich gesagt fragte ich mich manchmal schon, ob ich wahnsinnig sei, an der Idee meiner Selbständigkeit festzuhalten: So viel Zeit und so viel Geld und kaum Output. Das einzige, was mich bei der Stange hielt, war, dass ich wusste, dass ich als Angestellte nie glücklich werden würde – und auch, dass ich dann mein Leben lang nicht mehr aus der Schuldenfalle würde ausbrechen können.

Und dann kam dieser Workshop: Eine Bekannte fragte mich, ob ich mit ihr nach Zürich zur „Laptop Millionaire World Tour" mitkommen möchte. „Millionaire" – ich? Und dann noch Online Business, das hatte doch bisher auch nicht geklappt bei mir. Zum Glück fuhr ich dennoch mit! Was ich dort dann in drei Tagen lernte, hat mein Leben für immer verändert! „Du brauchst einen Online Kurs!", war die klare Message: Erst dadurch, dass du beginnst, dich und deine Botschaft zu klonen, gelingt dir der Weg raus aus der Zeit-gegen-Geld-Falle. Ich verstand, dass es bei einem Online Business darum geht, möglichst vielen Menschen zu helfen, indem du mit deiner wertvollen Zeit sorgsam umgehst und sie nur jenen Menschen widmest, die auch bereit sind, den Weg mit dir zu gehen und dafür zu zahlen.

Ich kam aus Zürich zurück und hatte binnen einer Woche mein erstes Webinar erstellt. Es war das Jahr 2012, da war vieles noch nicht so leicht wie heute in Bezug auf Software und dergleichen. Doch ich ließ mich einfach nicht aufhalten. Kurz darauf hatte ich meine erste Online Plattform erstellt, die „Online Lerncoaching Akademie", bald folgte die zweite. Und es war so, wie ich es auf dem Workshop gelernt hatte: Ich verdiente bald mit meinen ersten digitalen Produkten viel mehr Geld als mit meinem Offline Lerncoaching-Institut und konnte endlich beginnen, Schulden zurückzuzahlen.

Spannend war, was dann passierte: Plötzlich wollten immer mehr Menschen bei mir lernen, wie das so funktioniert mit den Webinaren und Online Kursen – und so startete ich mein erstes Online Marketing Programm! Auf „Follow me!" folgte ein Jahr später das Jahres-Programm „Marketing Basics für UnternehmerInnen", Ende 2015 startete ich dann auch auf Udemy, wo ich mittlerweile schon 60.000 Kurs-TeilnehmerInnen zähle, die mir durchschnittlich eine Bewertung von 4,5 von 5 Sternen auf meine Online Kurse dort geben.

Doch das wichtigste ist natürlich meine eigene Membership-Seite, wo ich Coaches und TrainerInnen dabei begleite, ihr eigenes Online Business strategisch aufzubauen. Alleine meine „Online Business University" hat mir hier in den letzten Jahren einen guten sechsstelligen Umsatz gebracht! Mittlerweile habe ich weit über 100 Online Kurse erstellt und gelauncht und auch hunderten Menschen dabei geholfen, ihr Experten-Wissen online zu stellen. Aus diesem Grund werde ich heute oft sogar als die „Online Kurs Queen" vorgestellt. Darauf bin ich schon sehr stolz, wenn ich denke, wo ich noch vor ein paar Jahren war! Heute verdiene ich jeden Monat viel mehr als früher in einem ganzen Jahr und habe geschafft, was ich lange für absolut unmöglich gehalten habe: Ich habe mich aus der Schuld-Knechtschaft, die so viele Jahre mein Leben bestimmt hat, befreit. Doch das Schönste ist für mich, dass mich heute meine beiden Kinder, die mittlerweile erwachsen sind und studieren, in meiner Firma unterstützen!

5 Gründe, warum du als Coach, TrainerIn oder Berater einen Online Kurs brauchst

Nun zu dir! Lass mich dir demonstrieren, warum du meinen Aufruf „Du brauchst einen Online Kurs" sehr ernst nehmen solltest, wenn du als Coach oder TrainerIn Großes erreichen willst. Vorausschicken will ich noch, dass ein Online Kurs alleine natürlich zu wenig ist. Als digitale Strategin helfe ich meinen Kunden nicht nur bei der Kurs-Erstellung und -Vermarktung, sondern auch dabei, diesen in ein strategisches Online Gesamt-Konzept mit Freebies und gutem Content einzubetten. Der Grund, der am lautesten für einen Online Kurs spricht, ist natürlich das immense passive Einkommen, das du damit erzielen kannst. Doch es gibt noch so viel mehr Vorteile! **Lass uns hier mit fünf wesentlichen Gründen starten:**

Grund Nummer 1: Höre auf, dir ständig ein "Nein" zu holen!

Ich war lange genug offline unterwegs. Ich hielt kostenlose Einführungs-Abende und Erstgespräche ab, ging auf Networking-Events und hatte immer ein paar Flyer in der Handtasche. Wo ich auch war, ich führte Gespräche mit Menschen, die nur einen Hauch von Interesse für mein Lerncoaching zeigten. Es war schrecklich frustrierend, oft nach einem Gespräch von einer Stunde und mehr dann ein „Nein" zu hören. Diese „Neins" trafen mich oft sehr persönlich und ließen mich des Öfteren sogar an mir und meiner Methode zweifeln.

Heute führe ich solche Gespräche nicht mehr! Menschen, die mich noch nicht kennen, bekommen zuerst einmal nur meine digitalen Inhalte zu sehen und zu hören: meinen Podcast, meinen Blog, Videos und mehr. Von dort aus können sie dann weiter gehen und sich automatisierte Webinare und Mini-Online-Kurse von mir ansehen. Ab dann wird es kostenpflichtig: Für kleines Geld bekommen sie wertvolle Starter-Informationen. Wenn sie dann noch mehr wissen wollen, können sie umfassende Grundlagen-Kurse oder -Abos bei mir kaufen. Und für die, die es ganz genau wissen wollen, gibt es anschließend auch ein Premium-Angebot. Natürlich gehen nicht alle Interessenten den ganzen Weg. Viele konsumieren nur die kostenlosen Inhalte. Doch das ist vollkommen in Ordnung! Ich kann und will nicht jedem helfen. Durch diesen Filterungsprozess bleiben am Ende die Richtigen übrig – meine Wunschkunden: Jene Menschen, die meine ganze Produkt-Treppe hindurch immer wieder „ja!" und nochmals „ja" gesagt haben.

Grund Nummer 2: Widme deine Lebenszeit den richtigen Menschen!

Was habe ich Zeit vergeudet mit Menschen, die nicht so recht wussten, ob sie eigentlich bei mir buchen sollten. Zeit, die ich an anderer Stelle viel sinnvoller und nutzbringender einsetzen hätte können! Zeit ist unser allerwichtigstes Gut und niemand von uns weiß, wie viel er oder sie davon hat!

Wie steht es mit dir: Möchtest auch du nur mit jenen Menschen arbeiten, die committet sind und nicht mehr fackeln? Dann erschaffe dir eine Produkt-Treppe von kostenlos bis Premium und schenke deine Zeit nur jenen, die sich klar entschieden haben, deinen Weg auch zu gehen! Somit bekommen Einsteiger deine automatisierten Inhalte, wie Videos und Auto-Webinare und Fortgeschrittene dürfen dir dann schon mal Fragen in einem monatlichen Q&A stellen. Doch nur deine Premium-Kunden haben das Privileg, dass du sie persönlich kennst und ihnen ganz individuell bei ihren Anliegen hilfst!

Grund Nummer 3: Auch für ein erfolgreiches Offline Business brauchst du ein Online Business

Immer wieder höre ich von Coaches und TrainerInnen das Argument, dass offline durch nichts zu ersetzen sei und dass man gar kein reines Online Business anstrebe. Dem kann ich auch vollkommen zustimmen! Auch ich gehe nach wie vor gerne auf Offline Retreats und Masterminds. Menschen ganz persönlich zu begegnen, ist äußerst wertvoll. Das Problem ist nur, dass du deine Premium Workshops und Seminare an all den schönen Orten dieser Welt auch füllen musst. Niemand bucht als erstes eine zehntägige Auszeit auf Bali mit dir! Aus diesem Grund ist es so wichtig, eine Produkt-Treppe zu entfalten, wo du deinen Kunden nach und nach immer den nächsten Schritt zeigst, bis sie letztendlich mit dir nach Bali fliegen. Das geht online und offline. Eine klassische Offline Produkt-Treppe könnte sein: Vom Abend-Vortrag zum Tages-Seminar und dann zum Premium-Produkt. Online könnte der Weg vom Auto-Webinar zum Online Kurs und dann nach Bali führen. Und genau hierin findest du den Grund, warum du auch deine Offline Events viel besser füllst, wenn die ersten Stufen der Leiter online stattfinden:

Offline erreichst du immer nur so viele Menschen in deinem Umkreis, die bereit sind, zu dir zu fahren und eventuell auch Flugreisen und Nächtigungskosten in Kauf zu nehmen. Online hingegen sprichst du ein Potenzial von 130 Millionen deutschsprachigen Menschen an! Für den vorhin erwähnten Filterungsprozess ist es daher sehr wichtig, möglichst viele Menschen zu erreichen, um ein möglichst großes Potenzial an idealen Kunden für dein Premium Angebot zu gewinnen – egal ob dies dann online oder offline stattfindet. Es heißt oft: „Zehn Prozent wollen mehr". Die Zahl hängt natürlich von vielen Faktoren ab, doch lass uns mal einen Moment damit gehen: Wenn du nur 50 Zuhörer in deinem Abend-Vortrag hast, dann buchen nach dieser Rechnung dort nur fünf Menschen deinen Tages-Workshop weiter. Für das Bali-Seminar, das du dort dann verkaufen willst, bleibt dir rein rechnerisch nur noch ein halber Teilnehmer übrig. Wenn du also zum Beispiel gerne zehn Menschen in Bali dabei hättest, müsstest du dementsprechend 20 Abend-Vorträge halten, um dein Seminar auch voll zu bekommen.

Und jetzt stelle dir vor, du hast für das gleiche Seminar vorher eine Online Produkt-Treppe: Du lädst Interessenten in ein kostenloses Auto-Webinar und von dort dann in einen Basis-Online-Kurs und verkaufst dann diesen Teilnehmern das Bali-Seminar. Plötzlich schöpfst du aus dem Vollen (130 Millionen!): Dein Auto-Webinar wird von vielen hunderten Menschen gesehen – und du musst es auch nur ein Mal aufnehmen (im Gegensatz zu 20 Abend-Vorträgen). Jeder zehnte Teilnehmer bucht nun deinen Online Kurs – auch den hast du ein Mal erstellt und er ist von da ab voll automatisiert für jeden Teilnehmer individuell abrufbar. Mit diesem Prozess ist es plötzlich ein Leichtes, genügend TeilnehmerInnen für deine Bali-Reise zu finden! It's magic!

Grund Nummer 4: Du kannst besser helfen, ohne dir selbst zu schaden

Zu meinen Lerncoaching-Zeiten wurde ich mit viel sozialem Elend konfrontiert: Es war oft nicht mit anzusehen, wie blitzgescheite Migrantenkinder oder Kinder aus Problemfamilien einfach keine Chance hatten! Aus diesem Grund reduzierte ich oft meine ohnehin schon unsagbar billigen Stunden-Tarife noch mehr. So sehr, dass es nicht mehr kostendeckend war. Und dann kamen die Online Kurse und auch zum Sozial-Thema hat mich deren Dynamik schlicht begeistert! Egal ob drei, 30, 300 oder gar 3000 Menschen an deinem Kurs teilnehmen , dein Aufwand bleibt der gleiche! Und so war es mir ein Leichtes, meine Kurse zu einem Sozial-Tarif herzugeben, ganz ohne mir dabei selbst ins Fleisch zu schneiden. Dies habe ich bis dato aufrechterhalten: Bei mir gibt es immer Stipendien für Menschen, die so wirklich wollen, aber einfach finanziell nicht können.

Grund Nummer 5: Was bleibt, wenn du gehst?

Ich habe mittlerweile einige TrainerInnen in meinem Programm, die sich auf die Pensionierung zubewegen. Nach 30 und mehr Jahren im Trainingsraum fragen sie sich plötzlich, was von ihnen bleibt, wenn sie aufhören. All das Wissen, all die Erfahrung geht dann mit ihnen. Mit einem Online Kurs bleibt nicht nur deine Lehre und deine einzigartige Weise, diese zu präsentieren, lebendig, du kannst außerdem dafür sorgen, dass auch deine Renten-Zeit finanziell gut abgesichert ist!

I ♥ ONLINEKURSE!

Nun zur Kehrseite: Schon vor dir haben Menschen den unglaublichen Benefit von Online Kursen erkannt und sind dennoch kläglich daran gescheitert: Sie haben sich in ihr stilles Kämmerlein zurückgezogen, ein paar Videos aufgenommen und dachten, das wäre es jetzt. Falsch gedacht! So funktioniert das nicht, wie ich dir gleich zeigen werde. Noch ein weiterer Irrtum: Da draußen gibt es auch jede Menge Anbieter, die behaupten, dir zu zeigen, wie du einen Online Kurs an einem Tag oder einem Wochenende erschaffen kannst. Doch hier wird etwas Grundsätzliches verwechselt: Ein Online Kurs Projekt bedeutet nicht, einfach ein paar Videos aufzunehmen und auf eine Plattform zu stellen! Wenn du tatsächlich all die oben erwähnten Vorteile für dich nutzen willst, dann braucht dein Projekt einen klaren, strategischen Plan!

Daher hier die 5 Fallen, in die Online Kurs ErstellerInnen immer wieder tappen:

Auch hier rede ich natürlich wieder von mir höchstpersönlich und den Fehlern, die ich einstmals gemacht habe. Denn niemand hat mir gezeigt, wie es professionell geht und wie ich typische Fallen umschiffe. Doch du kannst all dies hier durch meine Fehler lernen:

Fehler Nummer 1: Der Fokus liegt auf der Technik

Wenn ich in Live Webinaren eine Fragen-Runde eröffne, kann ich mir sicher sein, dass mindestens drei viertel der Fragen sich rund um die Technik drehen. Doch auch wenn diese

Fragen durchaus relevant sind, sind diese heute keine großen Hindernisse auf deinem Weg zum Online Kurs: Die meiste Software ist sehr leicht zu bedienen und es gibt jede Menge Leute, denen du die Services auch outsourcen kannst. Viel wichtiger wäre es, dir gleich zu Beginn Gedanken darüber zu machen, wie du deinen Kurs vermarktest! Immer wieder begegnen mir Leute mit folgender Aussage: „Ich habe schon einen Kurs, ich will nur schnell noch von dir wissen, wie ich den jetzt verkauft bekomme...". Weit gefehlt! Alles, was sie tatsächlich haben, ist einen nicht praxis-erprobten Kurs und kein Marketing-Konzept. Also gar nichts!

Als digitale Strategin mache ich meinen Kunden immer klar, dass sie als erstes wissen müssen, wo in ihrer Angebotspalette ein Kurs hineinpasst. Woher kommen die Käufer und wohin gehen sie nach dem Kurs? Einfach nur einen Online Kurs „auf die grüne Wiese" zu stellen, dient dir nicht wirklich in dem Gesamtkonzept deines Online Business (das du hoffentlich hast!).

Fehler Nummer 2: „Was weiß ich?"

Gierig darauf, bald ein gutes passives Einkommen durch einen Online Kurs zu schöpfen, stellen viele Online Kurs Ersteller in spe den Inhalt hinten an. Sie fragen sich nur, wovon sie genügend wissen, um daraus einen Kurs zu kreieren. Notfalls wird ein Buch abgekupfert (ohne Nennung des Autors, versteht sich). Du kannst dir denken, wie qualitätsvoll ein solcher Kurs ist. Doch auch echte Experten stellen sich ein Bein, wenn sie einfach all das viele Wissen, das sie zu einem Thema haben, in einen Online Kurs packen. Keiner da draußen sucht nach einem Wissenskompendium. Was Menschen tatsächlich finden wollen, sind Lösungen für ihre Probleme. All das Wissen, das nicht direkt der Lösung ihrer Probleme dient, kannst du dir und ihnen daher sparen!

Fehler Nummer 3: „Ich weiß, was meine Kunden brauchen!"

Jeder Mensch hat seine Stärken und auch seine blinden Flecken. Auch du. Daher ist es ein großer Fehler, ganz alleine die Inhalte deines Kurses zu planen, ohne mit deinen potenziellen Kunden zu reden! Tipp: Wenn du deine InteressentInnen schon bei der Erstellung mit ins Boot nimmst, wirst du dich wundern, an was du alles nicht gedacht hast! Darüber hinaus generierst du mit Interviews und Umfragen vor der Kurserstellung auch schon deine ersten Kunden: All jene, die deine Fragen beantworten, helfen dir dabei, dass dein Kurs gut wird und wollen diesen dann gerne auch kaufen!

Fehler Nummer 4: Erst erstellen, dann verkaufen

Genau aus diesem Grund empfehle ich dir das sogenannte Seed-Launching: Du entwickelst die Kurs-Idee, planst den Rahmen und nimmst das erste Modul auf. Dann startest du direkt mit dem Verkauf. Wenn genügend Leute kaufen, bist du nun in Zugzwang und musst natürlich die weiteren versprochenen Module zeitgerecht liefern. Der Austausch mit deinen Beta-Testern hilft dir darüber hinaus, den Kurs noch besser zu gestalten, als du es alleine zuwege gebracht hättest! Außerdem machst du wesentlich früher Umsatz, als wenn du zuerst den ganzen Kurs komplettiert hättest.

Fehler Nummer 5: Kein Kurs-Launching

Ein Launch ist ein Raketenstart und dieses Bild solltest du auch für den Beginn deines ersten Online Kurses im Kopf haben! Jeder soll wissen, dass es dieses großartige Angebot gibt! Mache deine Kurs-Start zum Event! Mobilisiere so viele Interessenten wie möglich mit einer kostenlosen Challenge, einer Webinar-Reihe oder einem Online Workshop. Bring sie ins Tun und dann zeige ihnen, wie sie mit deinem Kurs dranbleiben können! Wenn du es richtig machst, werden sie begeistert kaufen!

Willst du weiterhin viel zu kleine Brötchen backen oder dein Potenzial leben?

Vielleicht hast du dir ein paar Mal gedacht: „Diese Meike, die hat leicht reden, die ist ja erfolgreich!" Ja, das bin ich heute. Doch ich habe dir erzählt, wo ich herkam. Unsere Barrieren sind leider alle im Kopf. Es hat für mich Jahre gedauert, um mich auf Video zu zeigen und weitere Jahre, um mich auf große Bühnen zu trauen. Geschafft habe ich es, weil ich hart an mir gearbeitet habe und meine inneren Schranken nicht als solche akzeptiert habe. Ein Online Business bedeutet, immer wieder aufzustehen und dranzubleiben. Ich weiß, manche erzählen dir da etwas anderes, doch ich hoffe, dir ist klar, dass sie dir nur deine Sehnsucht verkaufen, wenn sie behaupten, dass du online über Nacht reich und berühmt wirst! Mein Lebensmotto lautet: „Live your full potential!" und dabei geht es darum, mutig zu sein. Nicht in Form von Bungee-Jumping, sondern darum, täglich etwas zu tun, was du gestern noch nicht getan hast, weil du es dir nicht zugetraut hast. Lebenslanges Lernen und stetige Potenzial-Entfaltung ermöglicht dir „plötzlich" Dinge, die du dir gestern noch nicht einmal vorstellen konntest! Lass uns zum Abschluss zurückgehen zu meiner Ansage, dass wir Coaches, Trainer und Speaker jene Menschen sind, die das Potenzial haben, die Welt zu einem besseren Ort zu machen:

Du kannst natürlich sagen: „Was geht es mich an, Hauptsache ich verdiene genug, damit ich mir meine Miete leisten kann." Oder aber du kannst dir dein Superwoman oder Superman Cape anziehen und dir vornehmen, so vielen Menschen wie möglich zu helfen, fröhlicher, mutiger, selbstbewusster, ressourcenvoller, potenter, kommunikationsfähiger und achtsamer zu werden und damit der Welt einen Dienst zu erweisen.

Dein Online Kurs wird dir hierbei ein machtvoller Katalysator sein!

MICHAEL
Kienzle

Nur wer Menschen emotional erreicht, kann sie auch rational überzeugen!

Michael Kienzle

20
MK
Michael
Kienzle

Die Komposition der Überzeugung
Vom Experten zum Überzeuger

Ein Beitrag von Michael Kienzle

Fleiß schlägt Talent

Bist du ein geborener Redner? Fällt es dir leicht, andere in deinen Bann zu ziehen?

Glückwunsch! Nicht viele Menschen können das von sich sagen. Falls du nicht zu diesen Naturtalenten gehörst, habe ich eine gute Botschaft für dich! Die Wissenschaft hat in den vergangenen 30 Jahren längst erforscht: Fleiß schlägt Talent! Will heißen: Wer nur genügend Einsatz in die Waagschale wirft, kann es zu Höchstleistungen bringen.

Cicero, einer der am häufigsten zitierten Philosophen und Rhetoriker des Altertums, hatte seinen Schülern folgendes Zitat an die Hand gegeben: "Reden lernt man durch reden." Wir würden heutzutage vielleicht sagen: "Übung macht den Meister." Worüber ich heute in meinen Vorträgen und Seminaren rede, hatte Marcus Tullios Cicero also schon vor mehr als 2000 Jahren verinnerlicht. Deshalb zitiere ich den alten Cicero immer sehr gerne. Denn er hat auch gesagt, frei übersetzt: "Dichter werden geboren, Redner werden gemacht." Ich denke, das bringt es auf den Punkt.

Ich spreche da aus eigener Erfahrung. Ich war weder zum Verkäufer noch zum Speaker geboren. Meine Abschlüsse als Techniker & Betriebswirt machten mich zum absoluten Experten auf meinem Gebiet, aber ich schaffte es nicht, mein Wissen so zu vermitteln, dass ich dadurch im Gegenüber eine Motivation zum Tun auslöste. Einem Freund von mir fiel das auf und er gab mir damals den Tipp zu lernen, wie man etwas verkauft.

„Denn wer ein Produkt verkaufen kann, der kann auch seine Meinung verkaufen bzw. Menschen leichter überzeugen." So waren damals seine Worte. Da ich unbedingt Karriere machen wollte und bemerkte, dass ich an einem Punkt der Stagnation angekommen war, nahm ich mir diesen Tipp zu Herzen, kündigte meinen damaligen Job als Führungskraft und startete eine Verkäuferlaufbahn für beratungsintensive, technische Produkte. Ich erinnere mich noch sehr gut an diese Zeit. Fast täglich wollte ich alles hinschmeißen, um wieder zurück in meinen alten Beruf zu gehen, wo ich mich hinter Zahlen, Daten und Fakten verstecken konnte. Mein Stolz verbot es mir allerdings. So kam dann nach vielen Wochen anstrengenden Verkaufstrainings auch der Tag meines ersten Kundenbesuches.

Diese eher unrühmliche Geschichte liegt nun schon über 25 Jahre zurück. Sie hat sich allerdings so tief in mir eingebrannt, dass ich noch heute den Geruch des Kaffees förmlich in der Nase habe, den mir die freundliche Assistentin damals angeboten hatte. Ich war an diesem Tag zu Besuch in einer großen Spedition in Freiburg. Dort sollte ich meine Produkte verkaufen. Fachlich war das für mich keine Herausforderung. Denn über meine Produkte wusste ich einfach alles und ich war von der Qualität überzeugt. Nur konnte ich das wohl nicht so vermitteln, dass mein Gegenüber lange Lust hatte, mir zuzuhören. Er hatte schnell gemerkt, dass es mir sichtlich schwer fiel, sein Interesse zu wecken und mir damit seine Aufmerksamkeit zu sichern. Der Funke wollte einfach nicht überspringen. Aber wie konnte das sein? Ich hatte doch versucht, alles umzusetzen, was ich mir in den vergangenen Wochen mühsam in den Verkaufs- und Rhetoriktrainings angeeignet habe.

Die Lösung war ganz einfach: Die rhetorischen Werkzeuge und Methoden waren noch nicht mit meiner Person abgestimmt und ich wirkte daher nicht authentisch. Dieses Erlebnis war der Grundstein meiner heutigen Tätigkeit als Speaker & Trainer. Ich wollte herauszufinden, was die Voraussetzungen sind, um überzeugend und authentisch Menschen von sich und seiner Sache begeistern zu können. Neben vielen Büchern und Weiterbildungen waren für mich dafür erfolgreiche Menschen die besten Ratgeber. Ich redete mit ihnen, beobachtete sie und versuchte herauszufinden, was sie anders machen bzw. was man davon auch selbst nutzen konnte, um überzeugender zu werden. Nachdem ich dadurch in kurzer Zeit ein sehr erfolgreicher Verkäufer wurde, vermittelte ich dies nach meiner Beförderung zum Verkaufsleiter auch meinen Mitarbeitern und siehe da, auch diese konnten schnell enorme Verkaufserfolge nachweisen.

Heute weiß ich: Jeder kann Rhetorik lernen. Und jeder kann auch Überzeugungskraft lernen. Der eine mag es etwas schneller lernen, der andere vielleicht ein wenig langsamer. Aber die Mechanismen, die dahinterstecken, sind kein Hexenwerk.

Vielleicht denkst du jetzt: Naja, brauche ich das wirklich? Ich bin ja kein Verkäufer. Falsch! Du verkaufst jeden Tag etwas! Ob deine Person oder deine Meinung, letztendlich willst du Menschen überzeugen und für deine Sache gewinnen. Egal ob du eine Lohnerhöhung möchtest oder dein Kind das Zimmer aufräumen soll, es ist nichts anderes als VERKAUFEN.

Übrigens habe ich damals von meinem ersten Kunden tatsächlich einen Auftrag erhalten. Im Nachgang betrachtet glaube ich eher aus Mitleid als aus Überzeugung. In meinem Büro hängt dieser kleine Auftrag der Freiburger Spedition heute noch, sauber eingespannt in einen Bilderrahmen, gleich über meinem Schreibtisch. Und jedes Mal, wenn mein Blick auf diesen Rahmen schweift, ist das für mich eine unglaubliche Inspiration und Mahnung zugleich, nie aufzuhören besser zu werden, denn: **„Wer aufgehört hat besser zu werden, hat aufgehört gut zu sein." (Philip Rosenthal)**

Was du ausstrahlst, ziehst du an!

In meinem Beitrag zu diesem Buch gebe ich dir einen Einblick, wie unzählige Experten durch meine Coachings und Seminare ihre Überzeugungskraft steigern konnten. Denn das ist meine Kernkompetenz, ich mache Experten zu Überzeugern! Dabei gebe ich dir, passend zu dem Titel dieses Buches, meine Erfolgsformel mit an die Hand: **3 – 3 = +50%**

Was steckt hinter dieser Formel? Es ist ganz einfach! Setze bewusst drei Techniken ein, mit welchen du deine Rhetorik & Ausstrahlung verbesserst und verzichte auf drei Verhaltensweisen, welche deine Wirkung einschränken und du steigerst deine Überzeugungskraft um mehr als 50%!

Zugegeben, das klingt erst einmal sehr theoretisch. Es ist aber wirklich eine Erkenntnis, welche ich in den vergangenen 20 Jahren in meinen Trainings und Coachings gewonnen habe. Von keinem meiner Teilnehmer verabschiede ich mich, bevor dieser nicht seine 6 Punkte für sich definiert hat.

Meine Mission ist, Experten ein Sprachrohr zu geben, denn es wurden schon viel zu viel gute Ideen nicht umgesetzt, weil sie schlecht präsentiert wurden!

Bevor wir allerdings über deine äußere Kommunikation reden, lass uns über deine innere Kommunikation, deine Glaubenssätze reden. In vielen Coachings oder Seminaren erlebe ich, dass Experten mit folgender Aussage zu mir kommen:

"Ich kenne meine Materie wie kein Zweiter, aber irgendwie schaffe ich es nicht, dass der Funke überspringt. Zu reden ist halt einfach nicht mein Ding."

Das Problem ist, dass dein Unterbewusstsein solche Aussagen aktiv verarbeitet. Da wir uns selbst nicht gerne unrecht geben, wird dein Unterbewusstsein dafür sorgen, dass du recht behältst, ganz nach dem Motto: "Wenn er denkt, dass er es nicht kann, dann werde ich dafür sorgen, dass es so ist."

Kennst du das Eisbergmodell von Sigmund Freud? Die Botschaft dieses Modells ist, dass 90 % unseres Handelns von unserem Unterbewusstsein gesteuert wird. Die gute Nachricht ist, dass dein Unterbewusstsein auch positive Botschaften auf die gleiche Weise verarbeitet und deshalb leicht zu beeinflussen ist. Also ersetze auf dem Weg zu mehr Überzeugungskraft im ersten Schritt deine negativen Glaubenssätze durch positive:**„Durch meine gute Vorbereitung werde ich mein Publikum schnell überzeugen können."**

Michael Kienzle überzeugt als Rhetorik-Coach und wurde dafür offiziell vom Gründerkongress ausgezeichnet.

Ob im Sport, in der Musik oder auch im Business, nur mit dem richtigen Mindset und einer optimalen Vorbereitung sind Topleistungen möglich! Jedoch ist die Herausforderung in der Rhetorik für viele zusätzlich mögliches Lampenfieber, die Angst vor dem Versagen oder einem Blackout.

Mark Twain hat das, wie ich finde, sehr amüsant in einem Zitat auf den Punkt gebracht:**„Das menschliche Gehirn ist eine großartige Sache. Es funktioniert vom Moment der Geburt an - bis zu dem Zeitpunkt, wo du aufstehst, um eine Rede zu halten."** Vielleicht kennst du die Situation: Du bist inhaltlich sicher und hast dich auch gut vorbereitet. Trotzdem merkst du mitten in deiner Präsentation, dass du deinen vor gedachten Weg komplett verlassen hast. Das absolute Schreckensszenario schlechthin, oder? Falsch! Wer wusste denn, wie genau du welche Inhalte vortragen wolltest? Niemand! Also gibt es keinen Grund, jetzt nervös zu werden, im Gegenteil. Freue dich, wie flexibel du mittlerweile mit dem Thema umgehen kannst! Evolutionär betrachtet ist Lampenfieber eine Stressreaktion des Körpers. In Gefahrensituationen versetzte der Adrenalinausstoß unseren Körper in Alarmbereitschaft, um zusätzliche Kräfte zu mobilisieren. Dadurch stieg unsere Überlebenschance, wenn z.B. der fauchende Säbelzahntiger vor uns stand. Der Säbelzahntiger ist heute das Publikum, das es zu überzeugen gilt. Um dein Lampenfieber in den Griff zu bekommen, nutze die Technik des Priming und verknüpfe es positiv: „Gut, dass ich nervös bin, denn das mobilisiert Zusatzkräfte." Gerne verrate ich dir drei „Geheimtipps", welche vielen meiner Teilnehmer geholfen haben, trotz Lampenfieber von der ersten Minute an souverän zu wirken.

Versorge deinen Körper mit genügend Sauerstoff

Unter Stress tendieren wir dazu, flach zu atmen, dadurch wird der Körper nicht ordentlich mit Sauerstoff versorgt. Bei Vortragenden erkennt man das daran, dass sie mitten im Vortrag um Atem ringen. Gib deinem Körper vor einer Präsentation das Signal, dass du bereit bist, indem du mehrere Male tief ein- und ausatmest.

Sei Herr der Lage

Wenn wir Dinge nicht beeinflussen können, fühlen wir uns ausgeliefert! Mit einem kleinen Trick wirst du Herr der Lage und gewinnst an (Selbst-)Sicherheit. Verändere etwas! Das Flipchart ein wenig mehr nach links, den Stuhl ein wenig mehr nach rechts, ganz egal. Du gibst dir damit selbst ein Signal, auf Dinge Einfluss nehmen zu können, was dir Selbstsicherheit geben wird.

Habe eine Blackout-Strategie

Verschwende keine Gedanken an die Situation eines Blackouts. Überlege dir stattdessen, was du tun wirst, wenn du den Faden verlierst. Bewährt haben sich drei Strategien:

1. Einbezug des Publikums.

Du hast einen Inhalt vergessen? Dann stelle doch einfach deinem Publikum eine Frage: „**Was meinen Sie...**" Alleine die Tatsache, dass du mit dieser Situation so souverän umgegangen bist, wird dein Gehirn wieder auf Trab bringen.

2. Mache eine Zusammenfassung:

Sofern du schon einige Minuten geredet hast, kannst du auch eine Zusammenfassung machen: „**Fassen wir das Besprochene bis hierher noch einmal zusammen!**"

3. Nutze Analogien & Storys

Eine Empfehlung, welche ich dir auch geben kann, ist das Sammeln von Analogien bzw. Storys, auf welche man dann zurückgreifen kann: „**Bevor ich zum nächsten Punkt komme, möchte ich Ihnen gerne von einer Umsetzung berichten, welche...**" Mit dem Wissen, dass du selbst für einen möglichen Blackout eine Strategie hast, wirst du sehr viel gelassener in deine nächste Präsentation oder Besprechung starten. Du kannst auch deinen Körper nutzen, um dich positiv zu programmieren.

Beispielsweise kann dein Unterbewusstsein nicht zwischen einem echten und einem gekünstelten Lächeln unterscheiden. Dein Unterbewusstsein interpretiert nur deine Mimik bzw. Körpersprache. Wenn du ein Lächeln auf den Lippen hast und dies mindestens eine Minute andauert, produzierst du automatisch Glückshormone, die sogenannten Endorphine. Das bedeutet, du kannst selbst beeinflussen, wie du dich fühlst. Du bist skeptisch? Dann empfehle ich dir, ein kleines Experiment zu machen. Laufe mindestens eine Minute mit erhobenen Händen wie in einer Siegerpose und einem Lächeln auf den Lippen durch den Raum. Und wie fühlt es sich an? Du hast gerade dein Unterbewusstsein positiv programmiert.

Auch wenn ich prinzipiell ein sehr positiver Mensch bin, nutze ich selbst ganz aktiv solche kleinen Tricks, zum Beispiel vor Seminaren oder Vorträgen. Es ist für mich zum Ritual geworden, vor Vorträgen in den Spiegel zu sehen und mich anzulächeln. Zugegebenermaßen kann es durchaus vorkommen, dass ich im Laufe meiner „Lächelminute" beginne, über mich selbst zu lachen, weil die Situation an sich ja schon ein wenig skurril ist. Allerdings weiß ich genau, dass sich diese positive Stimmung auf meine Zuhörer überträgt und es für mich dadurch viel einfacher wird, sie zu erreichen.

Am einfachsten begeisterst du Menschen durch deine eigene Begeisterung. Wie hatte Augustinus Aurelius es einmal treffend formuliert: **„In dir muss brennen, was du in anderen entzünden willst!"**

Gefühl vor Verstand!

Um erfolgreich zu sein, brauchst du andere Menschen! Ob deine Kunden, deine Kollegen oder auch deine Familie. Lass uns deshalb überlegen, wie du diese für dich gewinnen kannst. **Nur wer Menschen emotional erreicht, kann sie auch rational überzeugen!**

Was meine ich damit? Wir Menschen bilden uns in den ersten Sekunden bereits einen Eindruck vom Gegenüber. Wenn dieser negativ ist, wehrt sich unser Unterbewusstsein regelrecht dagegen, sich überzeugen zu lassen bzw. neues Wissen aufzunehmen. Denke mal an deine Schulzeit, und das Fach, in welchem du die schlechtesten Noten hattest. Welche Erinnerungen hast du an deinen Lehrer dieses Faches? Eine Kombination von schlechten Noten und super sympathischem Lehrer ist sehr selten.

Wie kannst du es schaffen, auch in einem rationalen Business Sympathie aufzubauen und den anderen emotional zu erreichen? Viele versuchen das, fast schon zwanghaft, mit einem Smalltalk. Oft spürt man dann das erleichterte Durchatmen aller Anwesenden, wenn der Punkt erledigt ist und man zum Thema übergehen kann. Sicher kann ein lockerer, sympathischer Smalltalk das Eis brechen, allerdings muss der Rahmen passen und du brauchst dazu auch etwas Übung, damit es nicht zu aufgesetzt wirkt. Eine sehr einfache, aber gleichzeitig wirkungsvolle Methode, um Menschen zu erreichen, ist es, sich vor dem Einstieg in das eigentliche Thema aktiv deren Zustimmung zu holen.

Das funktioniert in einem Vortrag genauso wie in einer Besprechung. Beispielsweise könntest du starten mit: „Sicherlich kennen Sie alle die Situation..." Der Trick dabei ist, dass das Unterbewusstsein nicht unterscheidet, zu welchem Thema eine Zustimmung gegeben wurde. Es registriert lediglich Zustimmung, welche sich oft auch direkt in einer positiven Körpersprache, z.B. mit einem Nicken, zeigt. Jetzt hast du eine optimale Ausgangsposition geschaffen, damit deine nachfolgende Argumentation gut ankommt.

Ich habe aus dieser Erkenntnis die Du+®-Methodik entwickelt. Das Prinzip dahinter ist ganz einfach: Sende deinem Gegenüber ein positives Signal und du kommst in der Sache weiter! Unabhängig davon, ob es sich um ein Konfliktgespräch, eine Verhandlungssituation oder ein privates Gespräch handelt, wichtig ist: Trenne Mensch von Sache! Eine Formulierung, welche dir dabei viel helfen wird, ist: **„Herr Kunde, ich verstehe Sie, deshalb..."**

Ich verdeutliche die Du+®-Methodik gerne mithilfe eines praktischen Beispiels: Stell dir vor, du kommst nach einem langen Arbeitstag im Büro nach Hause. Dein(e) Lebenspartner(in) kommt strahlend auf dich zu, man könne doch heute mal wieder zum Italiener gehen. Du hast allerdings keine guten Erinnerungen an den Italiener, da dir das letzte Mal das Essen schwer im Magen lag. Ohne Du+ würdest du deshalb wahrscheinlich sagen: **„Du, der Italiener hat mir das letzte Mal nicht gut getan, da will ich nicht mehr hin! Gehen wir lieber zum Chinesen!"**

Psychologisch betrachtet hat dein(e) Partner(in) gerade eine Ablehnung erhalten, was eine emotionsfreie, rationale Reaktion nahezu unmöglich macht. Deshalb ist eine wahrscheinliche Antwort: **„Ne, dann lassen wir es halt!"**

Nehmen wir die gleiche Situation und du reagierst mit Du+. Das heißt, du trennst bewusst Mensch von Sache, dann könnte deine Antwort so aussehen:

Du+®: „Schatz, das ist eine tolle Idee. Wir waren wirklich schon lange nicht mehr auswärts essen."

Sache: „Wäre für dich der Chinese auch eine Alternative? Weil der Italiener mir das letzte Mal schwer im Magen lag."

Wird die Reaktion jetzt gleich sein? Sicher nicht! Wahrscheinlich werdet ihr gut gelaunt zum Chinesen gehen.

In dem Beispiel wurden sogar noch weitere Methoden der aktiven, überzeugenden Gesprächsführung genutzt. Der Vorschlag für den Chinesen wurde in Frageform unterbreitet, was eine Annahme leichter macht. Direkte Argumente fordern dazu auf, Gegenargumente zu bringen. Ein Vorschlag in Frageform regt zum rationalen Denken an und hat deshalb oft mehr Erfolg. Außerdem wurde der Vorschlag begründet!

Die Harvard-Psychologin Ellen Langer hat im Jahr 1977 in einem kleinen Experiment herausgefunden, dass über 90% der Menschen sich überzeugen lassen, wenn es eine Begründung gibt. Kurioserweise hat das auch funktioniert, wenn die Begründung absolut keinen Sinn machte. Die Erkenntnis des Experiments war, dass es uns sehr viel leichter fällt, Entscheidungen zu treffen und wir uns gut dabei fühlen, wenn wir dafür eine Begründung bekommen. Das Zauberwort war dabei „weil". Übrigens kannst du das auch für deine innere Kommunikation & Motivation nutzen: „Ich werde mein Gegenüber überzeugen, weil..."

Eine Begründung, ein Weil, gibt uns und unserem Gegenüber Sicherheit und es fällt uns leichter, demjenigen zu folgen.

Die Komposition der Überzeugung

Als Trainer und Speaker bin ich immer auf der Suche nach Methoden, mit welchen ich meine Inhalte nachhaltig vermitteln kann, um die Umsetzung für meine Teilnehmer zu erleichtern. Aus der Gehirnforschung wissen wir, dass eine Verknüpfung von Informationen mit Bildern und Emotionen unwahrscheinliche Gedächtnisleistungen ermöglicht. Als passionierter Hobby-Musiker stellte ich in dem Zusammenhang fest, dass es sehr viele Parallelen zwischen der gelungenen Inszenierung eines Musikstückes und den Gesetzmäßigkeiten der rhetorischen Überzeugung gibt.

Das, was ein Musikstück für Zuhörer interessant macht, kannst auch du nutzen, um deine Wirkung und Überzeugungskraft effektiv zu verbessern. Ich war von dieser Erkenntnis so fasziniert, dass ich die Idee direkt am nächsten Tag mit den Teilnehmern meines Rhetorikseminars umsetzte. Das Ergebnis war verblüffend. Ich hatte noch nie erlebt, dass sich die Leistungen der Teilnehmer in kürzester Zeit in einem solchen Maße verbesserten.

Ein Musikstück lebt von der Interpretation, warum nicht auch dein Vortrag?

Wie ein Orchester seine Stückauswahl auf das Publikum bzw. den Anlass abstimmt, solltest du überlegen, mit welchen Argumenten du dein Gegenüber erreichst. Stell dir einfach die Frage: Welchen Nutzen haben meine Zuhörer von meinen Informationen? **Um Goethe zu zitieren: „Wer überzeugen will, muss nützlich sein!“**

Ich erlebe bei Experten häufig, dass diese lediglich von ihrer Lösung sprechen und dabei die Menschen, die sie überzeugen wollen, komplett außer Acht lassen. Rede nicht davon, was du kannst, sondern darüber, was deine Zuhörer davon haben. Dazu baust du Brücken durch Formulierungen wie: **„Die Lösung hat..., das hat für Sie den Vorteil...“**

Der Anfang prägt, der Schluss bleibt!

Ein Komponist macht sich sehr viele Gedanken über den gelungenen Anfang und das grandiose Finale seines Stückes. Das solltest du für deine Präsentation auch beherzigen. Insbesondere am Anfang strahlen viele Vortragende Unsicherheit aus, was das Publikum sofort kritisch werden lässt. Wirke von Beginn an souverän, indem du zunächst einen kurzen Moment innehältst und Blickkontakt zu der Gruppe aufnimmst. Hast du schon einmal beobachtet, wie ein Dirigent ein Konzert beginnt? Der Spannungsaufbau vor dem ersten Ton ist hier ein festes Ritual!

Verzichte zum Einstieg auf langatmige Kompetenzbeweise. Informiere stattdessen deine Zuhörer mit einer interessanten, persönlichen Story, warum gerade du der Richtige bist, der über dieses Thema spricht.

Zum Schluss vermeide Formulierungen wie: „Vielen Dank für Ihre Aufmerksamkeit. Ich hoffe, es war interessant für Sie!“ Der letzte Eindruck des Publikums sind dann deine eigenen Zweifel. Beende den Vortrag stattdessen mit einem Appell bzw. drücke Zuversicht aus.

Mit Infotainment interessant sein!

Die menschliche Aufmerksamkeitsspanne sinkt durch die tägliche Reizüberflutung stetig. Unterhalte deine Zuhörer und nimm sie mit auf eine Reise, bei welcher du mit Bildern und Analogien deine Informationen greifbar bzw. erlebbar machst. Eine gute Methode, um neue Informationen nachhaltig zu transportieren, ist diese mit bekannten Informationen aus der Welt deiner Zuhörer zu verknüpfen. Nutze dafür Sätze wie: **„Sie können sich das so vorstellen wie…"**

Wie die Melodie bei einem Musikstück ist es die Modulation bei einem Redner, die einen gerne zuhören lässt. Nichts lässt deine Zuhörer schneller ermüden als eine monotone Vortragsweise. In einem Musikstück nutzt man dazu Stilmittel wie Tempo, Dynamik, Artikulation, Pausen oder auch Ausdruck.

Ich konnte in meinem Beitrag zu diesem Buch hier leider nur kurz darauf eingehen. Wenn du tiefer in dieses Thema einsteigen möchtest, empfehle ich dir mein gleichnamiges Buch, unsere Seminare bzw. den Online-Videokurs oder die inspirierende Keynote. Alle Informationen dazu erhältst du unter

▶ **http://www.kienzle.eu**.

Tipp: Verkürze deinen Weg zu mehr Überzeugungskraft, und nutze unseren Online-Videokurs: Rhetorik für Experten. Erhalte als Leser dieses Buches 20% Rabatt mit dem Gutscheincode: Expertenformel20.

Weitere Informationen erhälst Du hier:

▶ **https://kienzle.eu/Videokurs**

Jetzt gilt es, deine persönliche Komposition der überzeugenden Rhetorik umzusetzen. Wichtig ist, dass du dich mit deinem „Werk" vollends identifizierst. Zwänge dich nicht zu sehr in ein Korsett. Deine gute Vorbereitung ist die Pflicht, die Improvisation die Kür!

Ich wünsche viel Erfolg dabei!

Michael Kienzle

MICHAEL
Schurr

Gehe in die Welt um zu
- leben
- lieben
- lernen
ein Lebenswerk zu schaffen

Michael Schurr

21
MS
Michael
Schurr

Formel für mehr Lebensqualität

Ein Interview mit Michael Schurr

Die Sinnfrage als Jugendlicher

Es begann mit 15 Jahren, als ich mich selbst fragte: "Warum bin ich hier auf dieser Welt, wenn mich keiner liebt, sieht oder wertschätzt? Was soll das für einen Sinn machen?" Mein damaliger Sinn erschloss sich mir in einem Tagtraum auf dem Weg zur Schule: Ich wohnte meiner eigenen Beerdigung bei und hörte die anerkennenden, lieben Worte in der Kirche und am Grab, nach denen ich mich im Leben so sehnte. "So ein Quatsch", sagte ich mir, "wenn das so ist, dann bleibe ich in dieser Welt. Ich will sagen, was ich denke, auch wenn es unbequem sein wird."

Tun statt lassen - versuch Dich früh im Leben

"Sei Täter des Wortes nicht Hörer alleine"

Jakobus 1:22 war mein Konfirmandenspruch und so handelte ich dann auch. Meine Antwort auf die Frage des Jugendreferenten, ob ich die Jugendgruppe übernehme, war bezeichnend: Mehr als schief gehen könne es ja nicht. So stand ich bereits mit 16 Jahren als der Organisator und Leiter einer Veranstaltungsreihe vor den Leuten. Ich war vom Zuhörer zum Moderator und Redner geworden - bezeichnend war dabei das Thema Liebe. Meine Karriere als Herausgeber und Autor begann kurz danach als Redakteur der Jugendseite der Kirchenzeitung. Im Studium war ich ebenfalls gestalterisch unterwegs und lernte die Macht der inneren Stimme kennen. Was ich wirklich wollte und was aus meiner eigenen Überzeugung entsprang, das habe ich auch geschafft: Sei es der Job als Trainer der Unihandballmannschaft, die Leitung des Kongressbüros des sportwissenschaftlichen Hochschultages mit der Herausgabe des Kongressbandes oder auch die Traumstelle als erster Sportlehrer einer Krankenkasse in Freiburg.

Ich will etwas bewegen und Spuren hinterlassen

Ich wollte die Welt als Gymnasiallehrer für Sport, Politik und Geschichte mit jungen Menschen verändern, doch Querdenker waren zu dieser Zeit bei insgesamt wenig Lehrereinstellungen ganz sicher nicht gefragt. So war die Stelle als erster Sportlehrer einer Krankenkasse in Freiburg meine Chance, die ich unbedingt nutzen wollte. Ich programmierte mich unbewusst im Fenster eines Cafés vor dem Einstellungsgespräch, dass ich die Stelle bekommen werde. Ich setzte mich durch, auch weil ich bereits durch meine Arbeit im Sportinstitut auf viel praktische Projekterfahrung, ein gutes lokales Netzwerk und wirkliche Ergebnisse zurückgreifen konnte. Diese Stelle forderte mich als Konzeptentwickler, Umsetzer und Referent für Gesundheit und Bewegung in verschiedensten Betrieben. Die Referententätigkeit für mehr Bewegung im Büro durch Sitz-Steh-Dynamik, Messeauftritte und Speaker als Experte für die ganzheitliche Gestaltung von Arbeitsplätzen mit Systemergonomie schulten mich zusätzlich, vor vielen Menschen zu reden und diese für neue Lösungsansätze zu gewinnen. Über die Einrichtung von Arbeitsplätzen von Mitarbeitern mit Bandscheibenvorfall nach der Rehabilitation und deren Betreuung führten mich dann meine Projekte mit dem von mir entwickelten mitarbeiterorientierten Konzept (MoK) zur Gefährdungsbeurteilung und dem daraus entstandenen eigenen Burnout-Präventionsprogramm in das Coaching.

Wenn das Umfeld krank macht und die Ziele nicht mehr übereinstimmen

So lange ich Kurse, Events und Vorträge durchführte, war ich in meinem Element. Aber die Arbeit für die Krankenkasse selbst wurde belastender durch Vorgaben der Hauptverwaltung und einem nicht sehr wertschätzenden Umgang durch die örtliche Führungskraft. Schmerzlich musste ich daraus erkennen, dass, wenn Beziehungen (egal ob privat oder beruflich) krank machen, es nötig ist, diese Beziehung zu beenden. Daher plante ich mit meiner damaligen Partnerin zum 1.1.1995 ein eigenes Ergonomie- und Gesundheitszentrum.

Schicksal als Chance

Die Pläne waren fertig, die Verträge lagen auf dem Tisch, da starb überraschend meine Lebens- und Geschäftspartnerin. So musste ich mich 1995 alleine selbstständig machen. Heute weiß ich, dass mit der ersten Rückkehr aus dem Krankenhaus in die gemeinsame Wohnung und diesem Zettel auf meinem Schreibtisch: **"Man kann das Leben nicht verlängern, nur vertiefen" (Regina Stopper 1960 - 1994, gekürztes Zitat nach Gorch Fock)** der erste Impuls für meine jetzige Arbeit und die Firma LQ Lebensqualität gelegt wurde.

Kannst du dich noch an deinen ersten Kunden/Auftrag erinnern? Und falls ja, wie hast du ihn gewinnen können?

Ja, es war der Stehpult-Hersteller, für den ich bereits während meiner Zeit bei der Krankenkasse das erste Pilotprojekt zur Sitz-Steh-Dynamik gemacht habe. Ich überzeugte zuerst mit meinen Ideen zur Produktoptimierung, deren Notwendigkeit für die Produktakzeptanz, dem nachhaltigen Verhaltenswechsel und letztlich der erfolgreichen Umsetzung des ersten Pilotprojektes zur Sitz-Steh-Dynamik überhaupt. So stand ich bereits 1994 im Urlaub auf dem Stand des Institutes für Systemergonomie und Gesundheit im Büro. Ich musste nach kurzer Einweisung durch den einen oder anderen Hersteller den Stand über die gesamte Messezeit betreuen. Heute bin ich Eigentümer des Instituts, das sich 2021 in Zusammenarbeit mit LQ durch zwei Kampagnen für mehr Bewegung im Kindergarten und Schule engagieren wird. Meine Empfehlung an die Jugend ist, sich früh in Bewegung zu setzen und eigene Erfahrungen zu sammeln, denn praktisches Erfahrungswissen bringt mehr als gelernte Theorie. In Zukunft werden gerade diese Dinge wichtiger sein als Noten, die keine Aussage über die wirklichen Fähigkeiten geben. Erfahrung sammeln ist die beste Investition in die persönliche Kompetenz.

Für das Thema stehen und die MENSCHEN bewegen

Als Selbstständiger bekam ich dann die Gelegenheit, als Pionier die Sitz-Steh-Dynamik in Vorträgen in ganz Deutschland bekannt zu machen. Ohne Vorwarnung und eher nach dem Motto "Komm, mach Du jetzt mal" wurde ich in einen Vortrag in einer Reha Klinik geworfen. Der Chefarzt fragte zum Schluss, inwieweit ich Zeit hätte, für die Klinik zu arbeiten und was ich kosten würde. Es kam nicht zu einem weiteren Gespräch, denn mein damaliger Auftraggeber machte mir sofort nach dem Gespräch ein Angebot, das ich nicht ausschlagen konnte.

Wie bist du anschließend weiter vorgegangen?

Wer fragt führt - vom Berater zum Coach

Neben der Referententätigkeit optimierte und plante ich Büro-Arbeitsplätze und stellte fest, dass die besten Verhältnisse nichts bewirken, wenn diese nicht oder falsch genutzt werden. Aber auch, wenn die eigentlichen Ursachen für die Schmerzen nicht angeschaut und beseitigt werden. So fragte ich meist sehr offen, inwieweit andere Begleitumstände das Problem erklären könnten und so bekamen die Personen zusätzlich ein Coaching zu diesen ursächlichen Auslösern, soweit dies gewünscht wurde. Mit meinem mitarbeiterorientierten Konzept zur Gefährdungsbeurteilung war ich dann mitten im Thema: Wertschätzende Umstrukturierung vom Arbeitsschutz- zu einem Personalentwicklungsprozess. Der Prozess ist kurz auf den Punkt gebracht: Vom SelbstWert über den TeamWert zum UnternehmensWert für ein lebenswertes Leben. Wie meine Oma mir immer wieder sagte: „Es gibt nichts Einfacheres als die Welt zu verändern, wenn jeder bei sich selbst begänne." Für alle Prozesse ist der größte Hebel für Veränderung der SelbstWert. Sich selbst zu lieben und sich um sich zu kümmern.

Es kamen viele Projekte einfach auf mich zu und letztlich sprach sich meine Arbeit herum. Anders und vernetzt denken, meine teils kontroversen Ideen, Lösungen für vorhandene Probleme zu entwickeln, machten mich bekannt. **"Probleme kann man niemals mit derselben Denkweise lösen, durch die sie entstanden sind." Albert Einstein**

Ich war neugierig, immer auf der Suche nach Lösungen für offene Fragen und Probleme meiner Kunden. So war ich auf vielen Messen präsent und konzipierte auch eigene Ausstellungsformate für Messen und Ausstellungen.

Wie hast du an Reichweite und Bekanntheit gewonnen, welche Marketing-Strategien hast du eingesetzt?

Ich habe kaum Marketing im klassischen Sinn gemacht, es waren Mund zu Mund Empfehlungen bzw. über direkte Kontakte. Sofortige Lösung anbieten statt nichtssagende Angebote schreiben, war mein Motto. Das war oft betriebswirtschaftlich selbstzerstörerisch, aber es baute Vertrauen auf, sodass Institutionen selbst einen Honorarvorschlag unterbreiteten, weil ich das Problem ohne Einsatz von berechenbaren Produkten durch einfaches Umstellen gelöst hatte. Diese Ehrlichkeit brachte mir in Folge Aufträge als neutraler Berater. Die durchgeführten Pilotprojekte waren zugleich immer meine Referenzen, der Beweis, dass es auch anders gehen kann. Also einfach machen und eine "zeigen es geht"-Argumentation, denn "geht nicht" ist dann nicht mehr möglich.

Wie würdest du diesbezüglich vorgehen, wenn du heute nochmal bei null starten müsstest?

Ich würde das, was mir Spaß gemacht hat in der Kindheit, der Schule und Ausbildung, anschauen. Wo habe ich die Zeit vergessen und welche beruflichen Möglichkeiten ergeben sich daraus. Ich würde bei den besten lernen wollen, einen Mentor suchen, der mich begleitet und die richtigen Fragen stellen, damit ich meinen eigenen Stil entwickle. Er sollte darauf achten, dass ich mich dabei aber nie aufgegebe, verleugne oder die Familie, Freunde, meine Gesundheit und meine Berufung (Sinn) für den Erfolg opfere. Erfolg ohne Lebensqualität schmeckt nicht. Es muss Sinn machen, was ich mache, denn wenn das WARUM groß genug ist, dann werden die Hürden leichter überlaufen und die Disziplin aufgebracht, um immer wieder zu üben. Es war alles einmal schwer, bevor es leicht wurde. Nur Übung macht den Meister und Erfolg ist einmal mehr aufstehen als hinfallen, denn aus Fehler lernen wir wesentlich mehr.

Welche Strategien würdest du den Buchlesern empfehlen, um Reichweite und Bekanntheit aufzubauen?

Raus gehen und sich on- sowie offline zeigen. Sichtbarkeit herstellen und in den Austausch mit den Menschen gehen. Ich würde heute über Videos, Webinare und Live-Events arbeiten sowie auf Online-Marketing setzen. Hier insbesondere auf ein strategisches Synergiemarketing, um schneller Reichweite aufzubauen. Mein Motto dabei ist "Keiner kann alles und keiner kann es allein", was auch der Untertitel meines 2021 geplanten Miteinander-Online Kongresses ist, sowie mit meiner Expertise auf Online-Kongressen als Speaker auftreten.

Du warst bereits 2019 oder 2020 schon als Speaker bei dem Erfolgskongress vorgesehen, warum hat das damals nicht geklappt?

Michael Schurr als Speaker bei der Zukunft Personal

Ja richtig, das war keine leichte Zeit, als meine älteste und längste Freundin, meine Mutter, verstarb. Gerade nach langjähriger Krankheit war sie wieder richtig im Leben zurück und voller Pläne, was sie alles noch tun wollte. Es war eine wahre Freude, das zu sehen. Umso unglaublicher war es für alle, dass sie innerhalb weniger Wochen von uns gegangen ist. Auch wenn ich mit Verlusten Erfahrung hatte, so ist die Mutter doch etwas ganz eigenes und ein sehr tiefst mit einem verbundener Mensch. Aber freut Euch, 2021 bin ich sicher dabei. Wenn alles klappt, dann ist auch mein Buch zur Formel für mehr Lebensqualität fertig.

Du warst als Speaker auf der Zukunft Personal und Deutschlands Online Personalkongress mit Arbeits- und Lebensqualität. Welche Bedeutung haben solche Auftritte als Speaker auf externen Events für dich?

Ich liebe diese Events und Vorträge, denn sie sind immer eine willkommene Gelegenheit, vorhandene Inhalte zu optimieren und neue Gegebenheiten sowie Erkenntnisse einzuarbeiten. Das Wesentliche ist aber Sichtbarkeit, Reichweite ausbauen und mit neuen Interessenten ins Gespräch zu kommen. Denn alle, die da vor einem sitzen, sind genau wegen dem Thema oder Dir gekommen. Welchen Nutzen ziehst du daraus bzw. warum sollte jemand der als Speaker/Trainer/Coach erfolgreich werden will sich darum bemühen, solche Gastauftritte zu bekommen? Es ist die Basis, um sich zu positionieren. Letztlich ist es das Thema üben, üben und um mehr über die Leute zu erfahren, die das Thema interessiert. Ich habe viele gute Leute mit tollen Konzepten im Kämmerchen gesehen, aber nur im Dialog mit den Kunden wird sich zeigen, ob das in der Praxis auch funktioniert.

Wie wichtig sind für dich digitale Produkte als Ergänzung in deinem Produktportfolio? Und wie schätzt du dessen zukünftige Bedeutung ein?

Heute geht es ehrlich gesagt gar nicht mehr ohne. Mein Ziel bei LQ4you.de ist, dass meine Kunden sich frei fühlen, ihr Leben zu leben. Ich befreie diese nicht vom Gelebt und Getrieben werden, von Notwendigkeiten durch andere, um dann selbst eine neue Abhängigkeit durch mein Coaching und Mentorensystem zu schaffen. Ja, ich setze zu Beginn auf Live-Events, auch jetzt zwischen den Jahren und zu Beginn des neuen Jahres, gerade weil wir Menschen die persönliche Begegnung brauchen. Wer mehr in der Live-Gruppe lernt oder durch die Energie im Raum und der anderen angesteckt wird, soll unter allen Sicherheitsvorkehrungen das auch nutzen können. Ich gebe über mein digitales Membership-Konzept meinen Kunden die zeitliche, örtliche und ortsunabhängige Freiheit zu leben, lieben, lernen und sein Lebenswerk zu schaffen. Alles in der Zeit, die jeder Einzelne braucht, um vom Lassen ins TUN zu kommen. Ich gehe sogar soweit, dass ich über meine Video- und Linkstrategie jedem digital die Wahl lassen kann, wie er Inhalte, sei es meine 7 handlungsleitenden Prinzipien, die Umsetzungsmittel wie Checklisten und Praxishilfen oder auch das dahinter liegende Wissen, am besten für sich einsetzt. Ich bin sicher, die richtige Mischung macht´s und letztlich lebt auch das digitale Produkt von der Authentizität des Machers. Ohne eigenes Feuer und Glaubwürdigkeit wird er seine Kunden nicht anzünden können und mitnehmen.

Und wie schätzt du dessen zukünftige Bedeutung ein?

Wir werden aktuell durch die Situation gezwungen, aber die Erfahrungen werden zeigen, dass wir hier weiter mit hybriden Vorgehen wesentlich zur Arbeits- und Lebensqualität jedes einzelnen, des Teams/Abteilung, des Unternehmens und sogar auch in der Kundenkommunikation eine neue freiere Beziehung bewusst gestalten können.

Triff eine Entscheidung fürs Leben, liebe es und spüre die Emotion und Energie, die es Dir gibt - mit der Erwartungshaltung, dies selbst und frei zu gestalten. Ich freue mich, Dich in einem meiner Live-Webinare wiederzusehen.

RENÉ
Rink

DURCHBRUCH zum erfüllten Business - Verkaufen ohne zu verkaufen

René Rink

22
RR
René
Rink

Durchbruch zum erfüllten Business & Leben durch deinen authentischen Weg.

Ein Beitrag von René Rink

Dein Helden-Business mit dem Game Changer-Kompass

Du bist ein Held. Auf deiner Mission in diesem Leben. Wenn du diese Aussage wirklich verstehst, glaubst und lebst, dann verändert das Alles. Da ich jedoch aus tausenden Gesprächen, Coachings und Mentorings, natürlich auch aus meinem eigenen Leben weiß - diese Erkenntnis dauert - habe ich hier ein wenig auszuholen. Ich kann dir schon jetzt versprechen: Wenn du dich wirklich auf dieses einzigartige Abenteuer einlässt, dann wartet auf dich ein Leben und ein Business, welches du dir niemals so hast vorstellen können - und noch besser. Egal wie alt du bist, ob gerade Jungunternehmer in deinen 20ern, in deiner vollen Schaffenskraft in den 30ern oder 40ern oder ob du dein Leben mit 50 oder 60 Jahren auf den richtigen Weg bringen willst: Es ist nie zu spät.

Ich möchte dich jetzt einladen dir vorzustellen, wie es wäre, wenn sich jeder Tag wie Weihnachten anfühlt. Als du damals noch an den Weihnachtsmann geglaubt hast, voller Vorfreude, Hoffnung, Kribbeln im Bauch und noch ganz viel Magie in deinem Leben war. Ich lade dich ein auf eine Reise: eine Reise zu dir selbst.

Deine Talente - deine Berufung?

Ich glaube fest daran, dass wir alle hier sind, jeder für sich, auf seiner eigenen Helden-Reise, seiner eigenen Mission. Und wir haben genau für diese Mission, für diese Heldenreise unsere Talente mitbekommen. Darf ich dir hier ein wenig Kontext geben?
Kurz zu mir. Mein Name ist René Rink und seit über 5 Jahren habe ich den Weg des Unternehmers eingeschlagen. Seit ca. zwei bis drei Jahren kann ich von mir behaupten, immer mehr mein eigenes Helden-Business zu leben.

Bekannt bin ich in Deutschland in der Speaker und Online-Marketing Szene durch meine tägliche E-Mail an tausende Unternehmer, meinen Bestseller "Der E-Mail Insider", dem Game Changer-Podcast und natürlich durch mein Game Changer Coaching- und Mentoring-Programm.

Meinen eigenen Weg entdeckte ich, nachdem ich die Klarheit für mich selbst geschaffen hatte:

Was ist denn mein Talent?

Menschen, darunter Unternehmer, die zu mir kommen, spüren oder wissen, dass mein Talent darin liegt, die Geheimnisse und die verborgenen Wege in einem selbst zu finden. Ich helfe Menschen Richtung zu geben und Klarheit zu finden, so dass sie ihren eigenen Weg finden. Dabei gebe ich unkonventionelle Lösungsansätze, speziell natürlich rund um das Business: Vom passenden Business-Modell bis hin zur authentischen Marketing-Strategie und Botschaft und dem natürlichen Verkaufen ohne zu verkaufen. Denn was jeder Unternehmer braucht ist Klarheit.

- Klarheit schafft Momentum und Geschwindigkeit.
- Klarheit hilft auch zu entdecken, ob man von seinem Weg abgekommen ist.
- Klarheit ist der Schlüssel in deinem Leben.
  Klarheit über dich schafft dir die Klarheit über deine Berufung.

Dein Weg - deine Story

In meinem Business spreche ich oft davon, dass deine Story dein Durchbruch ist. Damit meine ich Folgendes: Wenn du deine Lebensstory anschaust und verstehst, die Muster darin entdeckst, warum und weshalb dir die einzelnen Dinge „passiert" sind - denn sie passieren dir nicht, sondern sie passieren FÜR dich - dann entdeckst du deinen Weg. So ist es bei mir. Ich habe schon mein ganzes Leben lang andere Menschen inspiriert. Ihnen neue Ideen mitgegeben, wenn sie mir ihre Geschichten erzählt haben. Ja, wildfremde Menschen beginnen mir im Supermarkt ihre Lebensgeschichte zu erzählen. Ich erkenne dort immer Muster, Sehnsüchte, tiefe Wünsche und kann dort die passenden Wege und Lösungen sehen und, wenn gefragt oder beauftragt, denn das ist ja Teil meines Helden-Business, direkte Wege entwerfen.

So war es, als ich als Scharfschütze nach dem Abi beim Militär im SFOR Bosnien-Einsatz war. So war es im Studium, welches ich in Nürnberg, Cambridge und Washington DC absolviert habe. So war es im Konzern-Job-Hamsterrad als Marketing-Führungskraft, wo ich vor der Zeit neue Produkte und Trends im Mobilfunk oder Marketing eingeführt habe. Ich war immer auf der Suche und habe oft NEUES gemacht. Bis ich 2015 die Chance nutzte, den Konzern und die "Sicherheit" aufgab und Prestige, sechsstelliges Einkommen, Firmenwagen, Team und Millionen-Marketing-Budget gegen meine eigene Freiheit tauschte. Da ich dort nicht wusste, was ich wirklich wollte (ich dachte aus der Kompetenz des Marketing- und Vertriebswissen coache ich halt Online Marketing) begann ich, tägliche E-Mails zu schreiben. Die E-Mails verkauften, was sie jedoch wirklich taten: Sie halfen mir, immer mehr Klarheit über mich und meinen Weg zu gewinnen. Hingegen zeigten mir die Klienten, was sie wirklich von mir wollten:

RICHTUNG & LÖSUNGEN.

So entstand 2018 mein Game Changer-Business, welches mir und meinen Klienten den Durchbruch brachte.

Deinen eigenen Weg finden - das größte Abenteuer im Leben

Ich glaube ganz fest daran: Jeder Mensch ist mit seiner persönlichen Mission im Leben, seiner tiefen, in der Seele verankerten, Bestimmung und Berufung. Jeder Mensch möchte seinen eigenen Weg finden. Was ich aber auch glaube ist, dass viele Menschen den Ruf der eigenen Berufung lange nicht hören. Denn nicht jeder weiß schon mit zwölf Jahren, dass er Tierarzt werden will oder Geschichtsprofessorin, so wie eine gute Freundin, und geht dort sein leben lang den konstanten Weg.

Meist ist es so wie bei Frodo vom Herrn der Ringe, der erstmal Zeit brauchte, um zu akzeptieren, dass es nunmal seine verdammte Aufgabe ist, diesen blöden Ring in den Schicksalsberg zu versenken, um so die Welt zu retten. Oder Harry Potter, bis er begriff, dass er wohl Voldemort zu besiegen hat. Oder die Disney-Kriegerin Vaiana, die das Herz von Tafiti zurückbringen muss, damit die Welt gerettet wird. Oder das Luke wirklich der letzte Jedi ist, bis er seine Berufung annimmt. Und so geht es wahrscheinlich auch dir. Gerade in unserer Zeit, in der die Individualisierung so zunimmt und die Chancen da sind, seinen Weg zu gehen, kommen immer mehr Menschen zu mir.

In Abhängigkeit von der eigenen Lebensphase gibt es immer wieder typische Signale der Seele, die sagen: **"Beschäftige dich mit deiner Mission, mit deiner Berufung!"**

So verreisen erstmal viele junge Menschen nach dem Abitur. **"Erstmal ein Jahr AUSZEIT nehmen, um zu schauen, was ich wirklich will."**

So war ich beim Militär, bin aber auch im Studium viel unterwegs gewesen. Oder aber das Leben bringt einem Chancen und schenkt dir Zeit, beispielsweise durch Burn-Out oder Job-Verluste oder Trennungen um die Zeit zu nutzen, im Leben aufzuräumen und um aus der neuen Übersicht neue Klarheit im Leben zu schöpfen. Oder, wenn die Chancen des Öfteren ignoriert werden, die sogenannten "Stecker-Zieh-Momente". Krankheiten, Autounfälle, Tod in der Familie oder Umfeld - die heftigen Dinge im Leben. So wie ich z.B. einen Gehirn-Tumor hatte und durch das Entdecken meiner eigenen Spiritualität wieder loswurde.

So kommen genauso Jungunternehmer in ihren Zwanzigern zu mir, um sich über ihre Richtung im Leben klar zu werden. Kraftvolle Unternehmer in den Dreißigern und Vierzigern, die ausbrennen, weil sie nicht authentisch auf ihrem Weg sind. Am meisten kommen die Fünfziger und Sechziger zu mir, die ein komplett neues Life-Setting wollen, weil sie spüren: Jetzt wird es endlich Zeit, nachdem "schaffe, schaffe Häusle bauen" und Familie und Karriere erledigt sind. Es ist auch gar nicht einfach, seinen Weg zu finden. Überhaupt nicht. Es ist das größte Abenteuer - meiner Meinung nach. Mit vielen Gegnern, Monstern und Hindernissen. Zuerst haben wir unsere Außen-Konditionierungen. Unsere Eltern wollen doch nur "unser Bestes" und haben ihre Werte, Vorstellungen und Wünsche. Dann weiter in der Schule. Die Lehrer, deine Freunde und dein Umfeld.Natürlich will und braucht die Gesellschaft Hamster für das Job-Hamsterrad. Niemand ist wirklich scharf darauf, dass du deinen Weg gehst. Die Nazis brauchten gehorsame Soldaten. Die moderne Marktwirtschaft braucht hochproduktive Arbeiter. Zeit gegen Geld. Der Unternehmer - ein kleines Übel, der freien Wirtschaft geschuldet.

Ich weiß noch ganz genau, als ich mich auf dem Weg zum Unternehmer gemacht habe. Welches Unverständnis mir in meinem "Arbeitnehmer"-Netzwerk entgegengebracht wurde. Den eigenen Weg zu gehen - außerhalb der Normen, was "man" so macht - für die Meisten mindestens suspekt. (Ich schreibe gerade diese Kapitel um 2.36 Uhr - nachdem ich vorher meinen Sport gemacht habe und in meinem Eisbad auf der Dachterrasse gelegen habe... verrückt?)

Der größte Verhinderer, deinen eigenen Weg zu gehen, bist du selbst

Autsch. Das wusstest du eh schon, oder? Es ist wunderbar, dass wir von außen so sehr manipuliert und verhindert werden. Nach tausenden von Coaching- und Change-Calls, nach hunderten von Coaching-Klienten und zig Mentoring-Klienten darf ich dir verraten:

Der Nummer eins Lebensweg-Verhinderer sind IMMER die Unternehmer selbst.Die eigenen, inneren Konditionierungen. Der Perfektionist in einem, der einen permanent daran hindert, Dinge zu tun. Ich habe mich über eine Woche selbst daran gehindert, dieses Kapitel zu schreiben und zwei Versionen komplett in den Müll geworfen, bis ich diesmal im Flow war, nachdem ich mal wieder mit meinen Techniken meinen Perfektionist an die Wand gestellt habe. Oder der Zweifler, der dir immer wieder die Dinge ausreden will. Nur damit dann abends im Bett deine innere Domina dich auspeitschen kann, um dich selbst zu bestrafen, was du heute schon wieder alles nicht geschafft hast.

Es gibt drei Qualitäten, die ich beobachten konnte, die alle meine Klienten mitgebracht haben, wenn sie bereit waren, ihren eigenen Weg hin zum Helden-Business zu gehen:

1. **Mut**
   Der Mut, bei sich selbst hinzuschauen. Wir sind so programmiert, dass uns selbst immer besser beurteilen als wir es tatsächlich ist.
   "Es ist ja nicht so schlimm. Passt schon."
   Die Lügen, die wir uns täglich selbst erzählen (und bei einen normalen Menschen sind es hunderte Lügen pro Tag) sind das Schlimmste, was wir uns antun.
2. **Aushalten können**
   Hinschauen ist schön. Nur das, was man da sieht auch auszuhalten, das ist wieder eine ganz andere Nummer.
   Bildlich gesprochen, sich nachts nackt vor den Spiegel zu stehen und sich einzugestehen: "Ja, das ist wirklich kein Waschbrettbauch". Das muss man aushalten können.
   Veränderung kommt meist nur, wenn der Schmerz zu groß wird. Deshalb beginnen Viele erst ihre echte Suche nach dem Lebensweg, wenn diese Stecker-Zieh-Ereignisse passieren.
3. **Entscheidungen treffen**
   Hinschauen und Aushalten ist wunderbar. Das hilft aber alles nichts, wenn nicht auch eine Entscheidung getroffen wird.
   Das ist bei der eigenen Gesundheit, bei Beziehungen und auch im Business so.
   Altes loslassen, um neue Wege gehen zu können.
   Wie schwer uns das fällt, kennst du bestimmt von den lustigen Neujahrs-Vorsätzen zum Thema Gesundheit & Beziehung - und die verdrängte Enttäuschung am 15. Januar: Das es eben doch so weitergeht wie am 31.12., bevor das Feuerwerk knallte.

Wenn du vom Weg abgekommen bist...

Machen wir beide uns hier nichts vor. Sagen wir, wie es ist: Es ist überhaupt nicht einfach, den eigenen Weg zu finden. Es ist fast unmöglich, es selbst zu schaffen. Jeder Held hat seinen Mentor. Luke hat Obi Wan, Harry hat Dumbledore, Viana hat Maui/das Meer und Frodo seinen Gandalf. Meinen Durchbruch hatte ich, als ich meinen Game Changer Kompass entdeckte. Vorher ging es schon immer mehr in die richtige Richtung, aber die emotionalen Achterbahnfahrten waren noch da. Immer die Sorgen, ob das Marketing und die Botschaft auch ankommen. Ob die Klienten erfolgreich werden und somit auch zufrieden sind.

Ich habe zwar sehr viel an mir gearbeitet, aber der Durchbruch kam erst, als ich das große Thema in meinem Leben plötzlich vor mir sah. Und das plötzlich kam auch durch einen Freund/Mentor, weil wir selbst leider oft zu blind dafür sind. Der Game Changer Kompass hat allerdings nicht 4 Himmelsrichtungen sondern nur 3 Richtungen. Diese Richtungen geben dir an, ob du auf dem richtigen Weg bist. Es sind die 3 elementaren Sehnsüchte, die in jedem Menschen, also auch in dir verankert sind. Ich habe noch keinen Menschen getroffen, dem ich diese 3 Sehnsüchte erklärt habe, der gesagt hat, für ihn seinen nur 2 oder nur 1 Sehnsucht davon wichtig. Anhand dieses Kompasses kann ich jeden Tag selbst sehen, ob ich auf dem richtigen Weg bin...oder halt vom Weg abgekommen bin.

Der GAME CHANGER KOMPASS - Leben, Lieben, Wirken

Leben ist Energie.
Und Energie ist Emotion.
E-Motion.
Energy in Motion.

Deine Emotion ist das, was dich antreibt.
Denn was will jeder Mensch?
Richtig, dass es ihm BESSER geht.
Emotion.
Also die 3 Richtungen des Kompasses.
(Du darfst dir den Kompass als ein 3D Kompass vorstellen... also die 3 Richtungen sind nicht gegensätzlich, sondern du bist auf Kurs, wenn alle 3 Nadeln des Kompass jeweils auf Leben, Lieben, Wirken zeigen)

Die 3 Richtungen des Game Changer Kompass:

1. **Leben - Lebendigkeit**
   Wir alle wollen uns jeden Tag lebendig fühlen. Wenn wir sterben, wollen wir wirklich lebendig gewesen sein und nicht nur unsere Zeit absitzen.
   Deshalb suchen wir Abenteuer... deshalb sind auch so viele Menschen unglücklich, weil sie vor Netflix beim Couching im Zombie-Modus verkümmern. Weil die Beziehungen nicht mehr kribbeln. Weil das Leben langweilig ist. Deswegen lieben Menschen Sport, Reisen, Abenteuer...Sex ;)
2. **Liebe - Beziehungen**
   Leben ist Beziehung. Wir sind keine Einsiedler. Wir wollen erfüllte Beziehungen. In der Partnerschaft, in der Familie, mit Freunden, mit Klienten, in der Gesellschaft, Vereinen und Gemeinschaften. Wer gesunde Beziehungen hat, lebt länger... wer vereinsamt, stirbt schneller, leidet an Depressionen und ist viel ungesünder.
3. **Wirken - etwas bewirken und hinterlassen**
   Wir sind hier, um uns selbst einzubringen. Das wir etwas bewirkt haben.
   Das ist ganz eng mit unserer Berufung verbunden, mit unseren Talenten und Fähigkeiten... und dem tiefen Wunsch etwas FÜR das Leben zu machen. Wir wollen

Menschen berühren und auch das Leben für sie besser machen.

(komplettes Training dazu hier: **https://rene-rink.de/Abenteuerstart**)

Wie erkenne ich denn, wenn ich nicht auf Kurs bin?

Wenn deine Lebendigkeit leidet:

- Morgens schon müde und du springst am Montag nicht voller Freude aus dem Bett und rufst: ENDLICH WIEDER MONTAG!
- Du fühlst dich erschöpft, müde und Burn-Out ist mehr als ein Gedanke
- Du verspürst kein Feuer mehr in deinen Lebensbereichen...weder in der Partnerschaft, Familie, Freunde, Hobbys und in deinem Beruf, der nur ein Job ist
- Du vermeidest dich im Business... prokrastiniert, sabotierst
- Dein Angebot langweilt dich und Geld ist wichtiger als das Ergebnis

Ich beschreibe die Situation gerne so.
Stell dir vor, du bist ein hochtalentierter Herzchirurg, der einen ganz speziellen 5fachen Herzbypass operieren kann.
Statt jedoch genau dies zutun, fährt er jeden Tag ins Krankenhaus und, weil er ja auch operieren kann, macht er Blinddarm OPs, eingerissene Fußnägel usw.
Am Abend liegt er mit einer Flasche Rotwein auf dem Sofa und fühlt sich tot an.

Wenn deine Liebe/Beziehungen leidet:

- Die Energie in deinen Beziehungen fühlt sich flach, routine, emotionslos, bzw. negativ an
- Deine Klienten nerven dich, ärgern dich... du hast das Gefühl, sie passen nicht zu dir
- Deine Marketing-Botschaft ist flach... berührt nicht und fühlt sich leer an
- Du fühlst dich leer an, wenn du an dein Umfeld denkst
- Du fühlst dich leer oder frustriert/wütend, wenn du die Beziehung zu dir selbst anschaust
- Die Selbstliebe ist im Hungerstreik

Wenn deine Wirkung verpufft:

- Du hast das Gefühl, was du machst ist sinnlos
- Du bist nur noch in Routinen, um zu überleben statt zu leben
- Dein Marketing funktioniert nicht und der Verkauf ist schwer. Es fühlt sich an wie ein fake.
- Dein Business fällt dir schwer und jeder Tag ist eine neue Herausforderung.
- Gedankenkarussell in der Nacht und guter Schlaf ein unbekannter Luxus geworden
- Sorgen um die Zukunft plagen dich.
- Existenz-Ängste und Druck verfolgen dich.

Es ist wie das Gefühl, das du hast, wenn du morgens am Strand eine schöne Sandburg den ganzen Tag baust, nur um am nächsten Morgen festzustellen: Die Sandburg ist wieder weg. Weggespült von der Flut und es ist nichts geblieben. Das Bauen und die Mühe waren umsonst.

Wie kannst du deinen EIGENEN Weg gehen?

Den eigenen Weg zu gehen, ist nicht einfach. Das ist Fakt. Sonst würde es jeder machen. Die, die ihren Weg gehen, sind die, die wir bewundern. In Geschichten, Filmen und Büchern oder als Celebrity. Gerade der Start ist schwer, weil du dich mit dir selbst zu beschäftigen hast. Aber das Ergebnis ist so viel besser, als nicht deinen Weg zu gehen und das Leben an dir vorziehen zu lassen. Viel besser, als du es dir je vorstellen kannst. Mein Schlüssel ist das LIFE-SETTING in meinem Game Changer-Programm. Life-Setting ist mehr als Mind-Setting. Es setzt für dich deine neuen Standards in MIND, EMOTION, SPIRITUELLEN, BODY und BEZIEHUNGEN. Das Wichtigste ist, deine eigene Lebens-Story zu verstehen und zu kennen. Hier in die Tiefe zu gehen und deine Muster zu sehen. Was deine Mission und deine Berufung ist. Denn ALLES beginnt und ENDET mit dir. Dein Helden-Business basiert auf dir. Der Hebel in der Umsetzung und Transformation sind meistens die Routinen. So bin ich bekannt für meine Routinen. (siehe Videos hier: **https://rene-rink.de/Abenteuerstart**)

Täglich verschicke ich die Game Changer-E-Mail, die mich selbst auf Kurs hält.Ich sage ja immer: Eigentlich schreibe ich die E-Mail für mich, weil ich selbst auf der Couch liege und Tausende lesen einfach mit;) Für mich ist das eine starke Morgen-Routine (siehe Video auf der Ressourcen-Seite). Oder z.B. mein tägliches Eisbad mit dem Game Changer-Mantra.

Mind-Setting:

Das Wohlstands-Geld-Mindset muss man trainieren wie einen Muskel, damit es dauerhaft wirkt (hier hilft meine Wohlstands-Frequenz). Den eigenen Helden-Lebensweg zu verstehen und die Zukunft klar zu manifestieren. (Game Changer-Meditation) Den Helden-Weg starten (Game Changer-Journey Meditation → siehe Gratis Training)

Emotion-Setting:

Definiere deine dominante Emotion in deinem Leben und dafür sorgen, dass davon mehr passiert. Bei mir ist es z.B. die pure Existenz-Freude. Also mache ich oft Dinge, die mir einfach nur Freude machen wie ein Feuer, Schießen gehen oder Eisbaden und Schwitzhütten. Die Frage ist hier: Wie will ich mich fühlen?

Body-Setting:

Wie soll deine Gesundheit aussehen? Smoothie & Trampolin oder Pizza & Netfllix? Wie will ich meinen Körper fühlen? Ist er ein gepflegtes Werkzeug für meine Berufung oder pfeift er auf dem letzten Loch? Bin ich ausgeschlafen, fit, gesund, vital, energievoll, schlank und sexy?

Relationship-Setting:

Wie ist mein Liebesleben? Wie meine Beziehung in der Familie, wie zu Freunden? Wer sind meine Klienten und wie ist die Beziehung? Wie ist die Beziehung zu mir selbst? Selbstliebe und Selbstwert sind hier große Themen. Daraus ergibt sich dann nach der GAME CHANGER-Methode auch das BUSINESS-LIFE-SETTING.

Daraus leitet sich deine Positionierung ab.

- Deine Botschaft.
- Dein Angebot.
- Deine Flow-Klienten.
- Dein Marketing, dein "Funnel".

- Dein Verkaufen.
- Deine Sichtbarkeits-Methoden.
- Deine Vertrauens- und Experten-Maßnahmen.

Aus dem Life-Setting folgt das Business-Life-Setting. Und das macht es einfach. Wenn du Persönlichkeits-Entwicklung über dein Business steuerst, siehst du gleich die Erfolge in deiner Entwicklung.

Weil mehr Klienten kommen.
Weil du mehr Reichweite hast und mehr Impact und Wirkung.
Weil ein erfülltes Business zwangsläufig zu mehr Geld führt.

Denn meine Definition von Geld ist: "Geld ist gespeicherte Wertschätzung"
Wenn du deinen eigenen Business Weg gehst, dann spüren Menschen dich. Weil du authentisch bist. Keine FAKE Marketing Strategien & Taktiken, sondern eine Strategie, die 100 Prozent zu dir passt. Kein "FUNNEL-HACKING", sondern Inspirationen, die du dir genommen und sie zu deinen EIGENEN gemacht hast. Kein COPY & PASTE ohne Persönlichkeit und Seele, sondern genau deins.

Deine Botschaft, die wirkt. Deine Botschaft, die berührt. Deine Botschaft, die Feuer hat.

Auch das Verkaufen wird einfach. Mein Slogan - "Verkaufen ohne zu verkaufen" wird Realität. Menschen wollen mit dir zusammen arbeiten. Weil du echt bist und das auch rüber bringst. Was jedoch das Spannendste ist: Wenn du das Business-LIFE-Setting für dich nutzt, dann verändert sich dein ganzes Leben. Ich beobachte das jeden Tag bei meinen Game Changern, die mit mir im Programm über ein Jahr oder auch länger durchziehen (über 90% verlängern und bleiben in der Gemeinschaft). Wenn sie umziehen und ihr Leben neu aufbauen. Ihren Träumen folgen. Die Beziehungen tiefer werden oder neue Beziehungen entstehen lassen. Mit der finanziellen Freiheit kommt dann auch die zeitliche Freiheit. Am Ende erreichen sie die emotionale Zufriedenheit und Erfüllung, ihren eigenen Weg gegangen zu sein und die eigene Berufung zu leben. Die eigene Existenz-Freude statt Existenz-Angst.

Wie du deinen Weg finden kannst und wie ich dir helfen möchte

Der Weg als GAME CHANGER ist kein einfacher, aber mit Sicherheit das spannendste Abenteuer, auf das du dich einlassen kannst. Das Abenteuer deines Lebens. Menschen kommen zu mir, weil ich ein Entdecker bin. Nicht nur, weil ich viel ausprobiere und die besten Marketingstrategien mitbringe, die auch funktionieren. Sondern weil meine Berufung in mir drin ist: Menschen helfen, ihre Richtung und ihren Weg zu finden. Ich zeige die Lebenswege und biete in meinen Coachings oder den intensiveren Mentorings die möglichen Routen - persönlich und im Business für die Life-Setting Bereiche. GAME CHANGER sind Menschen, die ihre eigenen Regeln verändern wollen, die das Leben von anderen Menschen verändern wollen und bereit sind, ihre Berufung zu 100 Prozent zu leben. Die bereit sind, ihr Life-Setting auf Existenz-Freude einzustellen. Wir brauchen gerade - mehr denn je - Helden in unserer Welt. Leuchttürme, die mit ihrem Licht den in "Seenot" geratenen Menschen mit ihren Lösungen helfen.

Wenn du bereit bist, deinen Weg zu gehen, dann habe ich auf der folgenden Seite Ressourcen, Trainings und Inhalte für dich, damit du deinen Weg gehen kannst. Du kannst dich dort für das Game Changer-Training mit der Game Changer-Journey gratis anmelden oder wenn du bereit bist, direkt mit mir einen der berühmten CHANGE CALLS vereinbaren. Für mich ist es die größte Freude und bereitet mir persönlich einfach richtig Spaß, wenn ich sehe, wie Menschen ihr inneres Feuer wieder entzünden, die Klarheit bekommen und mit Momentum IHRER Berufung, ihrem Lebensweg nachgehen.

Und so verbleibe ich mit einem kraftvollen HUKARI - denn heute ist ein guter Tag zu sterben, wobei Hukari bedeutet, dass heute ein Teil in mir, ein Glaubenssatz, eine Blockade, die mir nicht mehr dienlich ist, gehen darf.

Hukari!

Hier geht´s zu den Extra-Trainings, der GAME CHANGER- Journey und den extra Ressourcen:

► **https://rene-rink.de/Abenteuerstart**

SONJA Kreye

Feiere deine Misserfolge - Denn sie sind entscheidende Zwischenschritte auf dem Weg zu wahrer Größe

Sonja Kreye

25
SK
Sonja
Kreye

Verwandle deine Nachteile in deine größten Vorteile

Ein Beitrag von Sonja Kreye

Bähm. Das saß wie eine Ohrfeige. Gerade hatte mir mein Hauptauftraggeber eröffnet, dass er meine Tagessätze mal kurz halbieren werde. Mein Sohn war noch kein Jahr alt und schon war ich von der gefragten Motorsport-Marketing-Expertin, die noch nie über Tagessätze hatte verhandeln müssen, zur ganz normalen Texterin und Content Managerin geworden. Die Jahre als PR-Managerin für einen Formel 1 Rennfahrer, als Sponsoring Managerin für Porsche in einem US-Rennprogramm, als Beraterin für die Rennstrecken in Shanghai und Magny-Cours und im Team von Bernie Ecclestone zählten einfach nicht mehr. Was zählte war, dass ich nicht mehr flexibel war und somit viele Auftragsangebote nicht mehr annehmen konnte.

Das war der Moment, in dem mir klar wurde: Das muss sich ändern. Ich suchte nach etwas Neuem. Etwas, bei dem das Muttersein nicht automatisch bedeuten würde, für die Hälfte der Arbeitszeit auch noch nur die Hälfte des Geldes zu verdienen. Ich suchte nach einem Weg, wie ich meine Marketing- und Vertriebs-Expertise so verpacken konnte, dass meine größten Nachteile – wenig Zeit wegen Kleinkind und meist ans Zuhause gekettet, weil mein Mann die ganze Woche weg war und die Omas nicht um die Ecke wohnten – nicht mehr ins Gewicht fallen würden.

Du kannst alles haben, aber nicht alles gleichzeitig.

Wer will, der findet Wege

Wer sucht, der findet und so kam ich zu meinen ersten beiden Coaches und meiner ersten Coaching-Woche. ‚How to build your business online' war der Titel. Eine Mischung aus echtem Coaching und Weiterbildung. Ich weiß noch ganz genau, dass ich damals alle Hebel in Bewegung setzte, damit ich an dieser Woche teilnehmen konnte.

Mein Sohn war zu dem Zeitpunkt bereits in der Kinderkrippe, musste aber um 15 Uhr wieder abgeholt werden. Glücklicherweise boten die Veranstalter Kinderbetreuung an, so dass ich das Seminar jeden Tag um 14.30 Uhr unterbrach, um ans andere Ende der Stadt zu düsen, dort meinen Sohn abzuholen und wieder zurück zu hetzen. Irgendwas tief in mir drin wusste, das hier eine Chance lag.Am Ende war diese Woche der Anfang. Der Anfang von etwas Neuem: einem neuen Business, aber vor allem einem neuen Leben. Was war passiert?

Der erste Online-Kurs: der absolute Game-Changer

Eine der Coaches war Amerikanerin und zeigte uns, was auf dem amerikanischen Coaching-Markt abging. Ich hörte zum ersten Mal von Marie Forleo, einer Life Coachin mit eigenem Youtube-Kanal und einem Online-Kurs namens ‚Marie Forleo's B-School' (B für Business). Als sie den Kurs das nächste Mal anbot, war ich dabei. 1.500 Euro kostete er und das war für mich damals bei weitem kein Pappenstiel. Was darin passierte, war – so würden es wohl die Amerikaner ausdrücken – ‚life-changing'. Lebensverändernd. Nicht weil die Inhalte in der B-School so bahnbrechend neu gewesen wären. Marie Forleo ist eine super Marketerin und legt sehr viel Wert darauf, die eigene Persönlichkeit ins Business zu bringen. Sie interpretierte die üblichen Marketing-Prinzipien einfach auf eine sehr persönliche Weise. Und zeigte darüber hinaus die ersten Schritte in die Online-Kundengewinnung.

Bahnbrechend war für mich aber vor allem eines: das Online-Kurs-Format. Damit konnte ich lernen, wann und wie ich wollte. Meist war das abends, nachdem der Kleine im Bett war. Ich war nicht mehr auf Babysitter oder sonstige Hilfe angewiesen. Das wollte ich auch. Meine Expertise in Online-Kursen weitergeben. Mein Ziel dabei: Einmal genau wie Marie Forleo 1.000 Teilnehmer in einem Online-Kurs dabei zu haben.

Entweder du bist erfolgreich oder du lernst

Ich legte also los. Ich investierte, ich arbeitete. 6.00 Uhr aufstehen. 7.00 Uhr Kind in die Kinderkrippe am anderen Ende der Stadt. 9.00 Uhr bis 15 Uhr arbeiten. Danach das ganze wieder zurück. 20 Uhr Kind ins Bett und vor Müdigkeit mit ihm einschlafen. 23 Uhr bis 2 Uhr weiter arbeiten. Am nächsten Tag das Ganze wieder von vorne. 6 Uhr aufstehen, 7.00 Uhr Kind in die Kinderkrippe... Du weißt, wie es weiter geht. Ich hab mich rein geworfen, alles auf eine Karte gesetzt.

Über ein Jahr lang habe ich durchgehalten und am Ende meinen ersten Online-Kurs angeboten. Ganze 4 Teilnehmer gewann ich dafür. Enttäuschung ist an der Stelle ein Wort, das noch untertrieben ist für das, was ich fühlte. Ein Jahr Arbeit für vier Teilnehmer. Hinzu kam, dass meine Ehe zu diesem Zeitpunkt auch nicht gerade das große Glück war. Das war wohl auch kein Wunder, nachdem ich kaum mehr was anderes tat, als an meinem neuen Business zu arbeiten und meinen Sohn zu betreuen. Irgendetwas hatte ich da wohl außer Acht gelassen. Oder besser gesagt:

Einfach alles falsch gemacht, was ich hätte falsch machen können.

Erst den Kurs erstellt, ohne überhaupt zu wissen, ob den jemand will. Mich wochenlang ins stille Kämmerlein verzogen, anstatt erst mal eine E-Mail-Liste aufzubauen. Lieber vor dem Computer gesessen und mich in Technik eingearbeitet, als mich draußen zu zeigen. Dabei bin ich gar kein Technik-Freak.

Der Weg zwischen Start und Ziel ist keine Gerade

Ich brauchte Anleitung und Unterstützung. Und investierte zum ersten Mal in einen Business-Coach. Nüchtern betrachtet lag das weit außerhalb meines aktuellen Budgets, aber es funktionierte. Ich verwandelte meinen Online-Kurs in ein Online-Coaching, ergänzte es mit persönlicher Beratung und gewann somit Kunden für den fünffachen Preis. Ganz nebenbei lernte ich so den Verkauf am Telefon. Eine Fähigkeit, die jedem Unternehmer weiter hilft.

Auch meine Ehe konnte ich retten. Denn auch hier war eine Coachin diejenige, die mir die Augen öffnete und mir klar machte, dass das Rad des Lebens eben nur dann rund läuft, wenn nicht zu viele Dellen drin sind. Ich lernte, dass ich auch dann geliebt werde, wenn ich beruflich gerade nicht auf dem Höhepunkt stand.

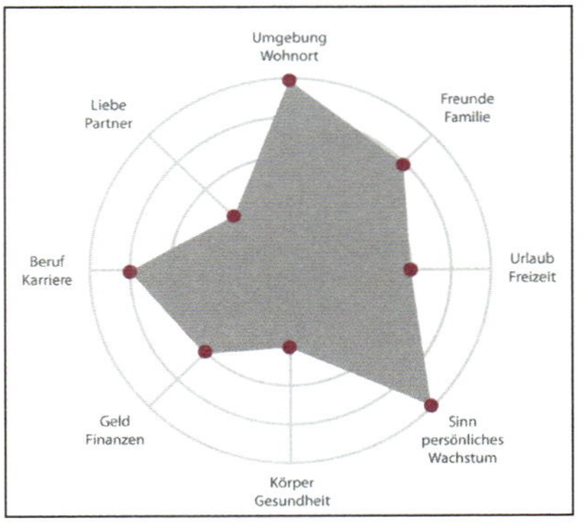

So läuft es ganz bestimmt nicht rund

Unternehmer zu sein ist Persönlichkeitsentwicklung pur

Was nun folgte war Aufbauarbeit und pure Persönlichkeitsentwicklung. Denn das ist es, was Unternehmertum in Wahrheit ist. Die beste Persönlichkeitsentwicklung, die du bekommen kannst. Wie das genau aussieht? Du darfst Kritikfähigkeit lernen. Ich weiß noch, dass ich zu Beginn meines Business bei jedem halbwegs negativen Kommentar in den sozialen Medien mindestens eine schlaflose Nacht hatte. Bis ich gelernt hatte, Kritik nur noch von Menschen anzunehmen, die auch in meiner Arena spielen.Nicht falsch verstehen: Kritik ist immer auch eine gute Möglichkeit, sich zu verbessern. Aber Kritik zu einem Video von jemandem anzunehmen, der selbst noch nie ein Video gedreht hat, ist unternehmerischer Selbstmord.

Lernen darfst du auch, wie deine Zielkunden wirklich ticken. Das ist super spannend, denn das unterscheidet sich meist von deinen Annahmen in deiner Zielkunden-Arbeit. Auch wenn du deinen Zielkunden noch so nahe bist: Überprüfe immer wieder, ob du sie wirklich verstehst. Gehe immer wieder ein Stück in ihren Schuhen. Ebenfalls neu für mich war zu lernen, wie ich Menschen dazu bringe, in den sozialen Medien mit mir zu interagieren. Viele fragen sich , warum auf einige Posts viele Reaktionen folgen, aber auf die eigenen so gut wie keine. Auch mir ging das mal so, denn als Mitglied der Generation X bin ich eben kein Digital Native.

Wichtig ist auch, mutig und gern mal gewagt zu coachen. Denn mit ‚Nach-dem-Mund-Reden' ist deinen Kunden nicht geholfen. Mit wenig Coaching-Erfahrung am Anfang ist es aber gar nicht so leicht, alte Verhaltens- und Denkmuster aufzubrechen. Oftmals hast du selbst immer noch leise Zweifel, ob die Online-Kundengewinnung genauso auch wirklich für jeden Kunden funktioniert.Ich verdiente mir also meine Sporen in der 1:1 Zusammenarbeit mit meinen Kunden. Und auch wenn das gut bezahlt war: mein Ziel hatte ich damit noch nicht erreicht. Ich wollte doch Online-Kurse anbieten.

Es ist nicht wichtig, wie schnell du gehst, nur dass du weitermachst ist entscheidend

Mein erster Schritt zurück in Richtung Ziel war es, Online-Gruppen-Coachings anzubieten. Beim ersten Mal mit fünf Teilnehmern, beim zweiten schon mit neun, dann mit bis zu 30 Teilnehmern pro Jahr. Das ‚Luxus-Problem' dabei: Mein Verdienst stieg so an, dass eine Rückkehr zu günstigeren Online-Kursen immer schwieriger werden würde.

Where focus goes energy flows

Dennoch verlor ich dieses Ziel nicht aus den Augen, was gar nicht so leicht war. Denn die Ergebnisse meiner Teilnehmer im Online-Gruppen-Coaching waren gut. Von vielen wurde ich dafür bewundert, dass ich mir mit diesem Format ein Business aufgebaut hatte, bei dem ich nicht dauernd Akquise machen musste, sondern mir ein langfristig zuverlässiges Einkommen sicherte. Es gab und gibt aber eben einen Grund, warum ich ein so großer Fan von Online-Kursen bin. Sehen wir den Tatsachen ins Auge: Ich habe selbst mittlerweile sicherlich über 20 solcher Online-Kurse gemacht. Und die meisten davon haben mich einen entscheidenden Schritt weiter gebracht für ein Investment, das ich in den meisten Fällen sehr schnell wieder zurückholen konnte. Dazu noch die flexible Lern-Möglichkeit. Das war es doch, was ich in die Welt bringen wollte.

Wenn du vorbereitet bist, kommt der richtige Zeitpunkt

An dieser Stelle kam mir der Zufall zu Hilfe. Sicherlich war und ist die Corona-Krise für die meisten Menschen kein freudiges Ereignis. Für mich brachte sie den Durchbruch. Keinen Durchbruch, der sich in einem bestimmten Moment äußerte, aber eben einen deutlich spürbaren Unterschied. Hinzu kam, dass ich gerade zwei Bücher in kurzer Zeit veröffentlicht hatte, die beide Amazon-Bestseller wurden, was meinem Expertenstatus einen gehörigen Schub gab. Zum ersten Mal war nicht ich es, die meinen Zielkunden erzählte, wie wichtig es war, online zu coachen und online Kunden zu gewinnen. Zum ersten Mal zog der Markt an mir und wollte genau das lernen. Ich hörte genau zu, was meine Zielkunden wollten. Schließlich war auch das ein Punkt, den ich in der Vergangenheit erst hatte lernen müssen. Nicht das anzubieten, was ich für sinnvoll erachtete, sondern das, was meine Zielkunden wollten. Los ging es daher mit der Online-Coaching-Technik-Challenge, die ich in meiner Facebook-Gruppe organisierte. Denn die erste Frage meiner Zielkunden war: Wie funktioniert das mit der Technik und welche Tools brauche ich? Knapp 400 Teilnehmer waren dabei. Am Ende bot ich ein Bundle mit den Videos der Tools an, die ich – gemeinsam mit einem Partner - in der Challenge erklärte hatte. Für gerade mal 29 Euro und einer Verkaufsquote von 30 Prozent. Das waren – was die Kaufquote anging - ganz neue Sphären.

Die nächste Frage, die mir immer wieder gestellt wurde: Wie erstelle ich Online-Coachings und Online-Kurse und verkaufe sie erfolgreich? Nach über 2.500 verkauften Online-Coachings und Online-Kursen hatte ich auch da einiges dazu zu sagen. Und packte dieses Wissen in meinen Online-Kurs „Online-Kurs-DNA", der beim ersten Launch über 100 Teilnehmer hatte. Dabei hatte ich ihn ‚nur' an 500 Menschen angeboten. Eine Abschlussquote von 20 Prozent also. Ich war überwältigt. Nicht nur, dass es sich einfach grandios anfühlte, endlich ein Angebot zu haben, das heiß begehrt ist. Durch die Menge der Teilnehmer war die Stimmung im Online-Kurs einfach großartig, was sich am Ende auch in den Ergebnis-

Über 100 Teilnehmer im Online-Kurs

sen widerspiegelte. Menschen, die gerade ihre Selbstständigkeit starten wollten und deren Pläne durch Corona durchkreuzt wurden, schwenkten einfach auf online um und hatten in wenigen Wochen ihre ersten Kunden. Viele erreichten zwischen sieben bis 16 Teilnehmer im allerersten Online-Kurs – weit entfernt also von meinem eigenen Ergebnis von vier Teilnehmern beim ersten Mal. Bei den Teilnehmern herrschte zudem eine Begeisterung, die ansteckend war. Life-Changing eben. **Endlich ging es in Richtung meines Ziels.**

Wenn du deinen Zweck der Existenz gefunden hast, greifen die Rädchen ineinander

Seitdem ist der Knoten gelöst. Oder wie John Strelecky, Autor des Bestsellers ‚The Big 5 for Life' es ausdrücken würde: Ich hatte meinen ‚Zweck der Existenz' gefunden. Ohne Zweifel: Mein Zweck der Existenz ist es, anderen Dienstleistern zu zeigen, wie sie ihr Business online aufbauen können. Wie sie Online-Kurse und Online-Coachings anbieten können, die ihren Kunden großartige Ergebnisse bringen und ihnen selbst mehr zeitliche und örtliche Flexibilität. Damit eben auch noch Zeit bleibt für die weiteren wichtigen Dinge im Leben. Besonders am Herzen liegen mir dabei die Coaches. Denn ohne Coaches wäre ich heute nicht da, wo ich stehe, meine Ehe wäre beendet, mein Business gescheitert. Genauso will ich Vorbild sein für alle, die nicht weiß und männlich sind und Thomas heißen (die Allbright Stiftung hat herausgefunden, dass es in den Vorständen deutscher Unternehmen mehr Männer mit Namen Thomas gibt als Frauen). Also beste Voraussetzungen haben, es in der deutschen Wirtschaft alleine auf Grund dieser Gegebenheiten weit zu bringen.

Nicht falsch verstehen: Ich weiß, dass deutsche Vorstände durchaus etwas leisten müssen, damit sie an die Spitze kommen. Dennoch ist es für viele andere – für Frauen, vor allem für Mütter, für Nicht-Weiße, für Ältere, für Menschen mit Handicap, für Menschen mit Migrationshintergrund usw. – immer noch nicht möglich, die Spitze zu erklimmen. Einfach weil sie so sind, wie sie sind. Viele Männer und Frauen merken zudem – einige früher, andere später-, dass sie aus ihrem aktuellen Hamsterrad aussteigen wollen und selbstbestimmter leben wollen. Auch die unterstütze ich gerne. Nach vielen Jahren in der Automobilindustrie und bei Unternehmen, in denen es zu der Zeit schon ein Wunder war, wenn eine Abteilungsleiterin weiblich war, entschied ich, dass es sich für mich nicht lohnt dagegen anzukämpfen. Denn gesellschaftliche Konventionen sind nun mal schwierig zu verändern. Auch ich selbst bin nicht frei von Vorurteilen.

Heiße die Technik willkommen

Was wir jedoch tun können, ist Wirtschaft neu zu denken. Neue Möglichkeiten zu nutzen. Unser eigenes Ding zu machen. Ich hätte es ganz sicherlich nicht geschafft, mir ein mehrfach sechsstelliges Business mit zwei Kids aufzubauen, wenn ich mich nicht vom Start weg mit Automatisierungsmöglichkeiten und Technik beschäftigt hätte. Dabei bin ich ganz sicherlich kein Technik-Freak. Selbst in meiner Zeit im Motorsport war das einzige, was ich mir von den Autos merken konnte, die PS-Zahl und der Unterschied zwischen H-Schaltung und sequenzieller Schaltung. Keine Ahnung, warum sich das so in mein Hirn eingebrannt hatte. Für alle anderen Technik-Fragen hatte ich ja die Ingenieure. Aber ich bin stets bereit mich einzuarbeiten. Denn auch wenn der Lernaufwand am Anfang hoch ist, die Zeitersparnis, die am Ende wartet, ist genial.

Viele Einzelunternehmer haben immer noch zu viel Angst vor der Technik oder auch den sozialen Medien. Vor allem diejenigen, die noch – wie ich – aus der Old Economy stammen und Prinzipien wie ‚Fail Forward' oder ‚Start before you're ready' eben nicht mit der Muttermilch aufgesogen haben. Stattdessen sind wir mit Prinzipien wie ‚bloß keine Fehler machen', ‚Scheitern ist schlimm' und ‚Zeige dich stets im besten Licht' aufgewachsen. Genau das ist online aber nicht der beste Weg.

Authentizität statt Perfektionismus

Online zählt, dass dich deine Zielkunden als Menschen wahrnehmen. Menschen wollen mit Menschen arbeiten, nicht mit Marken oder Unternehmen. Und genau hier liegen die meisten noch nicht gehobenen Möglichkeiten, in der lauter werdenden Online-Welt hervorzustechen.

Tue Dinge, die andere nicht tun, damit du später Dinge hast, die andere nicht haben

Es gibt immer noch nur wenige Unternehmer mit eigenem Podcast oder Youtube-Kanal. Es sind immer noch nur wenige Unternehmer, die sich regelmäßig und dauerhaft in den sozialen Medien zeigen, ihre Akquise-Prozesse automatisieren, Online-Konferenzen veranstalten oder Bücher schreiben. Es sind immer noch nur wenige Unternehmer, die Online-Kurse anbieten und sich eine E-Mail-Liste aufbauen. Viel zu viele Unternehmer – gerade auch Coaches – versuchen hingegen, eine Nische zu finden, die so einzigartig ist, dass die Kunden von alleine auf sie zuströmen. Das ist – meiner Erfahrung nach – unmöglich. Alle Nischen sind besetzt. Suchst du dir zudem eine Nische nur aus, weil du dir dort das größte Potenzial ausrechnest anstatt darauf zu hören, was dein Innerstes wirklich will, dauert es mit dem Erfolg ganz sicher viel länger. Denn nur wenn du tust, was du wirklich liebst, stehst du auch Rückschläge und schwierige Zeiten durch, die so sicher sind, wie das Amen in der Kirche. Den Unterschied machst du mit deiner Persönlichkeit. Das ist dein größtes Unterscheidungskriterium. Denn du bist einzigartig. Dich gibt es nicht noch ein zweites Mal. Genau das zeigst du über deinen Podcast, deinen Youtube-Kanal oder von mir aus auch deinen Blog. Regelmäßig, am besten einmal wöchentlich. Egal was passiert. Denn egal ob in der alten oder der neuen Welt. Ein Grundsatz gilt immer:

Von nix kommt nix

Der Unterschied zwischen Erfolg und Misserfolg liegt im Tun, nicht im Denken. Das ist ganz sicherlich auch einer meiner Erfolgsfaktoren. Ich mache lieber, als dass ich zu lange drüber nachdenke. Auch wenn es zugegebenermaßen an manchen Stellen sinnvoller gewesen wäre, etwas länger nachzudenken. Das Tun ist das einzige, was uns weiter bringt. An dieser Stelle greifen all die ‚alten' Werte: Fleißig sein, umsetzen, diszipliniert sein, nicht lang schnacken. Um am Ende ein Business aufzubauen, das du liebst. Das dich erfüllt, das nach deinen eigenen Regeln läuft und mit dem du zahlreichen Menschen weiterhelfen kannst, die eigenen Ziele zu erreichen.

Folge deiner Intuition, aber suche dir Menschen, die schon da sind, wo du hin willst

Ich hoffe, ich konnte dir Lust machen, dein eigenes Online (Coaching) Business zu starten. Egal ob erst mal nebenbei oder gleich im Vollgas-Modus. Der Markt wächst weiter. Gerade jetzt merken auch die letzten Skeptiker, wie wichtig es ist, auf Online-Angebote zurückgreifen zu können. Schon vor der Corona-Krise haben sich laut Digitalverband Bitkom bereits mehr als die Hälfte der Internetnutzer mindestens einmal online fortgebildet. In der Altersgruppe der 30- bis 49-Jährigen stehen dabei die berufliche Bildung und die Persönlichkeitsentwicklung im Vordergrund. Aufgrund der Corona-Pandemie haben zudem mehr als ein Viertel der Internetnutzer (26 Prozent) erstmals Online-Lernvideos geschaut, etwa auf YouTube oder Vimeo. Das reicht von digitaler Weiterbildung bis zu virtuellem Workout. Gut jeder Fünfte (22 Prozent) hat seitdem zum ersten Mal an Online-Sportkursen teilgenommen. Und mehr als jeder Sechste (17 Prozent) gibt an, dass er mit Beginn der Pandemie erstmals Online-Seminare zur privaten Weiterbildung besucht hat. Es gilt als unumstritten, dass diese Erfahrungen das Nutzerverhalten langfristig prägen werden. Jetzt ist also genau der richtige Zeitpunkt, um loszulegen, damit du auch in einigen Jahren noch nicht zum alten Eisen gehörst, sondern ganz vorne mitspielst.

Denn: Ein Online-Business ist Persönlichkeitsentwicklung extrem!

Wenn du den ersten oder nächsten Schritt in Richtung deines eigenen Online-Business machen willst, dann hab ich hier ein unwiderstehliches Angebot für dich: Ich schenke dir die Inhalte meines neuen Buches: Online Coaching Business leicht gemacht – wie du Online Coachings und Online Kurse erfolgreich verkaufst für mehr Unabhängigkeit in deinem Business. Darin findest du neben den wichtigen Schritten für dich als Starter auch meine erfolgserprobte Starter-Strategie, zahlreiche Beispiele erfolgreicher Online-Coachings und Online-Kurs-Angebote von vielen meiner Kunden sowie die wichtigsten Technik-Tools, die für dich als Coach Sinn ergeben.

Ich bitte dich dafür um eine kleine Druck- und Versandkostenpauschale von 4,99 Euro. Hier kannst du es dir sichern:
► **https://business-celebrity.com/onlinecoachingbuch/**

Einfach die Kamera des Smartphones über diesen Code halten und du gelangst direkt zum Buch

Ich freue mich riesig, wenn du mit mir und diesem Buch die ersten Schritte in dein Online-Coaching Business machst.

Deine

Sonja

STEPHY Beck

#tryandWIN - wenn Du es versuchst, gewinnst Du immer!

Stephy Beck

26
SB
Stephy Beck

Freiheit & Wohlstand, durch Klarheit & Positionierung!

Ein Beitrag von Stephy Beck

Mit 25 war ich “ausgebrannt”. Ich hatte viel zu viel gearbeitet, manchmal nur 3-4 Stunden Schlaf und bin von einem Termin zum nächsten gehetzt. Ich hatte mich selbst mental, kreativ und gesundheitlich wie eine Weihnachtsgans ausgenommen und es nicht mal bemerkt. Ich war 25, hatte ein eigenes, seit Jahren sehr gut laufendes Unternehmen, ein paar Beteiligungen und eigentlich schien alles, was ich anfasste, sprichwörtlich zu Gold zu werden. Und dann gab es diesen einen Moment, der alles veränderte. Kurz vor meinem 26. Geburtstag saß ich mir selbst gegenüber - mit der Feststellung und der Frage, dass ich eigentlich alles machen könnte, was ich will - doch was will ich eigentlich? **“Was will ich eigentlich?” Das war die Frage, die ich nicht beantworten konnte.** Ich glaube, unser Leben wird geprägt von Wendepunkten und es hat immer etwas Gutes, wenn wir an einem “Scheideweg” stehen - zumindest dann, wenn wir uns letztlich ENTSCHEIDEN.

WIE ALLES BEGANN...

Als kleines Kind hatte ich immer davon geträumt, nach Los Angeles zu gehen und “Superstar” zu werden. Und das meinte ich so richtig ernsthaft und mit vollster Überzeugung. Ich wollte die Menschen mit Geschichten erreichen, Musik machen, die ins Herz geht und die schönsten Orte dieser Welt bereisen, während ich gleichzeitig “arbeite” und mit dem, was ich liebe, Geld verdiene. Als Kind war das singen. Ich bin in einem super kleinen Dorf in der Rhön, in Unterfranken, aufgewachsen, ohne schnick-schnack, in keiner reichen Unternehmerfamilie, sondern einfach ganz normal. Meine ganze Kindheit und Jugend war ich davon überzeugt, dass das der einzige Weg wäre, wie man die Welt bereisen kann, viel erlebt, spannende Menschen trifft, sich seine Zeit frei einteilen kann, um das zu tun, was ich liebe und dabei gleichzeitig gutes Geld zu verdienen. Dann kam (glücklicherweise) alles ganz anders und heute weiß ich, dass es eigentlich nur drei Dinge braucht, um wirklich beruflich, privat und auch finanziell -innerhalb kürzester Zeit- erfolgreich zu werden:

Mit 18 begann ich, E-Commerce zu studieren. E-Commerce war der erste Studiengang in die neue, digitale Richtung, der aus einem Grundstudium Informatik mit Schwerpunkt Online-Marketing bestand. Es war die Zukunft und mein Türöffner in die Unternehmerwelt.

Der Traum von einem Leben in Los Angeles hat mich allerdings nie losgelassen, also bewarb ich mich auf ein Praxissemester in einer renommierten amerikanischen Marketing-Agentur und flog nach Hollywood. Die Chefin der Agentur war rückblickend meine erste Mentorin. Sie war da, wo ich hin wollte und durch sie erkannte ich, dass mein Weg definitiv in die Selbstständigkeit gehen musste. Ich begriff, dass nur ein eigenes Unternehmen oder die Selbstständigkeit dafür sorgt, dass Du Dir frei Deine Zeit einteilen kannst, Flexibilität gewinnst und Deine Einkommensmöglichkeiten keine Grenze haben. Acht Monate lebte und arbeitete ich in den USA. Ich hab währenddessen unglaublich viel über Marketing und Verkauf gelernt und als ich zurückkam, mein eigenes Unternehmen gegründet.

Dann ging alles ganz schnell

Ich gründete ein StartUp, das floppte. Ich versuchte mich an den verschiedensten, viel zu komplizierten Business-Ideen, um schließlich festzustellen, dass man manchmal mit dem Offensichtlichsten, mit dem, was Dir wirklich leicht fällt, "viel" Geld verdienen kann. Mir fiel es damals leicht, Webseiten zu bauen, mit den richtigen Texten online viele Menschen zu erreichen und digital zu verkaufen. Ich rief lokale Läden und Unternehmen in meiner Stadt an und bot meine Dienstleistung an. Ich machte mir damals keine Gedanken über den Preis, meine Arbeitszeit oder wirkliche Skalierung, sondern ich tat einfach das, was mir Spaß machte, was mir leicht fiel und verdiente damit gutes Geld.

Das spannende ist bis heute: Ich höre immer mal wieder das Argument "Ich hab keine Referenzen/Erfolgsgeschichten oder Kundenstorys" oder "Ich bin noch nicht so lange im Business", oder "Ich hab keine jahrelange Erfahrung vorzuweisen, um wirklich gut zu verkaufen", uvm. **All das sind Ausreden, die sich oft hinter einer Angst verstecken.**

Zum Zeitpunkt meines Business-Starts war ich Studentin. Ich hatte keine wirklich nachweisliche Praxiserfahrung - wie auch? Ich war Anfang 20, ich hatte keine Reputation oder einen Namen, den man in der Branche kannte und begann, meine ersten Kunden ganz "old-school" über's Telefon zu akquirieren. Einer der größten Irrglauben ist es, dass Du erst richtig anfangen kannst, wenn Du Referenzen und 1000 Kundenbeispiele hast. Das ist schön und hilft Dir in Deinem Business auch, aber es ist definitiv nicht notwendig, wenn Du **richtig positioniert** bist, **Vertrauen schaffst** und **ein echtes Problem löst** bzw. **eine effiziente Lösung für die Bedürfnisse Deiner Kunden** bietest. Aus meinem "Hobby"-Business mit den Webseiten wurde schließlich ein echtes Unternehmen. Meine Arbeit, die Ergebnisse und vor allem die **Umsatzsteigerung meiner Kunden** sprach sich schnell rum und so bekam ich viele Kundenanfragen, die ich gar nicht alle selbst abarbeiten konnte. Ich suchte mir Partneragenturen, stellte meinen ersten Mitarbeiter ein, positionierte mich auf eine spezielle Zielgruppe, denen wir eine **Internet-Präsenz** gaben, mit dem Ziel, **mehr Geld über das Internet** zu verdienen. In meinen ersten Jahren im Unternehmertum lernte ich definitiv, dass es auf zwei Dinge ankommt:

1. Niemals aufzugeben, auch wenn etwas mal nicht so funktioniert, wie Du es Dir vielleicht vorgestellt hast. Das gilt ganz besonders im Prozess der Digitalisierung!
2. Dass DU anziehend für Kunden wirst, wenn Du rausgehst und machst. Wenn Du umsetzt, Ergebnisse produzierst und darüber redest. Es heißt so schön: "Tue Gutes und rede darüber!" Genau das gilt auch für Dein Business. Nur so positionierst Du Dich und das ist die Grundvoraussetzung für Wachstum, Umsatzsteigerung und nachhaltigen Erfolg.

Doch dann kam der WENDEPUNKT...
Ich war auf der Überholspur und fuhr voll motiviert an die Wand!

Es lief fast zu gut, um wahr zu sein. Gemeinsam mit meinem Team gewannen wir Marketingpreise, wurde von der weltweit führenden Suchmaschine Google ausgezeichnet und ich eröffnete mein zweites Büro in Berlin. Ich war permanent beschäftigt, 24/7 auf Reisen zu Kunden quer durch Deutschland, Österreich und der Schweiz. Ich wollte keine Pause und nahm mir auch keine. Irgendwann auf einer Kundenreise bin ich einfach zusammengeklappt und das war mein STOP.

Ich musste eine Pause einlegen und zum ersten Mal seit Jahren fragte ich mich, ob ich überhaupt noch auf dem richtigen Weg bin? Ob das, was ich jetzt gerade tue, mich dahin führt, wo ich hin will und die viel entscheidendere Frage: Wo will ich eigentlich hin?

Ich nenne das die Identitätsfragen: "Wer bin ich, wenn ich nicht die Unternehmerin bin? Was macht mich eigentlich glücklich und wer will ich wirklich sein, wenn ich nicht mit meinem Alltagskram beschäftigt bin?" Diese Fragen, auf die ich erstmal keine eindeutige Antwort hatte, schienen mich aufzufressen. Ich erkannte, dass mich mein Arbeitsalltag und das Tagesgeschäft so sehr vereinnahmt hatten und beschäftigten, dass ich völlig den Fokus auf das verlor, was ich eigentlich will. Mir wurde bewusst, **wenn ich alles genau so weitermache wie bisher, würde sich absolut nichts ändern**. Ich hatte mir mein eigenes Hamsterrad gebaut, indem ich zwar selbstständig war und gutes Geld verdiente, aber absolut keine Freiheit hatte. Innerhalb kürzester Zeit änderte ich alles, "dachte" mein Geschäftsmodell völlig neu und setzte um. Alles digital, alles automatisiert, alles maximal flexibel. Du kannst Dir gar nicht vorstellen, wie oft ich hörte, dass das nicht funktionieren wird. Wie viel Skepsis und Misstrauen von Partner und Geschäftskollegen kam. Letztlich war genau das Gegenteil der Fall! Mit einem völlig neu aufgebauten Business, der STEPHY BECK AKADEMIE, einer digitalen Unternehmensberatung, die genau diese digitale Business-Transformation vom offline Unternehmer ins online Business unterstützt. Wir haben innerhalb eines Jahres alle Umsatzrekorde gebrochen und sind noch lange nicht am Ziel. :-)

Früher bin ich zu Kunden gefahren, hab viel Lebenszeit, viel Geld und viel Mühen in offline Termine investiert, die manchmal keinen Umsatz gebracht haben. Heute haben wir uns als digitale Unternehmensberatung positioniert und das ist das Geheimnis für Erfolg: **Positionierung!**

Wie würdest du diesbezüglich vorgehen, wenn du heute nochmal bei null starten müsstest?

Mich positionieren und von Anfang an alle Prozesse digital umsetzen, denn das hat mir die zeitliche und örtliche Flexibilität gegeben, die ich mir immer gewünscht hatte. Zudem kennt der Online-Markt kaum Grenzen. Wir sind in der Lage, weltweit Business zu machen, uns unsere Kunden sehr genau auszusuchen, gezielt zu bespielen und nachhaltige Beziehungen aufzubauen. Egal wie offline Deine Branche auch ist, über die letzten Jahre haben wir gemeinsam mit unzähligen Kunden bewiesen, dass es nichts gibt, dass Du nicht in irgendeiner Form online verkaufen kannst. Selbst große Investitionen wie Häuser, Yachten, Schmuck oder Autos können online verkauft werden. Tesla ist ein sehr bekanntes und erfolgreiches Beispiel dafür. Sein Business auf "online" umzustellen, ist im Grunde immer erstmal NUR eine Entscheidung und die Bereitschaft neue Wege zu gehen.

Welche Strategien würdest du den Buchlesern empfehlen, um Reichweite und Bekanntheit aufzubauen?

Ganz klar, sich zu positionieren und digital sichtbar zu werden, indem Du über Deine Erfolge und Ergebnisse sprichst, nicht über Deine Methoden! Mein Durchbruch war der Aufbau einer Community in den sozialen Medien. Unter folgendem Link kannst Du Dir gerne einen Einblick verschaffen: **https://klickehier.com/fb-gruppe-stephy**

Es geht immer darum, wie stark Du im Markt wahrgenommen wirst, wie eindeutig Du Dich mit Deinem Business ausdrückst und wie glasklar Du Deinen Wunschkunden kennst, richtig ansprichst und diesem eine Entscheidungs- und Kaufgrundlage bietest. Die meisten Unternehmen - insbesondere anfangs - bieten einen "Bauchladen" an, das heißt, sie haben ein Überangebot, was die Entscheidung für den Kunden nicht unbedingt einfacher macht. Eine große Auswahl kann zu Unsicherheit führen und Unsicherheit führt dazu, dass wir unterbewusst glauben, dass wir uns mit einer hohen Wahrscheinlichkeit "falsch" entscheiden könnten. Keiner möchte eine schlechte Wahl oder gar eine "falsche Entscheidung" treffen. Der Mensch ist tatsächlich so gepolt, dass er eher keine Entscheidung trifft, bevor er eine falsche Entscheidung in Kauf nehmen muss. Viele Unternehmer bieten aus einer guten Intention heraus MEHR an und ernten mit diesem "Mehr"- Angebot auf Kundenseite genau das Gegenteil.

Für mich ist Positionierung das beste Marketing der Welt, denn es funktioniert immer.

Wir leben in einer so schnelllebigen Zeit, in der sich Marketing-Methoden, Algorithmen, soziale Medien und das Internet quasi permanent wandeln. Positionierung ist das Fundament, das immer seinen Bestand darin hat, dass Du Dich am Markt richtig platzierst und nachhaltig und anziehend für Kunden kommunizierst. In der folgenden Grafik haben wir das mal für Dich und Deine Umsetzung auf einen Blick festgehalten:

Ich freue mich, Dich und Dein Business gemeinsam mit meinem Team bei Deiner digitalen Business-Transformation zu unterstützen. Wir positionieren Dich konkurrenzlos, um mehr Zeit, mehr Freiheit und mehr Geld durch digitale Verkaufssysteme zu erzielen. Gemeinsam kreieren wir mit Dir ein Angebot, das Dir Kunden förmlich aus den Händen reißen und implementieren Deine digitale Präsenz, mit der Du automatisiert über das Internet verkaufst.

Ich freu mich auf Dich und wünsche Dir von Herzen maximalen Erfolg und alles liebe.

https://stephybeck-akademie.com/beratung/

JÖRG Löhr

Du kannst in anderen nur entzünden, was in dir selber brennt!

Jörg Löhr

27

JL

Jörg Löhr

Für wenig Einsatz viel zu bekommen, das entspricht nicht den Gesetzen des Lebens

Ein Interview mit Jörg Löhr

Nimm uns kurz mit in deine persönliche Geschichte: Wie hat alles angefangen? Was hat für dich den Ausschlag gegeben, dass du Speaker/Trainer/Coach geworden bist?

Daran erinnere ich mich sehr gern. Ich hatte schon sehr früh das Privileg, meine Leidenschaft leben zu dürfen und zu können. Mit nur 17 Jahren kam ich in die Handball-Bundesliga und damit ging für mich ein Traum in Erfüllung. Finanziell sah es allerdings eher mau aus, denn damals erhielt ich pro Punkt, den ich mit meinem Team machte, gerade einmal 15 DM. Wenig Brot also, aber umso mehr Spaß!

Gut zwei Jahre später machte mir ein Mitspieler das Angebot, stiller Teilhaber seines Fitnessstudios zu werden. Das befand sich im Souterrain des Augsburger Hotelturms, im Holiday Inn. Natürlich war dieses Angebot unglaublich verlockend. Als ich dann hörte, was ich investieren müsste, stockte mir aber erst einmal der Atem. Es waren 100.000 DM. Puh! Für mich war das zu der Zeit natürlich unheimlich viel Geld. Doch ich wollte es unbedingt machen. Also zählte ich, was ich angespart hatte und für den Rest überzeugte ich eine Bank, mir ein Darlehen zu geben.

Wie hast du das gemacht? Als 20-Jähriger ein solches Darlehen zu bekommen?

Nun, ich habe die Bank überzeugen können, dass mein Konzept funktionieren würde. Das war gar nicht so schwer, weil ich selbst überzeugt war. Ich dachte mir: “Es läuft. Du spielst in der Handball-Bundesliga, du bist auf dem Sprung in die A-Nationalmannschaft und jetzt wirst du auch noch Geld verdienen, ohne groß dafür zu arbeiten.” Das fand ich ziemlich cool – obwohl man dieses Wort damals noch nicht benutzt hat.

Und war es cool?

Nein, das war es überhaupt nicht. Ich hatte also meinem Mitspieler das Geld gegeben. Doch nach ein paar Wochen verschwand mein sogenannter Geschäftspartner mit den 100.000 DM nach Israel, statt sie – wie versprochen – in das Fitnessstudio zu investieren.

Zuerst regte mich das nicht einmal besonders auf. Ich dachte: “Okay, jetzt hast du für dein Geld sogar den ganzen Laden bekommen. Läuft!” Drei Monate später sagte mir allerdings der Hoteldirektor, dass das Hotel und damit auch das Studio Ende des Monats schließen würden – wie mit meinen "Geschäftspartner" vereinbart! Wie vereinbart? Ich wusste nichts davon.

Wie hast du auf diese Erkenntnis reagiert? Warst du verzweifelt?

Erfreut war ich darüber natürlich ganz und gar nicht. Aber total frustriert war ich auch nicht. "Na ja", dachte ich mir, "dann verkaufe ich eben die Fitness-Geräte und verdiene auch noch gutes Geld." Der Typ, der jetzt in Israel war, hatte doch sicher selbst eine Menge Geld investiert. Die Werte waren ja schließlich noch da.

Ich rief also einen Sachverständigen an, der schätzen sollte, was man für die ganzen Laufbänder, Stepper, Fahrrad-Ergometer, Kraftgeräte, Hanteln etc. verlangen könnte. Die Antwort dieses Experten war nun richtig ernüchternd. Ich weiß sie bis heute. Er sagte: "Dafür kriegen Sie nicht wirklich Geld. Aber vielleicht holt ja jemand die Geräte kostenfrei ab."

Nun hattest du tatsächlich ein Problem?

Ja, das hatte ich. Ich muss zugeben, ich war richtig wütend. Wütend wegen meiner Gutgläubigkeit und noch viel wütender wegen der Hinterlist dieses sogenannten "Freundes". Das ging auch gegen meinen Stolz. "Wie war es möglich, dass er das mit mir machen konnte?", fragte ich mich. Ich war drauf und dran, es mir in der Opferrolle gemütlich zu machen. Nach einigen Tagen wurde mir jedoch bewusst, dass mich die nicht sonderlich weiterbringen würde.

Okay, doch da war der Kredit, den du noch zurückzahlen musstest.

Ja, da war der Kredit. Und da war eine Lektion, die ich gelernt hatte: **Für wenig Einsatz viel zu bekommen, das entspricht nicht den Gesetzen des Lebens.** Ergo: Ich musste meinen Einsatz erhöhen, um aus dem, was da war, etwas Lukratives zu machen. Und was war da? Nun, neben den Schulden hatte ich ja die Fitnessgeräte. Also überlegte ich mir, wohin sich der Fitnessmarkt wohl künftig entwickeln würde. Ich dachte mir, es würde von großen Muskelpaketen weggehen und sich hin zu Aerobic, Kommunikation und Fitness für Jedermann entwickeln. Dann hörte ich, dass eine Villa auf der gegenüberliegenden Seite des Hotels vermietet werden sollte.

Eine Villa zur Vermietung... du hattest doch ohnehin schon Schulden und wolltest nun weiter ins Risiko gehen?

Ja, denn wie gesagt, ich hatte meine Lektion gelernt. Ohne einen großen Einsatz würde es nicht funktionieren. Ich ging also zu dem Eigentümer der Villa und überzeugte ihn davon, sein idealer Mieter zu sein.

Das war sicher nicht einfach. Du warst ja immer noch sehr jung.

Stimmt, aber es klappte trotzdem. Ich hatte den unbedingten Willen, meine Idee umzusetzen – und das kam offenbar gut an. So schleppte ich all die Geräte, die mir niemand hatte abkaufen wollen, zusammen mit Freunden über die Straße vom Hotel in die Villa. Und sechs Monate später eröffnete ich dort ein Fitnessstudio.

Das funktionierte völlig problemlos?

Mir war schon klar, dass ich kein Know-how in der Branche hatte. Also sicherte ich mir die Dienste von zwei Unternehmensberatungen, denn ich wollte ja nicht nur irgendwie meinen Kredit zurückzahlen, sondern mit der Sache auch Geld verdienen. Zudem wollte ich Spaß damit haben, es sollte etwas richtig Gutes werden. Das war immer mein Ansatz!

Mein ganzes Team und ich knieten uns voll rein und es lief von Jahr zu Jahr besser. Einige Jahre später konnte sogar eine zweite, noch viel größere Anlage eröffnet werden.

Du bist aber heute nicht Betreiber von diversen Fitnessstudios, sondern ein sehr erfolgreicher Coach, Speaker und Berater. Wie kam es dazu?

Da spielte ein wenig der Zufall mit und auch, dass ich weiterhin bereit war, sich bietende Chancen wahrzunehmen. Wie schon gesagt, hatte ich zwei Unternehmensberatungen mit im Boot. Eine davon wollte mich unbedingt als freien Mitarbeiter haben – und ich sagte zu. Neben der Beratung haben wir dort unseren Kunden auch Seminare angeboten.

Solche Seminare hattest du aber vorher noch nie gemacht?

Stimmt, hatte ich nicht. Die Kommunikation und das Begeistern von Menschen schienen aber absolut zu meinen Talenten zu gehören. Von denen hatte ich ja schon mehrfach profitiert. Ich hielt also die ersten Seminare als Referent der Unternehmensberatung und stellte fest: "Hey, das macht ja wahnsinnig Spaß!"

Ich schaffte es, die Teilnehmerinnen und Teilnehmer inhaltlich weiterzubringen und zu begeistern. Zudem gelang es mir, die Menschen wirkungsvoll ins Handeln zu bringen. Diese Erfahrung war sicher eine der wichtigsten und nachhaltigsten in meinem Leben.

Mir war rasch klar, dass ich mit diesem Thema weitermachen wollte, also Menschen bei ihrer persönlichen Weiterentwicklung und auf dem Weg zum Erfolg zu unterstützen.

Im Jahr 1995 habe ich dann meine eigene Seminar-Firma gegründet und konnte richtig mit den Inhalten, von denen ich glaubte, dass sie besonders relevant sein würden, loslegen. Offenbar waren das tatsächlich genau die Inhalte, welche die Menschen bewegten. Und scheinbar konnte ich die Botschaften auch so rüberbringen, dass sie wirkungsvolle und positive Reaktionen auslösten. Viele Unternehmen und ihre Mitarbeiter waren von den Seminaren fasziniert. Genauso die Teilnehmer, die meine offenen Veranstaltungen besuchten.

Und woher bekommst du dein fachliches Know-how?

Ich habe mich nach meiner Karriere als Handballer und nach meinem Studium, intensiv mit dem Thema Persönlichkeitsentwicklung beschäftigt. Dazu gehörten unter anderem mehrere Zusatz-Ausbildungen im Bereich Psychologie in Deutschland und den USA.

Anschließend folgte das, was ich jedem empfehle: **konstant und permanent lernen und sich weiterentwickeln.** Mit steigender Nachfrage konnte ich mein Unternehmen immer weiter ausbauen und im Jahr 2006 wurde ich als erster deutscher Referent in die Speakers Hall of Fame gewählt. Eine ganz besondere Auszeichnung, bei der sowohl die inhaltliche Qualität als auch die Performance zählen.

Wie schon als Handballer konntest du also wieder deine Leidenschaft zum Beruf machen?

Ja, genau. Das ist nach meiner vollen Überzeugung einer der wichtigsten Erfolgsfaktoren. Ich habe mich nicht hingesetzt und beschlossen: "Ich werde nun Speaker und Trainer, denn damit kann man viel Geld verdienen."

Nein, die Basis waren meine Erfahrungen und eben meine Leidenschaft für die Kommunikation mit anderen Menschen. Ich hatte als Leistungssportler, als Nationalspieler und dann als Unternehmer viel erlebt. Zudem hatte ich neben dem Studium jede Menge Wissen angehäuft. Geld war also am Anfang absolut nicht meine Motivation. Das kam erst später und die Erkenntnis, gut von meiner Leidenschaft leben zu können, war selbstverständlich eine sehr angenehme.

Es sollte demnach niemand deinen Beruf mit der primären Motivation, viel Geld zu verdienen, ergreifen?

Das Geld sollte keinesfalls die allerwichtigste Triebfeder sein. Deshalb warne ich bei unserer Trainer- oder auch Coaching-Ausbildung die Teilnehmerinnen und Teilnehmer davor, dies wegen des erhofften schnellen Geldes zu machen. In aller Regel wird es das nicht geben. Als Trainer, Speaker oder Coach bekommt man, wie in allen anderen Berufen auch, nichts geschenkt. Es gilt, sich voll und ganz auf seinen Job einzulassen, hochkonzentriert an sich zu arbeiten, sich zu überlegen, mit welchen Themen man sich von anderen Anbietern absetzen kann und sich so, nach und nach, eine Position im Markt zu erarbeiten. Die Aufzählung zeigt schon: Über Nacht geht da gar nichts. Wie lange es dauert, darüber entscheiden der Einsatz, die Talente, die Einstellung und die Disziplin.

Du hast deine Expertise nach und nach aufgebaut. Geht dieser Prozess immer weiter?

Die Antwort darauf lautet eindeutig: Ja.

Wie ich schon erwähnt habe, fing es bei mir mit den Erlebnissen als Leistungssportler und insbesondere als Nationalspieler an. Dann kamen die ersten unternehmerischen Erlebnisse, mein Studium und meine Fortbildungen. Mindestens ebenso wichtig, wenn nicht wichtiger, sind meine Erfahrungen und Erkenntnisse, die ich in den letzten 25 Jahren im Rahmen meiner Arbeit als Trainer, Coach und Speaker machen, beziehungsweise gewinnen durfte. Meine heutige Expertise verdanke ich damit vor allem der Zusammenarbeit mit sehr vielen renommierten Unternehmen und zahlreichen besonderen Persönlichkeiten in meinen Coachings und Seminaren.

Wie viele Vorträge hältst du und kannst du dich noch an deinen ersten Kunden bzw. Auftrag erinnern?

Momentan und schon seit einiger Zeit ist es so, dass ich meinem Büro pro Jahr 150 Tage zur Verbuchung freigebe. Das heißt: Fast jeden zweiten Tag stehe ich vor einer neuen Gruppe von Menschen, die etwas tun wollen, um beruflich und persönlich durchzustarten. Im Laufe von einem Vierteljahrhundert ist da eine ziemlich beeindruckende Zahl an Veranstaltungen zusammengekommen. Von den 150 Tagen halte ich an ca. 90 Tagen Seminare oder Vorträge für Firmen. Die übrigen rund 60 Tage gebe ich offene Seminare zu den Themen Persönlichkeit, Erfolg, Lebensenergie, Führung und Rhetorik. An meinen ersten Auftrag von einer Firma kann ich mich leider nicht mehr erinnern. Ich weiß aber noch ziemlich genau, wie mein erstes Intensivseminar ablief. Das war mein Rhetorik-Seminar "Erfolgreich REDEN", vor ca. 25 Jahren!

Und war dieses erste Seminar schon ein Erfolg?

Ich hatte sage und schreibe fünf Teilnehmer, die dieses Seminar ganz normal gebucht hatten. Damit der Raum ein wenig voller wirkte, wurden kurzerhand meine zwei besten Freunde zwangsverpflichtet. So waren es immerhin sieben Menschen, denen ich die Geheimnisse guter Kommunikation vermitteln durfte.

Für das Thema Rhetorik hatte ich mich entschieden, weil ich damals überzeugt war und heute ebenso überzeugt bin: Je höher jemand auf der Erfolgsleiter aufsteigt, desto mehr Sicherheit braucht er in der Welt der Sprache und desto mehr wird sein Kommunikationsvermögen über seinen weiteren Weg entscheiden.

Ich erinnere mich noch, dass ich die ganze Nacht davor nicht schlafen konnte, so angespannt war ich. Ich war überglücklich, als dann endlich der Startschuss fiel. Die Frage war, ob ich mein erstes Seminar als erfolgreich bezeichnen würde. Bei fünf zahlenden Teilnehmern war es finanziell sicher kein Knaller. Trotzdem würde ich es eindeutig als Erfolg bewerten und das aus mehreren Gründen. Zum einen konnte ich die Teilnehmer begeistern und sie sagten mir am Ende, dass sie sehr wichtigen Input für ihre weitere Entwicklung erhalten haben. Zum anderen hatte ich mir selbst bewiesen, ein solches Seminar gut über die Bühne bringen zu können. Außerdem war ich ins Handeln gekommen. Es hatte sich wieder einmal eine Weisheit als richtig erwiesen, die ich noch heute häufig Menschen vermittle und die ich mir auch selbst immer wieder zu Herzen nehme. Sie lautet: Besser fehlerhaft begonnen als perfekt gezögert!

Wie bist du anschließend weiter vorgegangen? Wie hast du an Reichweite und Bekanntheit gewonnen, welche Marketingstrategien hast du eingesetzt?

Dafür muss man sich erst einmal klarmachen, dass wir damals in einer komplett anderen Welt lebten. Es gab kein Online-Marketing, keine Social Media, keine Marketing-Funnels, auch Leadgenerierung war kein Thema.

Wir arbeiteten analog und nur analog. Was es gab, war die Unterscheidung zwischen B2B und B2C. Für beide entwickelte ich unterschiedliche Konzepte, um jeweils die Bedürfnisse der Kunden bestmöglich zu erfüllen. Damals galt, genauso wie in der heutigen digitalen Welt: **Wer erfolgreich sein will, der muss immer maximale Leistung abliefern, er muss seinen Kunden immer maximalen Nutzen bringen.** Genau darauf habe ich mich konzentriert. Ich hatte von Anfang an das Ziel, die Kunden so zu faszinieren und zu überzeugen, dass sie mich weiterempfehlen.

Dieses Ziel hast du offenbar erreicht?

Ja, mein Team und ich haben es geschafft, dass meine offenen Seminare ständig ausgebucht waren. Bis vor fünf Jahren habe ich dafür nicht einmal einen Euro für Werbung ausgeben müssen. Die Mund-zu-Mund-Propaganda war extrem wirksam. Das ist sie immer noch, doch inzwischen haben sich die Bedingungen geändert. Das Spiel um Bekanntheit, Reichweite und Umsatz ist heute ein völlig anderes als es früher war, als ich mit meiner Seminar-Firma an den Start ging.

Wie würdest du diesbezüglich vorgehen, wenn du heute nochmal bei null starten müsstest? Welche Strategien würdest du den Lesern empfehlen, um Reichweite und Bekanntheit aufzubauen?

Da das Spiel ein anderes ist als früher, muss man sehr viel strategischer vorgehen. Die Konkurrenz etwa ist erheblich größer, genauso wie die Erwartungen der Kunden. Zudem haben sich natürlich die Kommunikationswege verändert. Was also würde ich jemandem empfehlen, der heute anfängt?

Ich würde ihm raten: Überlege dir als Erstes, für was du stehst. In welchem Bereich bist du Experte? Wo hast du mehr zu bieten als andere? Dabei gilt es, sehr konkret zu sein. Warum? Weil du zunächst spitz in den Markt gehen musst. Das heißt, du musst dein Portfolio auf sehr präzise Angebote beschränken.

Weitere Themen und Bereiche solltest du erst dann dazu nehmen, wenn du bereits bekannt bist, eine große Reichweite bei deinen Zielgruppen hast, sowie eine große eigene Community besitzt. Ist das erreicht, kannst du dich weiter öffnen, kannst du breiter werden. Was du mit aufnimmst, hängt natürlich von deinem Wissen und deinem Erfahrungsschatz ab. Wenn es dann irgendwann mehr Themen sind, musst du aber für jedes eine hohe Glaubwürdigkeit besitzen.

Was würdest du selbst noch tun, wenn du heute starten würdest, und was würdest du denen raten, die heute dort stehen, wo du vor 25 Jahren gestanden hast?

Was ich selbst tun würde ist dasselbe, was ich auch anderen raten würde, beziehungsweise tatsächlich rate. Dazu gehört, permanent am eigenen Vortrag oder am eigenen Trainingsmodul zu feilen. So etwas erreicht niemals einen perfekten Endzustand, weil es den gar nicht gibt. Alle meine Vorträge und Seminare befinden sich ständig in einem Prozess, der nicht endet. Das Ganze wird von Mal zu Mal verbessert – und das gilt natürlich ganz besonders am Anfang, für die ersten Vorträge und Trainings. **In dieser Phase sollte man möglichst oft damit auftreten, auch wenn zunächst kein Geld dabei herausspringt. Du musst dir einfach Sicherheit holen und die bekommst du eben nur durch die Praxis.**

Was würdest du den Lesern sagen, die meinen, statt nur einem, gleich ein paar Vorträge einstudieren zu müssen?

Die würde ich zu Qualität statt Quantität ermahnen. Was bringt es etwa einem Schriftsteller, wenn er in kurzer Zeit drei schlechte Bücher auf den Markt wirft? Weniger als nichts! Er wird von keinem davon eine nennenswerte Anzahl verkaufen, er bekommt bestenfalls einen mittelmäßigen Ruf und gelernt hat er bei dem schnellen, aber bescheidenen Schreiben auch nichts. Wozu also das Ganze? Besser wäre es gewesen, mit mehr Zeit ein einziges, richtig gutes Buch zu verfassen. Wohlgemerkt: ein gutes, nicht ein perfektes, denn ewig an jeder Seite zu feilen, das führt auch zu nichts außer Frustration.

Doch zurück zu angehenden Speakern, Trainern oder Coaches. Nehmen wir als Beispiel jemanden, der Redner werden will. Auch für den ist ein guter Vortrag sehr viel nützlicher als fünf oder sechs mittelmäßige. Mein Freund Joey Kelly etwa, hat nur einen einzigen Vortrag. Der ist richtig gut und mit dem tourt er seit Jahren erfolgreich durch die Lande – wobei er pro Jahr weit über 200 Auftritte hat. Das ist wahnsinnig effizient. Natürlich verbessert auch Joey seinen Vortrag immer wieder, die Basis aber bleibt dieselbe.

Gesetzt, jemand hat einen tollen Vortrag. Wie schafft er es, dass dies genügend Menschen merken?

Hier sind wir bei der Frage, wie du in die Sichtbarkeit kommst. Um das zu erreichen, brauchst du ein hervorragendes Marketing. Es muss ebenso herausragend sein, wie deine Produkte oder deine Dienstleistungen. Du musst dir überlegen, wie die Menschen da draußen von dir erfahren. Von dir und von dem, was du ihnen anzubieten hast. Ich halte dabei sehr viel von dem Motto „Modelling of Excellence“.

Und was ist Modelling of Excellence etwa für einen angehenden Speaker?

Man sollte sich Menschen anschauen, die das, was man selbst tun möchte, nicht nur irgendwie beherrschen, sondern die es herausragend beherrschen. Das bedeutet etwa fantastische Reden im Internet zu verfolgen, Webinare zu nutzen etc. **Es bedeutet aber auch, sich mit Menschen zu umgeben, die schon das erreicht haben, was du erreichen willst. Besuche Konferenzen wie die Contra, hole dir den Rat von Fachleuten.** Mit all dem sammelst du Informationen, auf denen du die Strategie für dein Marketing aufbauen solltest.

Hängt die Strategie nicht auch davon ab, was jemand investieren kann?

Ja, das ist völlig richtig. Was du tun kannst, hängt von deinen finanziellen Ressourcen ab und auch davon, wie viel Zeit du aufwenden willst. Ich sage bewusst "willst", denn natürlich ist es auch immer eine Entscheidung, für was du welche Ressourcen einsetzt. Triff sie und lege dann deine Strategie fest. Dabei solltest du daran denken, dass diese Strategie niemals perfekt sein und niemals für alle Ewigkeit die gleiche bleiben wird. Für sie gilt ebenso wie für Seminare und Vorträge: Verbessere sie ständig! Setze dabei unter anderem auf Rückkopplung mit der Realität. Frage dich, welche Maßnahme wie gewirkt hat. Analysiere jeweils das Verhältnis von Aufwand und Nutzen und triff dann wieder Entscheidungen. Eliminiere Maßnahmen, die dir nichts oder zu wenig bringen. Intensiviere andere, die richtig erfolgreich waren.

Noch einmal zu dir persönlich. Was konkret würdest du heute tun, wenn du neu in den Markt gehen würdest?

Wenn ich heute anfangen würde, dann wäre ein erster Schritt sicherlich, mir Experten zum Thema Online-Marketing in mein Team zu holen. Erstens ist ein gutes Marketing heute entscheidend und zweitens findet dein Geschäft mehr und mehr online statt.

Zusammen mit den Experten würde ich eine klare Strategie festlegen, wie ich meine Sichtbarkeit optimieren will. Ich denke da etwa an Podcasts und YouTube-Videos, an Webinare und Online-Kurse oder auch an Kooperationen mit anderen Unternehmern. Es ist unbestreitbar: Wer heute im Internet nicht sichtbar ist, der ist überhaupt nicht sichtbar!

Wie wichtig sind für dich digitale Produkte als Ergänzung in deinem Produktportfolio? Und wie schätzt du deren zukünftige Bedeutung ein?

Die digitalen Produkte sind längst unverzichtbar und sie werden künftig, das ist ganz klar, immer wichtiger werden. Es ist zu wenig, sich den neuen digitalen Möglichkeiten bloß zu stellen. Es geht vielmehr darum, sie zu begrüßen und die faszinierenden Chancen zu sehen, welche die Digitalisierung bietet. Chancen fürs Business und für die persönliche Weiterentwicklung. Beides hängt ja eng zusammen. Ich denke es ist wichtig, einer der Menschen zu sein, die aktiv an der Zukunft bauen. Für mich sind zum Beispiel mein YouTube-Channel, mein Podcast oder meine „Daily Inspirations" per Newsletter wichtig. Das Feedback beweist: Dieser schnelle Mehrwert, die Aktualität und die 24-Stunden-Verfügbarkeit kommen an.

Apropos persönliche Weiterentwicklung: Sind die im digitalen Zeitalter wichtigen Kompetenzen andere als früher?

Es sind andere Fähigkeiten als früher entscheidend. Neugierde ist beispielsweise ganz wichtig. Neugierig wie ein Kind sein? Ja, aber noch mehr als das. Wenn ein Kind spielt, dann packt es ständig etwas Neues an. Es bleibt selten längere Zeit an einer Sache dran.

In digitalen Zeiten brauchst du beides: Lust auf Neues und die Fähigkeit, dieses Neue systematisch zu verfolgen. Alles wird immer komplexer, sodass du über den Tellerrand deines Fachgebiets hinausschauen können musst – und das auch tun solltest! Du musst dich mit neuen Ideen auseinandersetzen. Ständig und immer wieder.

Welche „digitalen Kompetenzen" braucht man noch?

Wer heute zu perfektionistisch ist, der bremst sich selbst aus. Du hast schlicht nicht mehr die Zeit, um eine Idee hundertprozentig perfekt umzusetzen. Würdest du das etwa bei einer Geschäftsidee tun, wäre das Ergebnis schon veraltet, wenn es auf den Markt käme.

In der digitalen Welt geht es oft um Prozesse, die sich selbst optimieren. Die Systeme passen sich den Bedingungen an. Soll heißen: Leg los und biete etwas an, auch wenn es nur zu 80 Prozent perfekt ist. Bist du dafür schneller und flexibler als die anderen, ist das dein entscheidender Wettbewerbsvorteil.

Neugierig sein, weniger perfekt sein... und sonst?

Da gibt es noch einige wichtige Kompetenzen, um in digitalen Zeiten erfolgreich zu sein. Nie aufhören zu lernen, sich selbst optimal organisieren, die Fähigkeit zur Konzentration auf die relevanten Informationen und vor allem Zielklarheit.

Gibt es eine Fähigkeit, die aus deiner Sicht wichtiger ist als alle anderen?

Die Kernkompetenz in der digitalen Hochgeschwindigkeitswelt heißt, als Aufforderung formuliert: Verändere dich! Das Verändern in Echtzeit ist gefragt. Die Erkenntnis Heraklits „Alles fließt" klingt heute fast nach Stillstand. Heute strömt alles wie in einem Hochgebirgsbach nach der Schneeschmelze – nur ist oft nicht klar, in welche Richtung.

Wer vorne mitspielen will, der muss einer der Ersten sein, die das Neue aufgreifen und ausprobieren, es verbessern und vorantreiben. Ich denke, man kann es nicht oft genug wiederholen: Die Geschwindigkeit entscheidet!

Online-Marketing und die Entwicklung digitaler Produkte kosten aber unbestreitbar Geld. Rechnet sich das?

Ich halte grundsätzlich nichts davon, vor allem Kosten zu senken und Angst vor neuen Kosten zu haben. Es macht einen Unterschied, ob man sich primär an den Kosten orientiert und diese unbedingt reduzieren will oder ob man bei jeder Maßnahme das sieht, was man damit erreichen kann.

In meinem Unternehmen habe ich deshalb die Devise angegeben: Lasst uns primär in allen Bereichen den Umsatz und prozentual den Gewinn steigern, statt hier ein bisschen und dort ein bisschen einzusparen.

Wie genau lassen sich denn Umsatz und Gewinn steigern?

Ein Autohersteller wird versuchen, mehr Autos pro Jahr zu verkaufen – ohne dass dabei die Kosten im selben Maße steigen. Als Trainer, Speaker oder Coach hast du natürlich auch die Option, einfach mehr Auftritte im Jahr zu machen. Damit erhöhst du allerdings deinen Aufwand und wenn der ohnehin schon an der oberen Grenze war, wirst du diese Option wohl kaum nutzen. Sie wäre lediglich ein Tausch von Zeit gegen Geld.

Also was dann?

Wenn du den Deal Zeit gegen Geld eher schlecht findest, also nicht mehr Termine machen willst, dann hast du grundsätzlich drei Möglichkeiten: Möglichkeit eins ist die Erhöhung deiner Honorare als Redner und der Gebühren pro Teilnehmer deiner Seminare. Natürlich funktioniert das nur, wenn du bereits eine große Bekanntheit hast und eine hohe Nachfrage nach deinen Angeboten. Und auch in diesem Fall gibt es eine Grenze, nämlich die maximale Summe, die die Menschen für deine Leistungen akzeptieren.

Möglichkeit Nummer zwei ist, mehr Leute pro Seminar zuzulassen. Das geht natürlich auch nur dann, wenn die Nachfrage groß genug ist. Auch dieses Instrument ist limitiert, denn es lassen sich nicht beliebig viele Teilnehmer optimal betreuen. Passe deshalb immer auf, dass deine Qualität dabei nicht leidet. Sie ist schließlich deine Eintrittskarte in den Markt.

Im Vergleich zu den ersten beiden Möglichkeiten und auch zur Option Zeit gegen Geld, ist die dritte Möglichkeit prinzipiell unlimitiert, nämlich das Angebot kostenpflichtiger digitaler Produkte. Damit meine ich Online-Kurse, Online-Abos, Webinare und Ähnliches. Diese Dinge werden künftig, meiner Überzeugung nach, eine immer größere Rolle spielen. Aus mehreren Gründen. Zum einen können die Menschen sie immer und überall nutzen, zum anderen musst du für diese Angebote nicht selbst anwesend sein.

Du bist als gefragter Speaker auf den großen Bühnen in Deutschland unterwegs. Welche Bedeutung haben solche Auftritte als Speaker auf externen Events für dich?

Mit Auftritten bei externen Events kann ich eine noch größere Zahl an Zuhörern erreichen, insbesondere auch solche, die mich bisher noch nicht kennen. Es macht mir zudem großen Spaß, Menschen für das Thema persönliche Weiter- und Fortbildung zu begeistern. Einfach deshalb, weil ich es für so unglaublich wichtig halte. Es reicht dabei nicht, nur den Verstand zu überzeugen. Für die Wirksamkeit brauchen wir vor allem auch Storys, Emotionen und Erlebnisse.

Welchen Nutzen ziehst du aus Gast-Auftritten bzw. warum sollte jemand, der als Speaker/Trainer/Coach erfolgreich werden will, sich darum bemühen, solche Einladungen zu bekommen?

Wie gesagt erreiche ich mit Gast-Auftritten Menschen, die bislang noch nichts von mir gehört oder zumindest keines meiner Seminare und keinen meiner Vorträge besucht haben. Darüber hinaus geht es mir auch um den Austausch mit Kolleginnen und Kollegen. Oft bekomme ich wertvollen Input und Ideen und genauso kann ich anderen dies geben. Beides ist wichtig. Und ich bin davon überzeugt, dass wir mehr Kooperationen brauchen.

Und was ist mit denjenigen, die sich noch ganz am Anfang ihrer Karriere in der Branche befinden?

Hast du noch keine große Bekanntheit und Sichtbarkeit erreicht, dann solltest du dich ganz besonders um Gastauftritte bemühen, auch wenn du dafür nicht viel oder überhaupt kein Geld bekommst. Der Grund ist sehr einfach: Die Leute werden dich nur dann buchen, sie werden sich nur dann deine Vorträge anhören, sich in deine Seminare setzen oder dich als Coach engagieren, wenn sie dich kennen und von dir überzeugt sind. Sie werden auch nur dann deine Online-Produkte kaufen. Mein dringender Rat ist deshalb: Nutze die großen Bühnen – egal, ob offline oder online, um dich zu zeigen, um dein Wissen zu demonstrieren und noch mehr, um die Menschen für dich zu begeistern. Gestalte deine Auftritte dabei so, dass die Menschen Lust darauf haben, mehr von dir zu erfahren!

MARKUS
Hofmann

Lebe das Leben das du liebst und liebe das Leben das du lebst!

28
MH
Markus
Hofmann

Erweitere deine Fanbase durch digitale Produkte

Ein Interview mit Markus Hofmann

Nimm uns einmal mit in deine persönliche Geschichte. Wie hat alles angefangen? Was war der Auslöser, dass du Speaker/Trainer/Coach geworden bist?

Ich war ein eher unterdurchschnittlicher Abiturient. Ich hatte einen Notendurchschnitt von 3,2 und habe mich mit dem Lernen recht schwergetan. Ich bin lieber zum Fußballspielen rausgegangen oder habe mich mit meinen Freunden getroffen, anstatt mich hinzusetzen und zu lernen. Später war ich bei der Sparkasse angestellt, die mich an die bayerische Akademie für Werbung und Marketing geschickt haben. Diese habe ich abends nach der Arbeit und an den Wochenenden besucht. Ich dachte mir schon, dass das ziemlich schwierig werden würde, denn ich hatte keine Zeit zum Lernen. Tagsüber musste ich schließlich arbeiten und hatte wenig Zeit, mir das BWL Wissen einzuprägen. Also habe ich mich auf die Suche nach Gedächtnistechniken gemacht. Ich hatte gehört, dass man lernen kann, wie man sich Fachwissen schneller im Kopf abspeichern und nach Bedarf abrufen kann. Diese Techniken habe ich tatsächlich gefunden, angewendet und damit einen unglaublichen Erfolg gehabt.

Meinen Notendurchschnitt konnte ich von 3,2 aus dem Abitur auf 1,3 im Studium steigern und das mit der Hälfte der Lernzeit. Ich brauchte also keine sechs oder sieben Stunden am Wochenende zu lernen. Mir reichten ein oder zwei, in denen ich mir einen Spickzettel geschrieben und mir diesen nachhaltig gemerkt habe. Das war für mich der heilige Gral, ich gehörte auf einmal zu den besten zehn Prozent in meinem Kurs. Meine Kommilitonen fragten mich, wie ich das mache, da ich trotz meiner guten Leistung so viel Freizeit hatte. Mir hat es extrem viel Spaß gemacht, anderen Menschen, in dem Fall meinen Kommilitonen, meine Techniken zu zeigen. Das Ergebnis war, dass sie ebenfalls gute oder sogar bessere Noten geschrieben haben. Irgendwann kam eine Kommilitonin auf mich zu und sagte: "Markus, komm doch mal zu uns in die Firma. Ich habe eine kleine Abteilung, in der sich keiner Namen und Gesichter merken kann. Kannst du denen nicht mal deine Technik zeigen?"

Also bin ich mit in die Firma gegangen, habe dort einen Nachmittag verbracht und den Menschen gezeigt, wie man sich Sachen besser merken kann. Ab dem Zeitpunkt wusste ich, was ich machen wollte. Ich wollte Menschen helfen, besser zu werden, wollte auf der Bühne stehen und mit Menschen zusammen in Trainings und Coachings arbeiten. Ich beschloss, mich ganz auf dieses Thema zu konzentrieren, habe den Job in der Bank an den Nagel gehängt und mein Studium abgeschlossen. Meine Diplomarbeit war im Grunde der Einstieg in die Selbstständigkeit, denn sie enthielt ein Marketingkonzept, welches ich für ein Produkt oder eine Dienstleistung schreiben musste. Ich glaube im Nachhinein gesehen, war das eines der Hauptgründe, warum ich letztendlich so erfolgreich auf dem Markt war. Ich habe meinen eigenen Businessplan mit dem Schwerpunkt Marketing aufgeschrieben und

Eins-zu-eins umgesetzt. Innerhalb dieses Marketingplans musste ich den gesamten Markt der Aus- und Weiterbildungen analysieren. Wer sind meine Mitbewerber? Was sind meine Ziele? Wo positioniere ich mich? Welchen USP habe ich? Ich habe mir monatelang den Kopf zerbrochen, bis dieses Konzept endlich stand, habe es eingereicht und eine sehr gute Note dafür bekommen. Das war damals im Prinzip die Blaupause für meine Selbständigkeit.

Kannst du dich noch an deinen ersten Kunden oder Auftrag erinnern? Und falls ja, wie hast du ihn gewinnen können?

Der nächste Schritt war tatsächlich schon, die ersten Kunden zu gewinnen, meinen Vortrag und die Seminare auszubauen und eine gewisse Qualität hinein zu bringen. Wie habe ich das gemacht? Meinen Vortrag habe ich dadurch perfektioniert, dass ich erstmal die Schweinetour gegangen bin. Das heißt, ich habe mich bei zahlreichen Volkshochschulen beworben und dort für 48 Euro am Abend, über Monate hinweg, Vorträge und Workshops zum Thema Gedächtnistraining gehalten. In dieser Zeit habe ich vor vier oder fünf Personen gesprochen, die zehn Euro am Abend bezahlt haben, um die Gedächtnistechniken zu erlernen.

Dort habe auch ich viel gelernt, unter anderem die Interaktion und den Umgang mit dem Publikum, Dramaturgie, Einwandbehandlung, Humor, Rhetorik und Präsentation. Durch jeden Vortrag und Workshop, den ich dort gehalten habe, bin ich stetig ein bisschen besser geworden und habe an dem Thema, an meiner Präsentation und an der Art, wie ich das alles vorgetragen habe, gefeilt. Nur waren das noch nicht die großen Aufträge, mich hat noch keine Firma für deren Mitarbeiter und Kunden engagiert. Ich musste zusehen, wie ich eine gewisse Dynamik reinbringen konnte. Das war gar nicht so leicht, denn damals gab es noch kein Internet, Social Media, Facebook und Instagram. Ich musste also wirklich was tun, Sichtbarkeit erzeugen, meinen Arsch bewegen und mich persönlich bei Firmen vorstellen. Am besten bei den Unternehmen, zu denen ich schon einen Zugang hatte. Da ich beim bayerischen Sparkassenverband als Referent für Werbung und Kommunikation gearbeitet hatte, besaß ich den Kontakt zu 84 Marketingleitern der einzelnen Sparkassen. Also habe ich mir deren Adressen besorgt und jedem einen persönlichen Brief geschrieben.

Das war letztendlich ein guter Einstieg. Ich habe denen vorgeschlagen, dass ich eine halbe Stunde vorbeikomme, um zu erzählen, was ich mache, was mein Thema ist und wie ich das den Mitarbeitern und vor allen Dingen den Kunden präsentieren kann. Von den 84 Sparkassen hatte ich auf Anhieb bei 44 Termine, die ich über zwei Monate in ganz Bayern abgefahren bin. Das ging los von Aschaffenburg, über Bayreuth, Bamberg, Hof, Regensburg, Landshut, Bad Tölz, Ingolstadt bis nach Augsburg. Eine Frage, die häufig kam war, warum ich die Marketingleiter angesprochen habe und nicht die Personalleiter oder die Leute, die für Aus- und Weiterbildungen verantwortlich sind.

Mein Ziel war es nicht, die Mitarbeiter zu schulen. Das Ziel war, dass die Sparkassen Veranstaltungen organisieren, zu denen sie ihre besten Kunden einladen, um eine Art Skalierung zu haben. Die Mitarbeiter der Sparkasse hätten mich nicht nochmal gebucht. Dass ich wiederholt gebucht wurde war nur möglich, weil ich bei diesen Veranstaltungen der Sparkasse immer neue Kunden im Publikum hatte, die sagten, dass ihnen der Vortrag gut gefällt und sie mich gerne in ihre Firma holen würden. Als Redner oder Keynote Speaker unterwegs zu sein, ist natürlich kein Produkt, das man schnell mal über die Ladentheke verkauft, sondern es dauert gerne mal ein oder eineinhalb Jahre, bis man mal für ein passendes Thema gebucht wird. Ich brauchte also einen langen Atem und musste erstmal bei den Volkshochschulen weitermachen, zu denen zwischenzeitlich ein paar IHK's dazugekommen sind.

Eines meiner Schlüsselerlebnisse war, als ich im Dezember 2003 in der Max-Reger-Halle in Weiden saß. Dort fand ein Weihnachtskonzert mit rund 990 Gästen statt. Ich hörte mir dieses Konzert an und dachte, wie großartig es wäre, einmal im Leben in so einer großen Halle, vor so einem Publikum zu sprechen. Doch da mich keiner kannte, würde mich auch niemand für so eine Halle buchen. Da kam ich auf die glorreiche Idee, mich einfach selbst zu buchen. Also reservierte ich mir die Halle für einen Abend im April. Ich habe alle wichtigen Verträge geschlossen und die ganze Technik organisiert. Nun kam die große Herausforderung, die Halle voll zu bekommen. Wie kann ich also am besten dafür Werbung machen?

Ich bin zum örtlichen Fernsehsender, Radiosender und Zeitungsverlag gegangen und habe den Leuten dort erzählt, was ich vorhabe. Dass ich in der Max-Reger-Halle einen Vortrag zum Thema Gedächtnistraining und geistige Fitness halten möchte und ob sie nicht als Sponsoren mitmachen möchten. Sie stimmten zu, wollten mir jedoch kein Geld bezahlen. Sie boten mir stattdessen günstigere Anzeigen und Fernsehspots an. So habe ich 30 Fernseh- und 30 Radiospots produziert und vier Anzeigen in der Zeitung geschaltet, um damit ein bisschen Aufmerksamkeit in Weiden zu bekommen. Anschließend musste ich mir überlegen, wie ich die richtige Zielgruppe erwische. In dem Ort gab es fünf weiterführende Schulen, darunter Gymnasien, Berufsschulen und Wirtschaftsschulen, die ich im Vorfeld angeschrieben habe. Ich erzählte ihnen, dass ich kostenlos an die Schulen komme und einen Vortrag vor den Schülern halte. Im Gegenzug darf ich jedem Schüler einen Flyer in die Hand drücken. Es wurde mir gestattet, sodass ich fünf Tage in die Vorträge investiert habe.

Was mich zudem zum Erfolg geführt hat war, dass ich wusste, dass es in dem Ort 60.000 Einwohner gibt, also 15.000 Haushalte. Ich habe mir zwei Wochen Zeit genommen, um bei jedem Haushalt in Weiden, einen kleinen Din A5 Flyer in die Briefkästen zu werfen. Als der Tag meines Vortrags dann kam, waren tatsächlich 990 Menschen in der Halle. Im Anschluss erschien ein großer Zeitungsartikel über mich und ich konnte anfangen, meine Produkte zu verkaufen. Mit diesem Vortrag bin ich dann auf Bayern-Tour gegangen, denn ich dachte, dass es so auch in anderen Städten funktionieren könnte. Auch das hat hervorragend geklappt, ich habe das Prinzip 'Modelling of Excellence' Eins-zu-eins in den anderen Städten umgesetzt. Für mich war das am Anfang eher ein Null-Summen-Spiel, weil ich das ganze eingenommene Geld in Werbung investiert habe. Mir ging es hauptsächlich darum, dass die Menschen von mir erfahren und mich für ihre Firma buchen. Mein erster richtiger Kunde war dann MTU in München. Die haben den ersten größeren Geldbetrag bezahlt, weil der Abteilungsleiter mein Training gut fand und das auch für seine Mitarbeiter haben wollte. Um das Thema mit der Sparkasse nochmal abzuschließen: Bis heute, also 17 Jahre später, haben mich von den 44 Sparkassen, bei denen ich präsentieren durfte, 35 gebucht.

Wie bist du anschließend weiter vorgegangen? Wie hast du an Reichweite und Bekanntheit gewonnen? Welche Marketingstrategien hast du eingesetzt?

Aus der Tour sind viele Aufträge entstanden und ich bin über Bayern hinaus bekannt geworden. Eine Sache möchte ich dabei besonders hervorheben, die sich daraus entwickelt hat und mich bis heute noch begleitet. Die kleine Julia war bei einem meiner Auftritte in Rosenheim dabei, hat die ganzen Gedächtnistechniken verinnerlicht und in der Schule angewandt. Nach dem Vortrag in Rosenheim, rief mich Julia vier bis fünf Monate später an und erzählte mir ihre Erfolge, die sie in der Schule mit den Techniken erreicht hat. Ich war total begeistert, dass sie das mit den Spickzetteln im Kopf bei ihren Prüfungen umsetzen konnte. Sie sagte zu mir: "Markus, ich möchte gerne ins Fernsehen." Ich fragte: "Gerne, was stellst du dir denn vor?" Sie wollte gerne zu "Wetten, dass...?".

Ich dachte also über eine schöne Wette nach. Zuhause hatte ich noch ein Buch liegen, in dem lauter Schottenröcke mit verschiedenen Mustern und den jeweiligen Clan-Namen abgebildet waren. Ich sagte zu Julia, wie wäre es, wenn wir eine Wette einreichen, in der du 100 Schottenröcke am Muster dem jeweiligen Clan zuordnen kannst. Sie stimmte zu und relativ schnell bekamen wir dann auch die Zusage für eine Kinderwette. Die Frage, die mir hierzu oft gestellt wird ist, wie lange ich dafür wohl mit Julia geübt habe. Bei der Antwort fallen die meisten vom Glauben ab: Zwei Stunden haben wir zusammengesessen und dann konnte sie vor einem Millionenpublikum auftreten. Es ist eben nur ein Trick, den ich ihr beigebracht habe. Das Ziel von Wetten, dass...? war natürlich die mediale Aufmerksamkeit, denn die Show war mit zehn Millionen Zuschauern die erfolgreichste und größte Fernsehshow Europas. Ich überlegte mir also, wie ich die Leute dazu motivieren kann, meine Webseite zu besuchen, mich kennenlernen zu wollen und letztendlich meine Seminare zu buchen. Anfangs wollte ich ein T-Shirt mit der Aufschrift "www.Schottenwette.de" drucken lassen. Auf dieser Internetseite hatte ich alle Techniken aufgeführt, die ich damals mit Julia durchgegangen bin. Das wurde uns aber untersagt. Also musste ich kreativ werden. Kurz vor der Sendung bin ich ins Publikum gegangen und habe zwei junge Mädchen, die in Julias Alter waren, angesprochen. Denen habe ich ein kleines Banner in die Hand gedrückt und ihnen gesagt, dass sie es hochhalten sollen, wenn Julia auf die Bühne kommt. Dafür habe ich den beiden zehn Euro gegeben.

Das hat geklappt: Als Julia die Bühne betrat, hielten sie das Banner hoch. Der Kameramann bekam das mit und filmte das Banner mit den Worten "Rosenheim drückt Julia bei der Schottenwette.de die Daumen". Allein dadurch ist mein Server fast zusammengebrochen, denn jeder wollte die Techniken und die Videos sehen. Darüber sind dann sehr viele Menschen und Unternehmen auf mich aufmerksam geworden. Unter anderem auch "Unternehmen Erfolg", damals noch geleitet von Hermann Scherer und Monika Matschnig. Seit 2002 oder 2003 haben die beiden mit den größten Zeitungsverlagen, wie der Süddeutschen Zeitung oder der Frankfurter Allgemeinen, Vortragsreihen organisiert. In diesen Vortragsreihen waren die besten Speaker Deutschlands vertreten, unter anderem Dieter Brandes, Samy Molcho und Vera F. Birkenbihl.

Ich bin nach Freising gefahren, habe mich dort vorgestellt und erzählt, was ich mache. Die wussten, dass ich bei Wetten, dass...? dabei war und so habe ich tatsächlich von Monika Matschnig die Chance bekommen, bei einer dieser Vortragsreihen als Test dabei zu sein. So war ich als einer der zehn Speaker bei diesen Vortragsreihen gelistet. Diese Speaker wurden in großen Anzeigen bei den jeweiligen Tageszeitungen promotet und auf einmal stand ich mit meinem Foto neben diesen ganzen Grand Seniors und Grand Dames der Vortrags- und Referenten-Szene. Dieser Image-Transfer hat mir extrem dabei geholfen, meine Reputation und meine Glaubwürdigkeit im Markt zu erhöhen.

Das Ziel ist am Anfang, Bühnen zu nutzen, sich zu positionieren und das am besten mit anderen Speakern, die schon einen Namen haben. Es geht erstmal nicht darum, Geld zu verdienen, sondern seine Sichtbarkeit zu erhöhen. Das ist die Basis. Dein Marketing kann noch so gut sein, aber wenn dein Vortrag oder dein Produkt nicht passen, dann wird es nicht funktionieren. Es muss alles ineinandergreifen. Jemand wie Samy Molcho macht überhaupt keine Werbung und wird trotzdem gebucht, weil sein Vortag schon damals State of the Art war. Natürlich muss auch die Qualität stimmen. Durch die Qualität bin ich an andere Zeitungsverlage weiterempfohlen worden und bis dato darf ich sagen, im Rahmen der Vortragsreihen, heute zu den am meisten gebuchten Referenten neben Samy Molcho und René Borbonus zu gehören. Ich bin im gesamten deutschsprachigen Raum in Zeitungsartikeln mit Anzeigen und mit Nachberichten erschienen. Durch unzählige Medienberichte habe ich mir eine unglaubliche Reputation aufgebaut.

Ein weiteres Marketingtool, was mich vorangebracht hat und heute noch weiterbringt, sind Schulveranstaltungen. Der Hintergrund dieser Auftritte war wieder, Bühnen zu nutzen und die Sichtbarkeit zu erhöhen. Das Konzept sieht folgendermaßen aus: Ich halte zwei kostenlose Vorträge in den Schulen, am Vormittag und am Nachmittag einen, jeweils für zwei Stunden. Am Abend halte ich einen größeren Vortrag für die Eltern und Lehrer und verlange dafür einen kleinen Unkostenbeitrag, einfach damit es etwas kostet. Wenn es nichts kostet, denken viele Leute, dass es nichts wert ist und kommen nicht. Diese Abendveranstaltungen mache ich, wenn mindestens 250 Lehrer und Eltern kommen. Alles, was über die Anzahl hinausgeht, spende ich der Schule. Dieses Marketingtool, wenn man es so nennen kann, hat mir viele Vorteile gebracht. Eine Voraussetzung, dass ich mit der jeweiligen Schule zusammenarbeite ist, dass jemand von der lokalen Presse da ist und über den Vortrag berichtet. Dadurch bekomme ich wieder einen "social proof", da ich von externen Zeitungen "bewertet" werde. Auf der anderen Seite sehen mich an einem Abend 250 Menschen, denen ich nicht vergesse zu erzählen, dass ich auch in Unternehmen komme, um Kunden und Mitarbeiter zu schulen. Aus jeder dieser Veranstaltungen entstehen immer mindestens zwei oder drei Folgeveranstaltungen.

Ich mache also keine große, aktive Werbung, sowas habe ich noch nie gemacht. Mein Vortrag ist meine Werbung. Somit war das im Prinzip eine "Win-win-win-Situation": Ich habe den Schülern gezeigt, wie sie sich den Spickzettel für die morgige Prüfung merken können, ich habe den Lehrern gezeigt, wie sie ihre Schüler vorbereiten können und ich habe den Teilnehmern am Abend gezeigt, wie sie sich jede Information schnell und einfach merken können. So habe ich eine noch höhere Sichtbarkeit erreicht, da ich in vielen Zeitungen stand und mich einer breiten Zielgruppe vorstellen konnte.

Wie würdest du diesbezüglich vorgehen, wenn du heute nochmal bei null starten müsstest? Welche Strategien würdest du den Lesern empfehlen, um Reichweite und Bekanntheit aufzubauen?

Für mich war die Positionierung am wichtigsten. Ich habe mich immer gefragt, wie trete ich am Markt auf? Was ist mein USP? Aus diesem Grund habe ich mich auch sehr darum gekümmert, meinen Markenkern herauszufiltern. Dazu habe ich drei meiner besten Freunde eingeladen, die mich schon seit Jahren persönlich kannten. Ich habe drei Kunden eingeladen, die meinen Vortrag bereits kannten und zudem drei "Möchtegern-Kunden" aktiv über Xing angeschrieben, ob sie mir einen Tag helfen können, an meiner Marke zu arbeiten.Tatsächlich habe ich drei richtig große Kunden gefunden, darunter eine Marketing-Agentur und die Event-Agentur von den VR Banken. Wir waren insgesamt zehn Personen, ich hatte noch jemanden engagiert, der diesen ganzen Workshop geleitet hat. Wir haben mit Hilfe verschiedener Übungen herausgefiltert, was mein Markenkern ist. Heraus kam der Begriff "unvergesslich". Dieses Wort sollte sich in jeder Kommunikation widerspiegeln, auf der Webseite, meinen Fotos, meinen Angebotsschreiben, beim Service und bei der E-Mail-Kommunikation.Ich hatte das Glück, gleichzeitig die passende Domain dazu zu finden: **www.unvergesslich.de.**

Dieser Markenkern verpflichtete mich natürlich, richtig gutes Fotomaterial zu produzieren. Dazu habe ich einen der besten Fotografen Deutschlands gebucht: Max Richter aus Stuttgart. Für das Shooting mit ihm, habe ich die Freiheitshalle in München gebucht und den ganzen Tag nur Bühnenfotos gemacht. So habe ich meinen Fotofundus aufgebaut und in gewisser Weise, die Größe der Veranstaltungen, auf denen ich auftrete, widerspiegeln können.

Ich habe zudem eine Art Buch über mich entworfen, ein Redner Booklet. Wenn mich eine Firma anfragen möchte, konnte sie sich dieses 50-seitige Buch anschauen, in dem alle meine Referenzen abgebildet sind. Das war alles sehr hochwertig gemacht und im wahrsten Sinne des Wortes unvergesslich. Dieses Buch ist so gut angekommen, dass sich andere Redner, wie beispielsweise Hermann Scherer und Dirk Kreuter, daran orientiert haben. Meine Webseite war im wahrsten Sinne des Wortes so unvergesslich, dass sie sogar zweimal kopiert worden ist. Sie wurde also Eins-zu-eins übernommen, nur dass das Logo und die Bilder ausgetauscht worden sind. Es war somit ein sehr wichtiger Workshop, den ich mit meinen Freunden, Kunden und Möchtegern-Kunden gehalten habe und den ich nur jedem wärmstens ans Herz legen kann.

Meine Kompetenz habe ich dann nochmal erweitert, indem ich meine eigenen Bücher geschrieben habe. Einige Bücher hatte ich als Co-Autor schon mitgeschrieben, aber die richtige Autorität nach außen habe ich erst dadurch erlangt, dass ich mein eigenes Buch geschrieben habe. Daher meine Empfehlung an dich: Schreibe ein Buch. Als Marketingstrategie empfehle ich dir, den Kunden das Buch quasi zu schenken, das heißt, man lässt sie lediglich den Versand und die Druckkosten bezahlen. Davon gibt es einige auf dem Markt, wenn du dich aber ein wenig umschaust, wirst du hier viele Fakes finden. Diese veröffentlichen dann ein Buch mit 100 Seiten, von dem die Hälfte nur Bilder und ein paar schlaue Sprüche sind.

Ich denke, der Schlüssel zum Erfolg ist erstmal ein gutes Produkt. Zudem sollte man, wann immer es geht, Bühnen für sich nutzen. Hier muss man natürlich erstmal klein anfangen, also in die Volkshochschulen gehen, kostenlose Vorträge an Universitäten geben, in IHK's oder bei Speaker Slams auftreten. Damit man einfach ein Gefühl dafür bekommt, wie ein Vortrag auf der Bühne funktioniert und wie die Zuhörer darauf reagieren. So merkt man auch schnell, was man tun muss, um den Vortrag noch besser zu machen und um noch besseren Content zu liefern. Ist das der Fall, kommen die Menschen automatisch auf einen zu und fragen nach, was man anbietet. Ich bin ein Freund davon, Content zu liefern, diesen auszubauen und so zu präsentieren, dass die Menschen einen Mehrwert mit nach Hause nehmen. Dieser muss so gut sein, dass die Menschen mehr davon haben wollen. Wenn dem so ist, kann man sich Kooperationspartner und eine gute Bühne suchen, um sein Thema an die Leute zu bringen. Über diese Bühne lassen sich dann weitere Kunden und Kooperationspartner gewinnen.

Der nächste Punkt ist, dass man alle Online-Marketing-Kanäle bespielt. Ich habe 2002 damit begonnen und mein erster Fokus lag darauf, die Kontaktdaten aller Teilnehmer zu bekommen. Ich wusste, dass diese irgendwann Gold wert sein werden. Damit habe ich mir über die letzten 17 Jahre einen richtig starken Newsletter-Verteiler aufgebaut und zwar nicht mit irgendwelchen unbekannten Leads aus dem Internet, sondern mit Leuten, die alle schon mal in meinen Vorträgen saßen. Ich habe über 75.000 Newsletter Adressen von Personen, die mich irgendwo schon einmal live gesehen haben oder irgendwie persönlich mit mir in Kontakt getreten sind. Man sollte also ganz genau schauen, wo man seine Leads herbekommt. Bei mir sind es die Vorträge, bei denen ich einen schönen Prozess entwickelt habe, mit dem ich an die Leads komme: Ich gebe viel kostenlosen Content raus und bekomme im Gegenzug die E-Mail-Adressen.

Facebook und Instagram gehören natürlich auch dazu, wobei ich sagen muss, dass Facebook eher auf dem absterbenden Ast ist. Ich würde mich eher auf Instagram konzentrieren. YouTube ist nach Google die zweitgrößte Suchmaschine der Welt. Deswegen sollte man auch da präsent sein und gute Videos hochladen. Dann gilt es, mit Social Ads und Youtube Ads zu agieren, damit das Thema auch bei der Zielgruppe ankommt.

Neben Social-Media-Marketing und Online-Marketing ist das Affiliate-Marketing ebenfalls sehr wichtig. Das war der Hauptgrund, warum ich in den letzten Monaten und Jahren so einen großen Erfolg hatte und durchstarten konnte. Wenn du jemanden erreichst, der eine große Liste mit Newsletter-Adressen hat und ihn dazu bringen kannst, dass er darin dein Produkt oder deine Dienstleistung promotet, dann ist das elementar wichtig. Das geht natürlich nicht mit Live-Seminaren, sondern es muss ein Online-Produkt sein. Wenn du das schaffst, kannst du von seiner Zielgruppe profitieren. Du solltest dich immer fragen, wer deine Zielgruppe erreicht und mit ihnen kooperieren und ein effektives Affiliate-Marketing auf die Beine stellen.

Wie wichtig sind für dich digitale Produkte als Ergänzung in deinem Produktportfolio? Und wie schätzt du dessen zukünftige Bedeutung ein?

Digitale Produkte sind das absolute Must-have in der heutigen Zeit. Wenn ich mich wirklich skalieren und eine große Zuhörerschaft und Fanbase aufbauen möchte, komme ich an digitalen Produkten nicht mehr vorbei. Da gibt es verschiedene Möglichkeiten, welche digitalen Produkte ich anbieten kann. Anfangen kann ich natürlich mit einem Newsletter, mit Online-Coachings oder mit einem E-Book. Man kann auch Vorträge oder Mitschnitte von Vorträgen kostenlos als Download zur Verfügung stellen. Bis vor vier Jahren war es bei mir so, dass ich ungefähr 95 Prozent meines Jahresumsatzes mit Vorträgen generiert habe. Bei diesen Vorträgen bin ich immer live aufgetreten und musste demnach live vor Ort sein. Dann habe ich angefangen, mein komplettes Wissen in die "Einfach unvergesslich"-Box zu packen. Dabei handelt es sich um einen Lehrgang für Zuhause mit 14 Audio-CDs. Mit diesem Produkt habe ich es in den letzten vier bis fünf Jahren geschafft, meinen Umsatz so zu drehen, dass der Prozentsatz von meinen Vorträgen auf 35 Prozent geschrumpft ist. Das heißt, zwei Drittel meines Gesamtumsatzes mache ich mittlerweile mit digitalen Produkten. Der Nachteil ist im Moment noch, dass ich zusätzlich diese physische Box produziere. Der nächste Schritt wäre, alles zu digitalisieren, damit die Produktionskosten wegfallen.

Du warst mehrfach als Referent auf unseren Events. Welche Bedeutung haben solche Auftritte als Speaker auf externen Events für dich? Welchen Nutzen ziehst du daraus bzw. warum sollte jemand der als Speaker/Trainer/Coach erfolgreich werden will sich darum bemühen, solche Gast-Auftritte zu bekommen?

Dazu kann ich ganz klar sagen, dass es da für mich zwei Seiten gibt. Wenn du dich entscheidest, bei so einem Event aufzutreten, bist du gleichzeitig auch gefordert, deine Liste zur Verfügung zu stellen. Das bedeutet, derjenige der den Kongress aufgesetzt hat, bekommt auch deine Kontakte. Also musst du dir genau überlegen, bei welchem Kongress du teilnimmst. Die Jungs von Digital Beat, also Christoph und Thomas, die sind momentan State-of-the-Art der Kongress-Anbieter. Bei denen kann man auftreten, weil sie eine gute Qualität liefern und gut mit deinen Kontaktdaten umgehen. Wenn du noch keine Kontakte hast, dann musst schon schauen, wer der Anbieter ist, welche Leute da sind und in welchem Umfeld du dich präsentierst. Aber du hast natürlich den Vorteil, dass du die Kontakte von den Kollegen bekommst. Ich denke, es ist ein Geben und Nehmen. Achte darauf, in welchem Umfeld du dich bewegst. Die Leute von Digital Beat und der Contra sind großartig, mit denen kann man immer gut kooperieren, weil sie dir auch was zurückgeben. Ich kann also jedem nur empfehlen, mit ihnen zusammenzuarbeiten.

Schlusswort:
Wie schafft man es, ein erfolgreicher Experte zu werden?

Du hast jetzt einige Beispiele gelesen und nimmst aus diesen hoffentlich viele Inspirationen mit, um diese Frage beantworten zu können. Wie du gesehen hast, war der Weg bei allen Experten nicht immer komplett geradlinig. Sie hatten mit vielen Rückschlägen zu kämpfen, mussten sich neu positionieren und andere Wege finden, bis sie mit ihrem Business erfolgreich durchstarten konnten. Doch am Ende haben sich ihre Ausdauer und ihr Durchsetzungsvermögen bezahlt gemacht. Sie haben sich erfolgreich mit ihrem Business etabliert und können nun ihre besonderen Talente und Fähigkeiten an andere Menschen weitergeben.

Wo immer du gerade auch stehst, nimm dir die Worte und Ratschläge der Experten zu Herzen. Wenn du selbst Speaker, Trainer oder Coach werden möchtest, musst du von den Besten lernen, um selber einer der Erfolgreichsten zu werden. Es werden dir weiterhin Probleme und Fragen begegnen, die dich im ersten Moment vielleicht verzweifeln lassen und auf die du nicht sofort eine Antwort findest. Das Wichtigste ist, dich davon nicht abschrecken zu lassen, sondern Durchhaltevermögen zu zeigen und die Probleme aktiv anzugehen.

Dazu gehört aber auch zu erkennen, wann es besser ist, dir Hilfe von Mentoren zu holen, die für deine Probleme bereits Lösungen gefunden haben. Nur dann kannst du besser werden, dich fachlich weiterentwickeln und anderen Menschen weiterhelfen.

Also suche dir eine Nische, in der du der oder die Beste sein kannst. Verfolge deine Geschäftsidee und deine Ziele, bleibe hartnäckig und hole dir Unterstützung, wenn sie nötig ist. Mit dieser simplen Vorgehensweise kannst du es schaffen, ein profitables Business aufzubauen. Halte dich daran, erinnere dich an die Tipps aus diesem Buch und deine Experten-Reise wird nicht nur beschleunigt, sie wird auch um ein Vielfaches einfacher werden.

Alle in diesem Buch vorgestellten Experten sind nicht plötzlich über ihren Erfolg gestolpert. Viele haben sich selber coachen lassen oder würden sich selbst coachen lassen, wenn sie noch einmal bei null anfangen müssten. Sie raten jedem, sich Unterstützung zu suchen, um nicht dieselben Fehler zu machen wie sie selbst, sondern schneller erfolgreich zu werden.

Egal, was dein nächster Schritt sein mag, lass dich von uns dabei unterstützen. Wenn du diesen Weg mit Gründer.de, unserem Team und uns gehen möchtest, dann solltest du dich unbedingt in einem ersten kostenfreien Strategiegespräch beraten lassen. Das geht ganz einfach. Gehe auf

▶ **www.gruender.de/strategiegespraech**

und fülle das Formular aus. Wir melden uns dann schnellstmöglich bei dir.

Auch wenn du gerade noch nicht genau weißt, wie du weitermachen sollst, empfehlen wir dir das Strategiegespräch. Es ist kostenlos und unverbindlich. Dort können wir ganz individuell deine Fragen beantworten. Natürlich kannst du dich auch von jemand anderem beraten lassen. Achte nur darauf, dass er Erfolge vorzuweisen hat, sich wirklich sehr gut auskennt und auf deine Probleme persönlich eingeht.

Was auch immer du als Nächstes tun wirst und wie auch immer dein persönlicher Weg aussehen wird, wir wünschen dir bei allem viel Erfolg. Gerne begleiten wir dich dabei. Sieh dieses Buch als deinen Weckruf, größer zu denken und mit vollem Einsatz anzufangen!

Wir freuen uns auf deine Erfolgsstory!

Mit herzlichen Grüßen aus Köln

Dein Thomas Klußmann & Christoph J. F. Schreiber

DAS KICKSTART COACHING PRODUZIERT ERFOLGSGESCHICHTEN...

"

„Ich kann nur jedem raten, der sich mit Internet-Business auseinandersetzt, die Dinge genau so umzusetzen, wie Herr Klußmann es beschreibt"

– Marcel Schlee, Gründer mind-source.de

„Thomas Klußmann ist für uns der perfekte Partner, unser Online-Business enorm profitabel zu machen."

– Stevka Scheel, Gründerin von online-starter.com

„Bei Gründer.de und seinen Kursen und Coachings ist man sehr gut aufgehoben. Ich spreche hier aus Erfahrung"

– Hakan Citak, Gründer von der-immocoach.de

Bewirb dich jetzt auf ein kostenloses 30-Minuten-Strategiegespräch und finde heraus, wie Thomas Klußmann auch dir helfen kann, deinen Traum vom profitablen und hoch automatisierten Online Business zu verwirklichen!

Alle Details auf:
https://start.gruender.de/kickstart/

Unsere fantastischen **Co-Autoren**

Wir bedanken uns ganz herzlich bei unseren Co-Autoren, dass sie uns so großartig unterstützt haben! Wir sind für den wertvollen Content sehr dankbar und schätzen uns glücklich, uns schon seit so langer Zeit auf eine erfolgreiche Zusammenarbeit verlassen zu können.

Online-Marketing, Affiliate-Marketing und Social Media-Marketing in Verbindung mit meinem Programm und meiner Qualität haben mich zu dem gemacht, der ich heute bin.

Dirk Kreuter

- https://dirkkreuter.com/
- @dirkkreuter

Die Kraft tatsächlicher Begegnungen im digitalen Zeitalter

Laura Malina Seiler

- https://lauraseiler.com/
- @lauramalinaseiler

Dein Feedback - mein Content - mit der Community ans Ziel

Calvin Hollywood

- https://calvinhollywood.de/
- @calvinhollywood

Nicht du bestimmst deine Kunden, sondern deine Kunden bestimmen dich

Felix Thönnessen

- https://felixthoennessen.de/
- @felixthoennessen

Heute nicht auf digitale Produkte zu setzen, ist mit Sicherheit der Verlust einer enormen Umsatzquelle

Hermann Scherer

- https://www.hermannscherer.com/
- @hermannscherer_official

Halte dich an Menschen, die schon da sind, wo du hinwillst

Miriam Höller

- https://miriamhoeller.com/
- @miriamhoeller

Das Leben ist kein Spurt - Erfolg braucht seine Zeit

Bodo Schäfer

- https://www.bodoschaefer.de/
- https://www.bodoschaefer-akademie.de/
- @bodoschaefer

Du musst nicht Everybody´s Darling sein

Tobias Beck

- https://tobias-beck.com/
- @tobias_beck_official

Werde unverwechselbar

Dr. Stefan Frädrich

- http://stefan-fraedrich.de/
- @stefan_fraedrich

Wie Du – quasi über Nacht – zur anerkannten Autorität in Deiner Branche wirst

Alexander Krunic

- https://alexanderkrunic.com/
- facebook.com/alexander.krunic

Besser pitchen als Steve Jobs

Burkhard Schäling

xing.com/profile/Burkhard_Schaeling

Transparenz - der Schlüssel zum Vertrauen

Carlos Martins

https://tradersclub24.de/

Die Erfolgsformel von Unternehmen der neuen Zeit: Die Kombination von digitalen Maßnahmen mit bewusster, intuitiver Führung

Chantal Perrinjaquet

https://house-of-coaching.ch/

@chantal_perrinjaquet

Du wächst mit Deinen Herausforderungen

Corinna Stark

xing.com/profile/Corinna_Stark

Die 4 Schlüssel zur finanziellen Freiheit

Fuat & Marta Akar

http://www.fuat-marta.de/

facebook.com/FUATundMARTA/

Erfolg über Nacht... oder "was ist, wenn's richtig geil wird"?!

Julia Bock

https://businessqueen.com/bq-club-fitnessstudio/

@businessqueen.julia

#UnperfektPerfekt und #EinfachMachen bringen dich in die Umsetzung

Katrin Hill

- https://www.katrinhill.com/
- @katrinhillcom

Dein einfachster Weg zu mehr Vermögen

Matthias Wolf

- xing.com/profile/Matthias_Wolf135

„Du brauchst einen Online Kurs!"

Meike Hohenwarter

- https://www.meikehohenwarter.com/
- facebook.com/MeikeHohenwarterMSc
- xing.com/profile/Meike_Hohenwarter

Die Komposition der Überzeugung

Michael Kienzle

- https://michael-kienzle.de/
- @kienzle_success
- facebook.com/KienzleSuccess/
- xing.com/profile/Michael_Kienzle4

Formel für mehr Lebensqualität

Michael Schurr

- https://lq4you.de/
- @lqmichaelschurr
- facebook.com/michael.schurr.5
- xing.com/profile/Michael_Schurr4

Durchbruch zum erfüllten Business & Leben durch deinen authentischen Weg.

René Rink

- https://rene-rink.com/
- @renerink_official
- facebook.com/rene.rink/

Verwandle deine Nachteile in deine größten Vorteile

Sonja Kreye

- https://business-celebrity.com/
- @sonjakreye
- facebook.com/businesscelebrity

Freiheit & Wohlstand, durch Klarheit & Positionierung!

Stephy Beck

- https://stephybeck-akademie.com/
- @stephy.beck
- facebook.com/StephyBeck.Training/

Für wenig Einsatz viel zu bekommen, das entspricht nicht den Gesetzen des Lebens

Jörg Löhr

- https://www.joerg-loehr.com/
- @joerg_loehr_official

Erweitere deine Fanbase durch digitale Produkte

Markus Hofmann

- https://www.unvergesslich.de/
- @markus_hofmann_unvergesslich